普通高等教育“十一五”国家级规划教材配套用书
教育部大学计算机课程改革立项规划教材

赠送考试系统/免费提供教学资源

新编大学计算机基础实践教程

第六版

王知非　李　欣
王克朝　王　健　等　编著

中国铁道出版社有限公司
CHINA RAILWAY PUBLISHING HOUSE CO., LTD.

内容简介

本书以突出“应用”和强化“能力”为目标，以实践性、实用性为原则，按照《新编大学计算机基础教程》（第六版）的知识模块结构进行编写。全书各章均分为知识体系、学习纲要、实验环节、测试练习四部分，对于实践性较强的知识，还增加了技能拓展内容。其具体包括对理论教材各章节知识点、技术和方法的提炼、概括、总结，以及相关技能拓展和相关实验的具体步骤及各种类型的练习题等内容，以指导学生理解和掌握理论教材的内容，培养学生的动手能力和应用能力，提高大学生的综合素质，强化创新实践能力。

本书既可以用作《新编大学计算机基础教程》（第六版）的实践教程，也可作为各类高等学校非计算机专业计算机基础课程教材的配套教材或自学用书，以及相关考试的参考书。

图书在版编目（CIP）数据

新编大学计算机基础实践教程/王知非等编著．—6版．—北京：中国铁道出版社有限公司，2021.8（2023.2重印）

教育部大学计算机课程改革立项规划教材　普通高等教育“十一五”国家级规划教材配套用书

ISBN 978-7-113-28085-7

Ⅰ．①新…　Ⅱ．①王…　Ⅲ．①电子计算机-高等学校-教材　Ⅳ．①TP3

中国版本图书馆CIP数据核字（2021）第121151号

书　　名：新编大学计算机基础实践教程
作　　者：王知非　李　欣　王克朝　王　健　等

策　　划：贾　星　　　　**编辑部电话：**（010）63549501
责任编辑：贾　星　贾淑媛
封面设计：高博越
责任校对：焦桂荣
责任印制：樊启鹏

出版发行：中国铁道出版社有限公司（100054，北京市西城区右安门西街8号）
网　　址：http://www.tdpress.com/51eds/
印　　刷：北京铭成印刷有限公司
版　　次：2006年5月第1版　2021年8月第6版　2023年2月第5次印刷
开　　本：880 mm×1 230 mm　1/16　**印张：**11.25　**字数：**364千
书　　号：ISBN 978-7-113-28085-7
定　　价：35.00元

前言

本书是在新工科和工程专业认证大背景下，以突出“应用”和强化“能力”为目标，结合目前计算机基础教育教学改革新理念、新思想、新要求和新技术，以及多年教学改革实践、课程思政实践等建设成果，组织教学工作一线的教师和专家，经过数月的研讨，在第四、五版基础上编写的与《新编大学计算机基础教程》(第六版)配套且融学习指导、实验和测试练习为一体的实践教程。

全书内容包括各知识模块的知识体系、学习纲要、实验环节和测试练习，对于实践性较强的知识，还增加了技能拓展内容。知识体系是对理论教材各章节知识点的概括；学习纲要是对理论教材各章节知识点、技术和方法的提炼、概括和总结；技能拓展是技术应用能力水平的进一步提升；实验环节与理论教学同步，能够有效地配合理论教材的内容，使理论教学通过实验融会贯通；测试练习可供学生进行学习评价，有选择、填空、判断、简答等类型题，试题选择参考了国家计算机等级考试及相关考试大纲要求，具有一定的代表性，测试练习配有参考答案，是学生进行总结复习的实用资料。

本书对知识模块的结构和基本概念、技术与方法的提炼准确清晰，实验内容选用多种类型且内容丰富的应用案例，测试练习题选择具有较强的代表性。本书具有以下特点：

(1)用思维导图对教材的知识点、技术和方法进行提炼、概括和总结，便于学生自主学习和课后巩固复习。

(2)操作步骤采用易理解的流程图表示，方便学生上机实践。

(3)配备相应的实验内容，理论与实践紧密结合，突出对学生动手能力、应用能力和技能的培养。

(4)配有丰富的、不同难易程度的测试练习题，供教师和学生进行测试和练习。

本书不仅可以作为《新编大学计算机基础教程》(第六版)的配套实践教程，也可以与其他计算机基础教材配合使用或单独使用。

本书由王知非、李欣、王克朝、王健等编著，肖鹏、孙英杰、徐鹏、陆璐、贾宗福、王君、计东、张静参与编写。全书内容分为三大部分共10章，具体编写分工如下：第1章由肖鹏编写，第2章由孙英杰、王克朝编写，第3章由王知非编写，第4章由李欣编写，第5章由徐鹏编写，第6章由陆璐、贾宗福编写，第7章由王君编写，第8章由王健编写，第9章由计东编写，第10章由王君编写。全书视频由张静负责录制。书中配套资源可在中国铁道出版社有限公司官方网站(http://www.tdpress.com/51eds/)下载，考试平台使用请拨打编辑部电话(010)63549501联系本书责任编辑咨询。此次重印，余廷忠做了修订工作，特此说明。

本书在编写过程中得到了中国铁道出版社有限公司和编者所在学校的大力支持和帮助，在此表示衷心的感谢。同时，在编写过程中对参考的大量文献资料的作者一并致谢。由于计算机技术飞速发展，编者限于能力水平，虽尽力跟踪最新技术应用，仍难免有不足之处，恳请读者不吝批评指正。

编　者
2022年8月

目录

第一部分　计算机系统平台

第1章　计算机概述 …… 2
◎知识体系 …… 2
◎学习纲要 …… 3
1.1　计算机发展与应用 …… 3
1.1.1　计算机的产生 …… 3
1.1.2　计算机的发展 …… 3
1.1.3　计算机的分类 …… 3
1.1.4　计算机的特点 …… 3
1.1.5　计算机的应用 …… 3
1.2　信息在计算机内部的表示与存储 …… 3
1.2.1　数制的概念 …… 3
1.2.2　数制转换 …… 4
1.2.3　计算机信息编码 …… 6
1.3　计算机系统组成 …… 8
1.3.1　图灵机 …… 8
1.3.2　冯·诺依曼型计算机 …… 8
1.3.3　计算机硬件系统 …… 9
1.3.4　计算机软件系统 …… 9
1.3.5　计算机硬件系统和软件系统的关系 …… 9
1.4　计算机的工作原理 …… 10
1.4.1　计算机的指令系统 …… 10
1.4.2　计算机的基本工作原理 …… 10
1.5　微型计算机系统的组成 …… 10
1.5.1　微型计算机的基本结构 …… 10
1.5.2　微型计算机的硬件组成 …… 10
1.5.3　微型计算机的软件配置 …… 10
1.5.4　微型计算机的系统维护 …… 10
1.5.5　个人计算机 …… 11
1.6　计算机的主要技术指标及性能评价 …… 11
1.6.1　计算机的主要技术指标 …… 11
1.6.2　计算机的性能评价 …… 11
1.6.3　如何配置高性价比 PC …… 11
1.7　计算机热点技术 …… 11
1.7.1　云计算 …… 11
1.7.2　物联网 …… 12
1.7.3　大数据 …… 12
1.7.4　人工智能 …… 12
1.7.5　虚拟现实 …… 12
◎实验环节 …… 12
实验　PC 硬件系统组装 …… 12
◎测试练习 …… 15
习题1 …… 15
第2章　操作系统 …… 19
◎知识体系 …… 19
◎学习纲要 …… 20
2.1　操作系统概述 …… 20
2.1.1　操作系统的基本概念 …… 20
2.1.2　操作系统的功能 …… 20
2.1.3　操作系统的分类 …… 20
2.1.4　典型操作系统介绍 …… 20
2.2　Windows 7 操作系统概述 …… 20
2.2.1　Windows 7 基本运行环境 …… 20
2.2.2　Windows 7 安装过程 …… 21
2.3　Windows 7 的基本操作 …… 21
2.3.1　Windows 7 启动与退出 …… 21
2.3.2　Windows 7 桌面、窗口及菜单 …… 21
2.3.3　鼠标和键盘操作 …… 22
2.3.4　使用帮助 …… 22

2.4 Windows 7 文件和文件夹管理 ········ 22
2.4.1 文件和文件夹 ················ 22
2.4.2 文件和文件夹操作 ············ 23
2.4.3 资源管理器 ·················· 25
2.5 Windows 7 系统设置 ················ 26
2.5.1 控制面板的查看方式 ·········· 26
2.5.2 个性化的显示属性设置 ········ 26
2.5.3 键盘和鼠标设置 ·············· 26
2.5.4 日期和时间设置 ·············· 27
2.5.5 字体设置 ···················· 27
2.5.6 系统设置 ···················· 27
2.5.7 用户管理 ···················· 27
2.5.8 中文输入法的添加和卸载 ······ 28
2.6 Windows 7 设备管理 ················ 28
2.6.1 磁盘管理 ···················· 28
2.6.2 硬件及驱动程序安装 ·········· 29
2.6.3 打印机的安装、设置与管理········ 29
2.6.4 应用程序安装和卸载 ·········· 29
2.7 Windows 7 附件 ···················· 29
2.7.1 便签、记事本和写字板·········· 29
2.7.2 画图 ························ 29
2.7.3 计算器 ······················ 29
2.7.4 系统工具 ···················· 30
2.7.5 多媒体 ······················ 30
◎实验环节······························ 30
实验 1 Windows 7 基本操作·········· 30
实验 2 Windows 7 文件系统及文件管理 ························ 33
实验 3 控制面板的应用 ·············· 35
实验 4 压缩软件 WinRAR 的使用 ······ 35
◎测试练习······························ 36
习题 2 ································ 36

第二部分 办公信息处理

第 3 章 Word 2016 文字处理 ·················· 44
◎知识体系······························ 44
◎学习纲要······························ 45
3.1 Word 2016 基本知识 ················ 45
3.1.1 Word 2016 的启动和退出 ······ 45
3.1.2 Word 2016 窗口 ·············· 45
3.2 Word 2016 基本操作 ················ 45
3.2.1 文档的创建 ·················· 45
3.2.2 文档的打开 ·················· 46
3.2.3 文档视图 ···················· 46
3.2.4 保存文档 ···················· 46
3.2.5 保护文档 ···················· 47
3.2.6 设置属性 ···················· 47
3.2.7 技能拓展 ···················· 47
3.3 文档打印 ·························· 47
3.3.1 页面设置 ···················· 47
3.3.2 打印预览 ···················· 48
3.3.3 技能拓展 ···················· 48
3.4 文档编辑 ·························· 48
3.4.1 文本选定 ···················· 48
3.4.2 查找和替换 ·················· 48
3.4.3 字符格式化 ·················· 49
3.4.4 段落格式化 ·················· 49
3.4.5 技能拓展 ···················· 50
3.5 长文档编辑 ························ 50
3.5.1 应用样式 ···················· 50
3.5.2 插入分隔符 ·················· 50
3.5.3 插入目录 ···················· 51
3.5.4 文档修订 ···················· 51
3.5.5 插入脚注、尾注················ 51
3.5.6 技能拓展 ···················· 51
3.6 表格处理 ·························· 52
3.6.1 创建表格的方法 ·············· 52
3.6.2 表格格式化 ·················· 52
3.6.3 表格的数据处理 ·············· 53
3.6.4 插入图表 ···················· 54
3.6.5 技能拓展 ···················· 54
3.7 图文混排 ·························· 54
3.7.1 插入联机图片 ················ 54
3.7.2 插入图形文件 ················ 54
3.7.3 插入对象 ···················· 55
3.7.4 添加水印 ···················· 56
3.7.5 SmartArt 图形的使用 ·········· 56
3.7.6 使用公式编辑器 ·············· 56

3.7.7 技能拓展 …………………… 56
3.8 网络应用 …………………… 57
3.8.1 发布博文 …………………… 57
3.8.2 超链接 …………………… 57
3.8.3 邮件合并 …………………… 57
3.8.4 技能拓展 …………………… 58
◎实验环节…………………… 58
实验1 制作陈静仪同学的个人简历 … 58
实验2 编辑"中国经济发展回顾" …… 59
◎测试练习…………………… 61
习题3 …………………… 61
第4章 Excel 2016 电子表格…………………… 64
◎知识体系…………………… 64
◎学习纲要…………………… 65
4.1 Excel 2016 基本知识 …………………… 65
4.1.1 Excel 2016 窗口 …………………… 65
4.1.2 基本概念 …………………… 65
4.2 Excel 2016 基本操作 …………………… 65
4.2.1 工作簿的新建、保存与打开…… 65
4.2.2 单元格定位 …………………… 66
4.2.3 数据输入 …………………… 66
4.2.4 数据编辑 …………………… 67
4.2.5 技能拓展 …………………… 67
4.3 公式和函数 …………………… 68
4.3.1 公式 …………………… 68
4.3.2 函数 …………………… 68
4.3.3 技能拓展 …………………… 68
4.4 工作表操作 …………………… 68
4.4.1 工作表选定 …………………… 68
4.4.2 工作表基本操作 …………………… 69
4.4.3 窗口拆分和冻结 …………………… 69
4.4.4 格式化工作表 …………………… 70
4.5 数据管理 …………………… 70
4.5.1 数据清单 …………………… 70
4.5.2 数据排序 …………………… 70
4.5.3 数据筛选 …………………… 70
4.5.4 分类汇总 …………………… 70
4.5.5 数据透视表和数据透视图……… 71
4.5.6 技能拓展 …………………… 71
4.6 图表 …………………… 71
4.6.1 图表类型 …………………… 71
4.6.2 图表创建 …………………… 71
4.6.3 图表编辑 …………………… 71
4.6.4 图表格式化 …………………… 72
4.6.5 迷你图 …………………… 72
4.6.6 技能拓展 …………………… 72
4.7 保护工作簿数据 …………………… 72
4.7.1 保护工作簿和工作表 …………… 72
4.7.2 隐藏工作簿和工作表 …………… 72
4.8 打印操作 …………………… 73
4.8.1 页面设置 …………………… 73
4.8.2 打印预览及打印 …………………… 73
4.9 Excel 2016 网络应用 …………………… 73
4.9.1 超链接 …………………… 73
4.9.2 电子邮件发送工作簿 …………… 73
4.9.3 网页形式发布数据 …………… 73
◎实验环节…………………… 74
实验1 工作表的基本操作和格式化 … 74
实验2 数据管理 …………………… 78
实验3 数据图表化 …………………… 82
实验4 综合实验 …………………… 84
◎测试练习…………………… 87
习题4 …………………… 87
第5章 PowerPoint 2016 演示文稿 ………… 91
◎知识体系…………………… 91
◎学习纲要…………………… 92
5.1 PowerPoint 2016 窗口 …………… 92
5.2 PowerPoint 2016 基本操作 ……… 92
5.2.1 创建、保存、打开演示文稿……… 92
5.2.2 文本输入、编辑及格式化……… 92
5.2.3 演示文稿视图 …………………… 93
5.3 演示文稿设置 …………………… 93
5.3.1 幻灯片的基本操作 …………… 93
5.3.2 设置与编辑幻灯片版式 ……… 94
5.3.3 设置演示文稿的模板主题……… 94
5.3.4 设置幻灯片的自动切换效果 … 94
5.3.5 母版视图 …………………… 95
5.4 演示文稿编辑 …………………… 95
5.4.1 插入与编辑艺术字 …………… 95

5.4.2 插入与编辑图片 …… 95
5.4.3 插入 Excel 中的表格 …… 95
5.4.4 插入 SmartArt 图形 …… 95
5.4.5 插入与编辑音频 …… 96
5.4.6 插入与编辑视频 …… 96
5.5 设置演示文稿动画效果 …… 97
5.5.1 创建各类动画效果 …… 97
5.5.2 设置超链接 …… 97
5.5.3 设置动作 …… 98
5.5.4 演示文稿的放映 …… 98
5.5.5 技能拓展 …… 99
5.6 演示文稿的打印与打包 …… 99
5.6.1 打印演示文稿 …… 99
5.6.2 打包演示文稿 …… 99
5.6.3 技能拓展 …… 99
5.7 网络应用 …… 99
5.7.1 使用电子邮件发送 …… 99
5.7.2 与人共享 …… 100
5.7.3 广播幻灯片 …… 100
◎实验环节 …… 100
实验 1 演示文稿的创建与编辑 …… 100
实验 2 演示文稿的放映 …… 101
实验 3 演示文稿综合实例 …… 102
◎测试练习 …… 104
习题 5 …… 104

第三部分 计算机应用技术基础

第 6 章 计算机多媒体技术 …… 108
◎知识体系 …… 108
◎学习纲要 …… 108
6.1 多媒体技术概述 …… 108
6.1.1 多媒体基础知识 …… 109
6.1.2 多媒体技术特点 …… 109
6.1.3 多媒体技术的发展 …… 109
6.1.4 多媒体技术的应用 …… 109
6.2 多媒体系统 …… 109
6.2.1 多媒体系统组成 …… 109
6.2.2 多媒体硬件系统 …… 109
6.2.3 多媒体软件系统 …… 110
6.3 图形图像处理技术 …… 110
6.3.1 图形图像基本知识 …… 110
6.3.2 图像数据压缩技术 …… 111
6.3.3 常见图形图像文件格式 …… 112
6.3.4 常用图形图像处理工具 …… 112
6.4 音频处理技术 …… 112
6.4.1 音频的基本知识 …… 112
6.4.2 音频数据压缩技术 …… 112
6.4.3 常见音频文件格式 …… 112
6.4.4 常用音频处理工具 …… 113
6.5 视频动画处理技术 …… 113
6.5.1 视频 …… 113
6.5.2 动画 …… 113
6.5.3 视频与动画文件格式 …… 113
6.5.4 常用视频与动画处理工具 …… 114
6.6 多媒体应用系统案例 …… 114
6.6.1 数字电视基本知识 …… 114
6.6.2 数字电视关键技术 …… 114
6.6.3 数字电视标准 …… 114
◎实验环节 …… 115
实验 1 利用 Photoshop CC 制作特殊效果 …… 115
实验 2 使用 Flash CC 制作“心动”动画 …… 116
◎测试练习 …… 117
习题 6 …… 117
第 7 章 数据通信技术基础 …… 119
◎知识体系 …… 119
◎学习纲要 …… 120
7.1 数据通信基础 …… 120
7.1.1 数据通信 …… 120
7.1.2 通信信号 …… 120
7.1.3 通信系统模型 …… 120
7.1.4 信道分类 …… 120
7.1.5 数据通信主要技术指标 …… 121
7.1.6 通信介质 …… 121
7.2 数据通信技术 …… 121
7.2.1 数据传输模式 …… 121
7.2.2 数据交换方式 …… 122

7.2.3 多路复用技术 …… 122
7.3 常用通信系统 …… 122
7.3.1 电话系统 …… 122
7.3.2 移动通信系统 …… 123
7.3.3 新一代移动通信系统 …… 123
7.3.4 常用即时通信工具 …… 123
◎测试练习 …… 123
习题7 …… 123
第8章 计算机网络与应用 …… 126
◎知识体系 …… 126
◎学习纲要 …… 126
8.1 计算机网络基础 …… 126
8.1.1 计算机网络概念 …… 126
8.1.2 计算机网络形成及发展 …… 127
8.1.3 计算机网络功能 …… 127
8.1.4 计算机网络分类 …… 127
8.1.5 计算机网络体系结构 …… 127
8.2 局域网基本技术 …… 127
8.2.1 网络拓扑结构 …… 127
8.2.2 局域网组成 …… 127
8.2.3 局域网构建 …… 127
8.3 互联网应用 …… 128
8.3.1 互联网基础 …… 128
8.3.2 互联网接入技术 …… 129
8.3.3 互联网服务与应用 …… 129
8.4 无线传感器网络 …… 131
8.4.1 传感器 …… 131
8.4.2 无线传感器网络基础 …… 131
8.4.3 物联网基础 …… 132
8.5 网页制作 …… 132
8.5.1 个人网站制作 …… 132
8.5.2 HTML初步 …… 132
8.5.3 常用网站开发工具 …… 132
◎实验环节 …… 132
实验1 WWW信息浏览 …… 132
实验2 电子邮件的发送与接收 …… 133
实验3 远程登录与文件传输 …… 134
实验4 利用Dreamweaver CC制作网页 …… 135
◎测试练习 …… 137
习题8 …… 137
第9章 软件技术基础 …… 140
◎知识体系 …… 140
◎学习纲要 …… 141
9.1 程序设计概述 …… 141
9.1.1 程序设计语言分类 …… 141
9.1.2 程序设计语言的选择 …… 141
9.1.3 程序设计的基本过程 …… 141
9.1.4 程序设计风格 …… 141
9.2 算法 …… 141
9.2.1 算法的概念 …… 141
9.2.2 算法的特征 …… 141
9.2.3 算法的表示 …… 142
9.2.4 算法设计的基本方法 …… 142
9.2.5 算法评价 …… 142
9.3 数据结构 …… 142
9.3.1 数据结构的基本概念 …… 142
9.3.2 线性结构与非线性结构 …… 142
9.3.3 线性表 …… 142
9.3.4 栈和队列 …… 143
9.3.5 树与二叉树 …… 143
9.3.6 查找与排序方法 …… 144
9.4 程序设计方法 …… 145
9.4.1 结构化程序设计 …… 145
9.4.2 面向对象程序设计 …… 146
9.4.3 结构化程序设计与面向对象程序设计的比较 …… 146
9.5 软件工程 …… 146
9.5.1 软件工程基础 …… 146
9.5.2 软件开发方法 …… 148
9.5.3 软件测试 …… 149
9.5.4 软件维护 …… 150
◎测试练习 …… 150
习题9 …… 150
第10章 信息安全 …… 155
◎知识体系 …… 155
◎学习纲要 …… 155
10.1 信息安全概述 …… 155

10.1.1 信息安全和信息系统安全 …… 156
10.1.2 信息安全隐患…… 156
10.1.3 信息系统不安全因素…… 156
10.1.4 信息安全任务…… 156
10.2 信息存储安全技术…… 156
10.2.1 磁盘镜像技术…… 156
10.2.2 磁盘双工技术…… 156
10.2.3 双机热备份技术…… 156
10.2.4 快照、磁盘克隆技术 …… 156
10.2.5 海量存储技术…… 156
10.2.6 热点存储技术…… 157
10.3 信息安全防范技术…… 157
10.3.1 访问控制技术…… 157
10.3.2 数据加密技术…… 157
10.3.3 防火墙技术…… 158
10.3.4 入侵检测技术…… 158
10.3.5 地址转换技术…… 158
10.3.6 Windows 7 安全防范 …… 158
10.4 计算机病毒及防治…… 158
10.4.1 计算机病毒简介…… 159
10.4.2 计算机病毒的防治…… 159
10.4.3 常见病毒防治工具…… 160
10.5 网络道德与法规…… 160
10.5.1 网络道德…… 160
10.5.2 网络安全法规…… 160
◎实验环节…… 161
实验 1 用户安全设置 …… 161
实验 2 系统安全设置 …… 162
实验 3 Windows 7 防火墙配置 …… 163
◎测试练习…… 164
习题 10 …… 164
附录 习题参考答案…… 167

第一部分　计算机系统平台

第1章　计算机概述

第2章　操作系统

第1章　计算机概述

本章主要阐述计算机的产生、发展、分类、特点、应用，信息在计算机内部的表示与存储方法，计算机系统的组成，计算机的基本工作原理，微型计算机系统的组成，计算机的主要技术指标和性能评价，以及计算机热点技术。通过对本章内容的学习，读者要掌握计算机系统组成、计算机的基本工作原理，熟悉微型计算机的组成部件，了解微型计算机的软件配置，掌握计算机的主要技术指标，了解计算机的性能评价要点。

知识体系

本章知识体系结构：

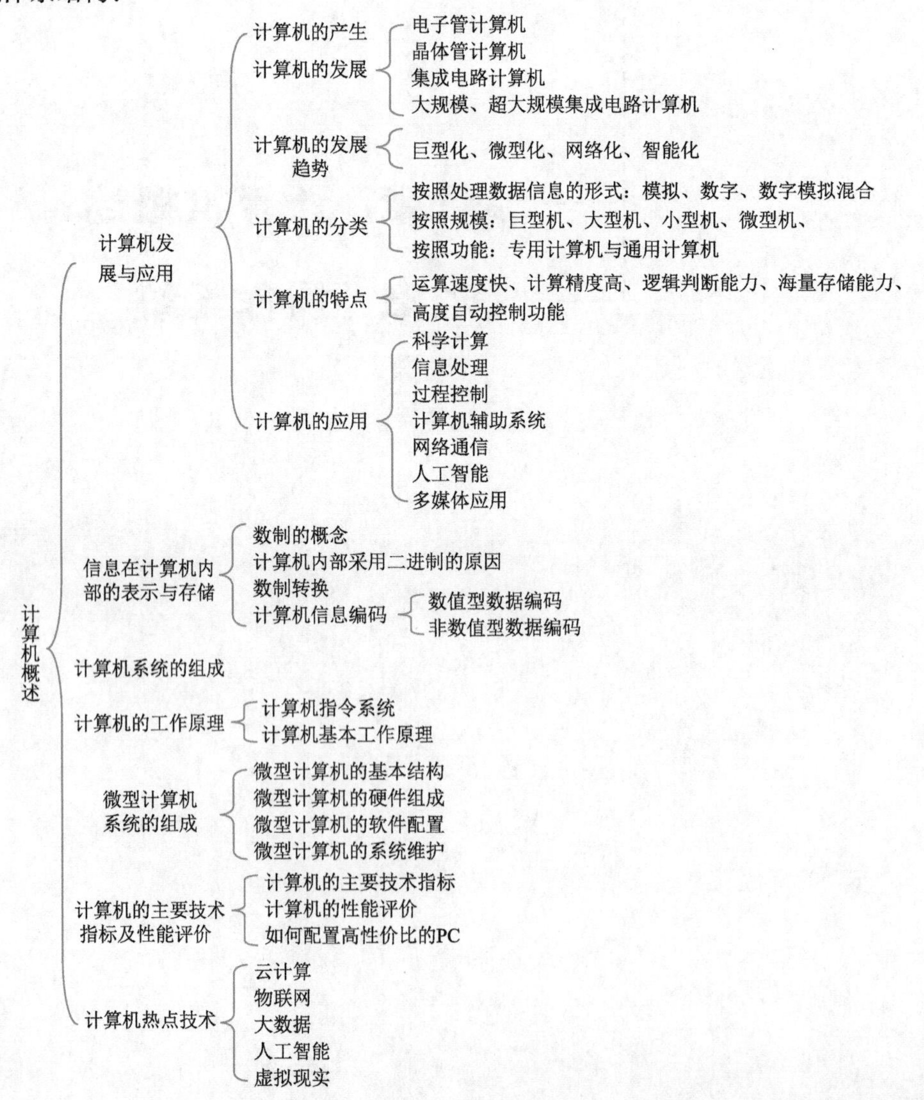

本章重点：计算机的发展、分类、应用及计算机中的数据表示方法；计算机系统组成，计算机的基本工作原理；微型计算机系统的组成部件，计算机的主要技术指标。

本章难点：各种进制数之间的相互转换、数据编码、计算机的基本工作原理。

学习纲要

1.1 计算机发展与应用

本节主要介绍计算机的产生、发展、分类、特点及应用。

1.1.1 计算机的产生

1946年，世界上第一台通用电子数字计算机ENIAC在美国宾夕法尼亚大学研制成功。ENIAC共使用了18 000多个电子管，1 500个继电器以及其他器件，其总体积约90 m^3，质量达30 t，占地约170 m^2，耗电量为150 kW·h，运算速度约为5 000次/s。1949年5月，第一台带有存储程序结构的电子计算机EDSAC在英国剑桥大学数学实验室研制成功。

1.1.2 计算机的发展

1. 计算机的发展历程

根据组成计算机的电子逻辑器件不同，将计算机的发展分成电子管、晶体管、集成电路、大规模和超大规模集成电路4个阶段。

2. 我国计算机的发展历程

1958年8月，我国成功地研制出103小型电子计算机；2002年9月，首款四核CPU处理器“龙芯3号”研制成功；2012年9月，我国首台全部采用国产中央处理器和系统软件构建的千万亿次计算机“神威·蓝光”高效能计算机研制成功；2013年6月，峰值计算速度每秒9.3亿亿次的超级计算机系统“天河二号”研制成功；2016年6月，神威·太湖之光在法兰克福世界超级计算机大会上登顶榜单。

3. 计算机发展趋势

当前计算机正在向巨型化、微型化、网络化和智能化方向发展。

1.1.3 计算机的分类

(1)计算机按照处理数据信息的形式分类，可以分为数字计算机、模拟计算机、数模混合计算机。

(2)计算机按照功能分类，一般可分为专用计算机与通用计算机。

(3)计算机按照规模分类，通常分为巨型机、大型机、小型机、微型机。

(4)计算机按照工作模式分类，可以分为服务器、工作站。

1.1.4 计算机的特点

计算机的特点主要有运算速度快、计算精度高，具有逻辑判断能力、海量存储能力、高度自动控制功能。

1.1.5 计算机的应用

计算机主要应用于科学计算、信息处理、过程控制、计算机辅助系统、网络通信、人工智能、多媒体应用等。

1.2 信息在计算机内部的表示与存储

本节主要阐述数制的相关概念、不同进制数之间的转换方法，以及数值型数据和非数值型数据在计算机内的表示与存储。

1.2.1 数制的概念

数制是指用一组固定的符号和统一的规则来计数的方法。

1. 进位计数制

计数是数的记写和命名,各种不同的记写和命名方法构成计数制。进位计数制是按进位的方式计数的数制,简称进位制。

基数是指该进位计数制中允许选用的基本数码的个数。

在进位计数中,一个数可以由有限个数码排列在一起构成,数码处在不同的数位上,所代表的数值是不同的,这个数码所表示的数值等于该数码本身乘以一个与它所在数位有关的常数,这个常数称为"位权",简称"权"。权是基数的幂。

以基数 R 为进位的计数制的进位原则是"逢 R 进一"。

任何一种进位制数都可以表示成按位权展开的多项式之和的形式。

$$(X)_R = D_{n-1}R^{n-1} + D_{n-2}R^{n-2} + \cdots + D_0R^0 + D_{-1}R^{-1} + \cdots + D_{-m}R^{-m}$$

其中:X 为 R 进制数,D 为数码,R 为基数,n 是整数位数,m 是小数位数,下标表示位置,上标表示幂的次数。

为了区分不同计数制的数,常采用括号外面加数字下标的表示方法,或数字后面加相应的英文字母标识来表示。

2. 计算机内部采用二进制的原因

计算机内部采用二进制的原因是易于物理实现、工作可靠性高、运算规则简单、适合逻辑运算。

3. 计算机中常用数制

计算机中常用的数制有二进制、八进制、十进制和十六进制。常用计数制的数码对应关系如表 1-1 所示。

表 1-1 常用进位计数制的对应关系

二进制	十进制	八进制	十六进制	二进制	十进制	八进制	十六进制
0	0	0	0	1000	8	10	8
1	1	1	1	1001	9	11	9
10	2	2	2	1010	10	12	A
11	3	3	3	1011	11	13	B
100	4	4	4	1100	12	14	C
101	5	5	5	1101	13	15	D
110	6	6	6	1110	14	16	E
111	7	7	7	1111	15	17	F

1.2.2 数制转换

1. 十进制数与 R 进制数的相互转换

十进制数与 R 进制数的相互转换方法和过程如图 1-1 所示。

1)十进制整数转换为 R 进制数

采取"除 R 取余、倒排余数"法,即将十进制数除以 R,得到一个商和一个余数,再将商除以 R,又得到一个商和一个余数,如此继续下去,直至商为 0 为止,将每次得到的余数按得到的顺序逆序排列,即为 R 进制整数部分。

2)十进制纯小数转换为 R 进制数

采取"乘 R 取整、顺序排列"法,即将十进制数小数部分连续地乘以 R,保留每次相乘的整数部分,直到小数部分为 0 或达到精度要求的位数为止,将得到的整数部分按得到的顺序排列,即为 R 进制的小数部分。

3)R 进制数转换为十进制数

采取"按权展开求和"法。

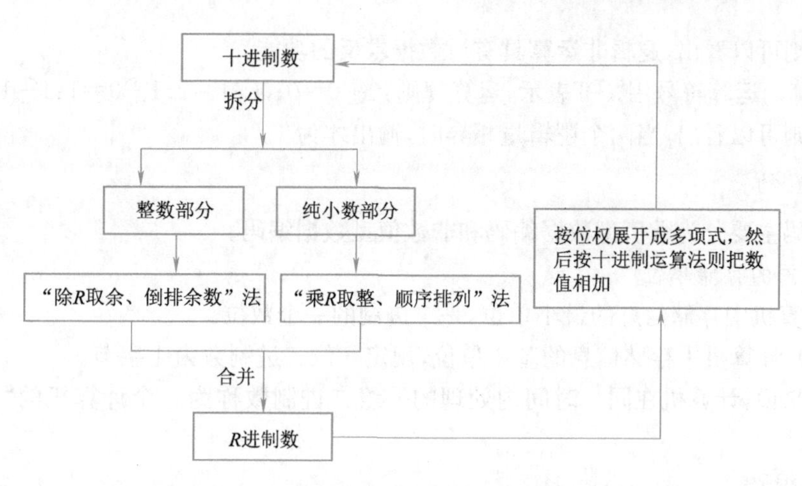

图1-1 十进制数与R进制数的相互转换过程

2. 二、八、十六进制数的相互转换

1)二进制数转换为八进制数

转换方法:以小数点为界,整数部分从右向左每3位分为一组,若不够3位时,在左面添0补位;小数部分从左向右每3位一组,不够3位时,在右面添0补位,然后将每3位二进制数用1位八进制数表示,即可完成转换。

2)八进制数转换为二进制数

转换方法:将每位八进制数用3位二进制数替换,按照原有的顺序排列,即可完成转换。

3)二进制数转换为十六进制数

转换方法:以小数点为界,整数部分从右向左每4位分为一组,若不够4位时,在左面添0补位;小数部分从左向右每4位一组,不够4位时,在右面添0补位,然后将每4位二进制数用1位十六进制数表示,即可完成转换。

4)十六进制数转换为二进制数

转换方法:将每位十六进制数用4位二进制数替换,按照原有的顺序排列,即可完成转换。

八进制数和十六进制数的相互转换,可借助二进制数来实现。

3. 二进制数的算术运算和逻辑运算

1)二进制数的算术运算

(1)二进制数的加法运算规则:

$0+0=0$;$0+1=1+0=1$;$1+1=10$(向高位进位)。

(2)二进制数的减法运算规则:

$0-0=1-1=0$;$1-0=1$;$0-1=1$(向高位借位)。

(3)二进制数的乘法运算规则:

$0\times0=0$;$0\times1=1\times0=0$;$1\times1=1$。

(4)二进制数的除法运算规则:

$0\div1=0$($1\div0$无意义);$1\div1=1$。

2)二进制数的逻辑运算

(1)"或"运算。运算符号用"+"或"∨"来表示。逻辑或运算规则:$0+0=0$;$0+1=1$;$1+0=1$;$1+1=1$。从以上运算规则可以看出,只要两个变量中有一个是1,则逻辑加的结果为1。

(2)"与"运算。运算符号用"×"或"∧"来表示。逻辑与运算规则:$0\times0=0$;$0\times1=0$;$1\times0=0$;$1\times1=1$。从以上运算规则可以看出,当且仅当参与运算的逻辑变量都同时取值为1时,其逻辑乘积才等于1。

(3)"非"运算。常在逻辑变量上方加一横线表示。例如:对A的非运算可表示为$\overline{A}$。运算规则:$\overline{0}=1$(非0等于1);$\overline{1}=0$(非1等于0)。

从以上运算规则可以看出，逻辑非运算具有对数据求反的功能。

(4)“异或”运算。运算符号用“⊕”表示，运算规则：$0\oplus0=0$；$0\oplus1=1$；$1\oplus0=1$；$1\oplus1=0$。

从以上运算规则可以看出，当两个逻辑量相异时，输出才为1。

1.2.3 计算机信息编码

计算机信息编码主要分为数值型数据编码和非数值型数据编码。

1. 计算机中数据的存储单位

(1)位(bit)：计算机中存储信息的最小单位，是二进制的一个数位。

(2)字节(Byte)：计算机中存储信息的基本单位，规定8位二进制数为1字节。

(3)字长：一般来说，计算机在同一时间内处理的一组二进制数称为一个计算机的“字”，而这组二进制数的位数就是“字长”。

2. 数值型数据编码

(1)原码：一种直观的二进制机器数表示形式，其中最高位表示符号。最高位为0表示该数为正数，最高位为1表示该数为负数。

(2)反码：为求补码设计的一种过渡编码。正数的反码与其原码相同，负数的反码符号位与原码相同，其他按位取反。

(3)补码：正数的补码与原码相同，负数的补码为该数的反码末位加1。

在计算机中，只有补码表示的数具有唯一性，所以数值用补码方式进行表示和存储。可以将符号位和数值位统一处理，利用加法就可以实现二进制的减法、乘法和除法运算。

在实际生活中，数值除了有正、负数之外，还有带小数的数值，当要处理的数值含有小数部分时，根据小数点的位置是否固定，数的表示方法可分为定点数和浮点数两种类型。

1)定点数

定点数是小数点固定的数，分为定点整数和定点小数，通常，定点整数指纯整数，定点小数指纯小数。定点整数将小数点位置固定在数值的最右端，定点小数将小数点位置固定在有效数值的最左端，即符号位之后。由此可见，定点整数和定点小数在计算机中的表示形式没有区别，小数点完全由事先约定而隐含在不同位置，如图1-2所示。

图1-2 定点数格式

(1)假定用两个字节表示定点整数，则：

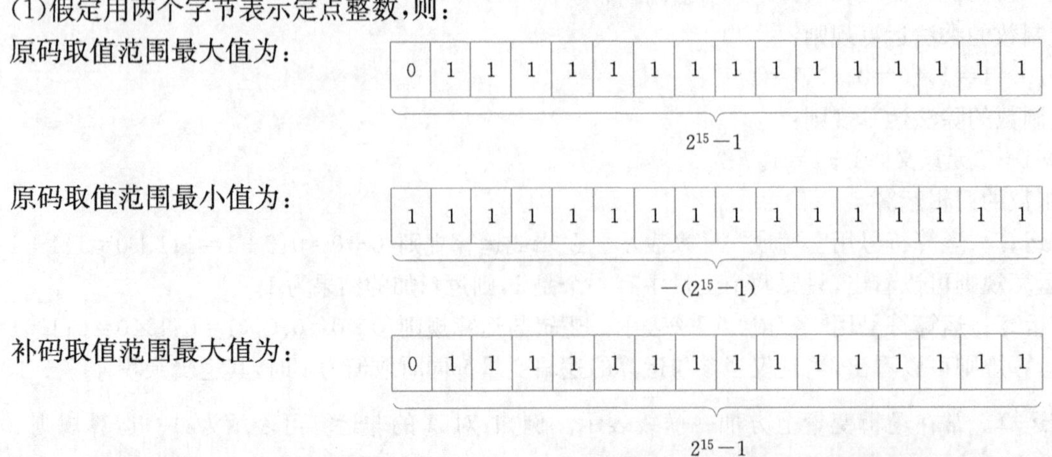

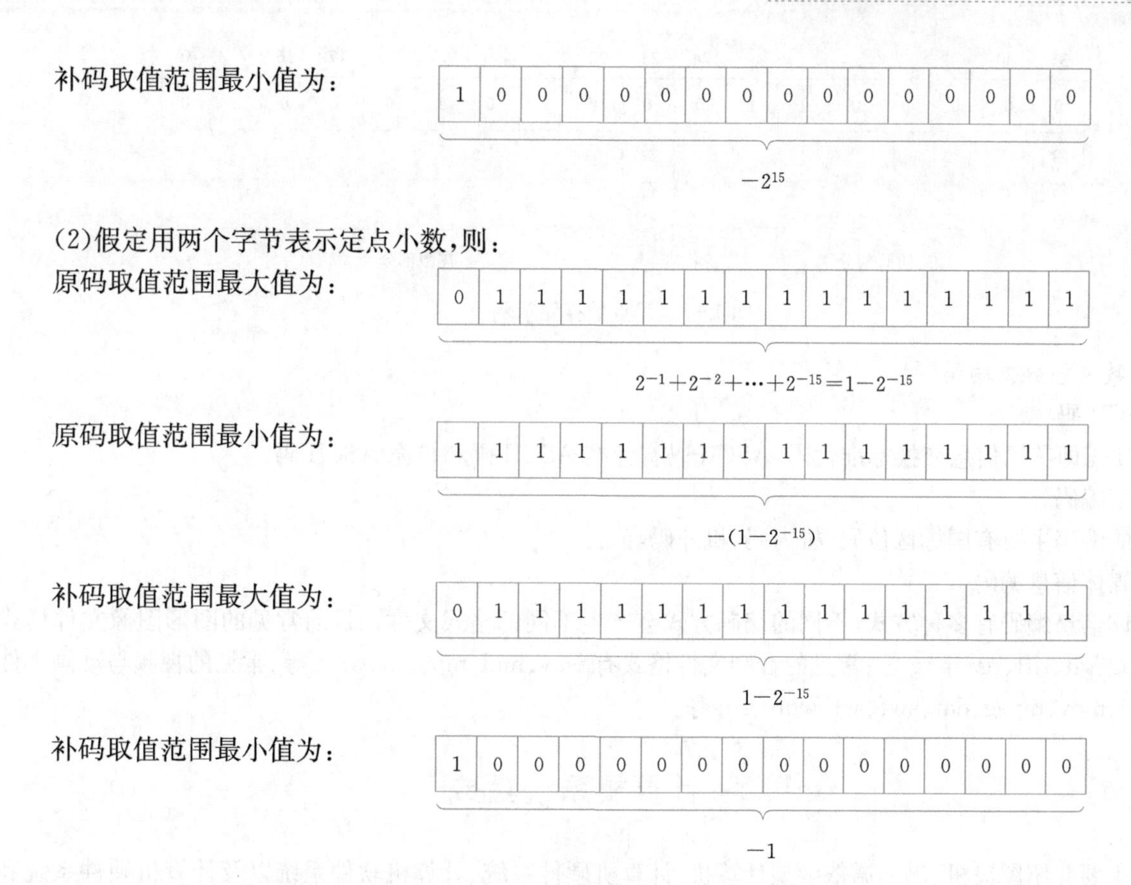

用两个字节表示定点数，可以表示的数值取值范围如表 1-2 所示。

表 1-2　两字节定点数可表示的数值范围

码　制	定点整数		定点小数	
	最大数	最小数	最大数	最小数
原码	$2^{15}-1$	$-(2^{15}-1)$	$1-2^{-15}$	$-(1-2^{-15})$
补码	$2^{15}-1$	-2^{15}	$1-2^{-15}$	-1

当遇到很大或很小的数时，用定点整数或定点小数表示数值，将会产生溢出，还容易丢失精度，采用浮点数不仅可以解决数据溢出、丢失精度等问题，而且可以解决很大或很小的数值运算问题。

2)浮点数

浮点数是小数点位置不固定的数，包含整数部分和小数部分，其最大的特点是比定点数表示的数值范围大。

通常，在计算机中把浮点数分成阶码(也称指数)和尾数两部分来表示，其中，阶码用二进制定点整数表示，尾数用二进制定点小数表示，阶码的长度决定数的范围，尾数的长度决定数的精度。为保证不损失有效数字，通常对尾数进行规格化处理，即保证尾数数值位的最高位为 1，实际数值通过阶码进行调整。

浮点数的格式多种多样，例如，用 4 个字节表示浮点数，阶码部分为 8 位补码定点整数，尾数部分为 24 位补码定点小数，如例 1-1 所示。

【例 1-1】求二进制数“+110101”的浮点表示。

首先，通过规格化把二进制数“+110101”化简成“$2^6\times0.110101$”，则阶码为 6(即二进制定点整数“+110”)，尾数为“+0.110101”，其浮点数表示形式如图 1-3 所示。

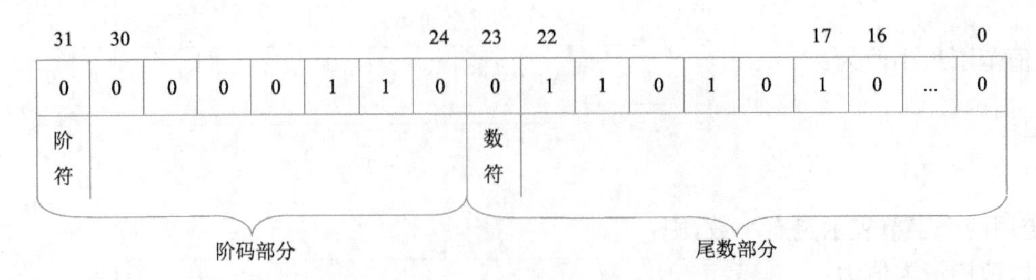

图 1-3　浮点数存储示例

3. 非数值型数据编码

1)ASCII 码

ASCII 码即美国信息交换标准代码，ASCII 码有标准 ASCII 码和扩充 ASCII 码。

2)汉字编码

汉字的编码主要有国标区位码、机内码、机外码等。

3)多媒体信息编码

多媒体信息编码有多种方式，不同的编码方式会产生不同的格式文件。目前常见的图形图像文件格式有 bmp、jpg、gif、tiff、tga、png 等；常见的音频文件格式有 wav、mid、mp3、ra、wma 等；常见的视频与动画文件格式有 avi、mov、mpeg、dat、swf、asf、wmv、rm 等。

1.3　计算机系统组成

本节主要介绍图灵机、冯·诺依曼型计算机、计算机硬件系统、计算机软件系统以及计算机硬件系统和软件系统之间的关系。

1.3.1　图灵机

1. 图灵

阿兰·图灵(见图 1-4)是英国著名的数学家和逻辑学家，被称为计算机科学和人工智能之父，奠定了计算机的理论基础。

阿兰·图灵在 1936 年发表的重要论文《论可计算数及其在判定问题上的应用》中，以布尔代数为基础，将逻辑中的任意命题(即可用数学符号)用一种通用的机器来表示和完成，并能按照一定的规则推导出结论。这篇论文被誉为现代计算机原理的开山之作。图灵描述了一种假想的可实现通用计算的机器，即“图灵机”。

图 1-4　阿兰·图灵

2. 图灵机

阿兰·图灵于 1936 年提出了一种抽象的计算模型——图灵机 (Turing Machine)。图灵机不是具体的计算机，而是思想模型，其基本思想是用机器来模拟人们用纸和笔进行数学运算的过程。

1.3.2　冯·诺依曼型计算机

1. 冯·诺依曼

冯·诺依曼是美籍匈牙利数学家，如图 1-5 所示。1946 年，冯·诺依曼等人在题为《电子计算装置逻辑设计的初步讨论》的论文中，提出了以存储程序概念为指导的计算机逻辑设计思想，确立了现代计算机的体系结构。

2. 冯·诺依曼型计算机

冯·诺依曼提出存储程序原理的基本思想是计算机由运算器、控制器、存储器、输入设备和输出设备五大部分组成；数据和程序以二进制代码形式存放在存储器中；控制器根据存放在存储器中的指令序列(程序)进行工作，并由一个程序计数器控制指令的执行，控制器具有判断能力，能以计算结果为基础选择不同的工作流程。

图 1-5　冯·诺依曼

1.3.3 计算机硬件系统

一个完整的计算机系统包括硬件系统和软件系统两大部分。

计算机硬件系统是计算机系统中由电子类、机械类和光电类等器件组成的各种计算机部件和设备的总称，是组成计算机的物理实体，是计算机完成各项工作的物质基础。

计算机硬件系统由运算器、控制器、存储器、输入设备和输出设备五大部分组成。

1. 运算器

运算器的主要功能是对二进制数码进行算术运算或逻辑运算。

在运算过程中，运算器不断得到由主存储器提供的数据，运算后又把结果送回到主存储器保存起来。整个运算过程是在控制器的统一指挥下，按程序中编排的操作顺序进行的。

2. 控制器

控制器是计算机的控制管理核心部件，其主要用于向计算机的各个部件发出微操作控制信号，指挥各个部件高速协调的工作。

运算器和控制器合称中央处理器，即CPU。

3. 存储器

存储器是用来存储数据和程序的部件。根据功能的不同，存储器分为主存储器和辅存储器两种类型。

主存储器用来存放正在运行的程序和数据，可直接与运算器及控制器交换信息。按照不同的存取方式，主存储器又可分为随机存取存储器(RAM)和只读存储器(ROM)。中央处理器和主存储器是计算机信息加工处理的主要部件，通常将这两个部分合称为主机。

辅存储器用来存放多种大信息量的程序和数据，可以长期保存。

4. 输入/输出设备

输入设备用于输入人们要求计算机处理的数据、字符、文字、图形、图像、声音等信息，以及处理这些信息所必需的程序，并将它们转换成计算机能接收的形式(二进制代码)。

输出设备用于将计算机处理结果或中间结果以人们可识别的形式(如显示、打印、绘图)表达出来。

辅存储设备既可以作输入设备，也可以作输出设备。

1.3.4 计算机软件系统

计算机软件系统是在计算机硬件设备上运行的各种程序、相关的文档和数据的总称。计算机软件系统分为系统软件和应用软件两大类。

1. 系统软件

系统软件也称系统程序，是对整个计算机系统进行调度、管理、监控及服务的软件。系统软件一般包括操作系统、语言处理程序、数据库管理系统、系统服务程序、标准库程序等。

2. 应用软件

应用软件也称应用程序，是为满足用户不同领域、不同问题的应用需求而研制开发的程序。目前常用的应用软件有文字处理软件、信息管理软件、辅助设计软件、实时控制软件等。

1.3.5 计算机硬件系统和软件系统的关系

计算机硬件系统是支撑软件工作的物质基础，软件系统是计算机工作的灵魂。它们相辅相成、缺一不可，相互促进。

计算机硬件系统和软件系统之间的关系如图1-6所示。

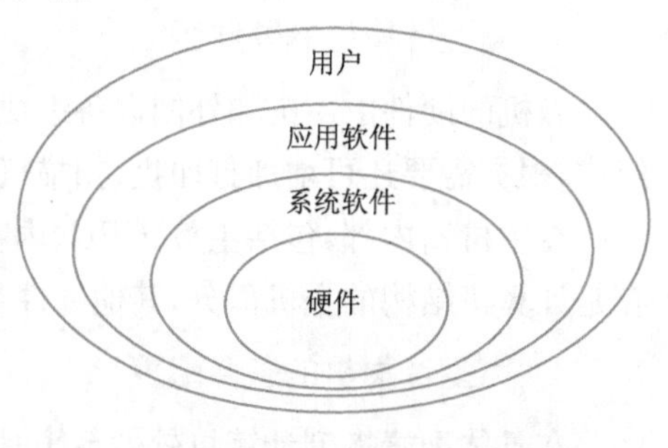

图1-6 计算机硬件系统和软件系统的关系

1.4 计算机的工作原理

本节主要介绍计算机指令系统的基本知识，简要说明计算机的基本工作原理。

1.4.1 计算机的指令系统

1. 指令及指令系统

指令是能被计算机识别并执行的二进制代码，它规定了计算机能完成的某一种操作。指令分为操作码和地址码两部分。

计算机所能执行的所有指令的集合称为计算机的指令系统。

2. 指令类型

计算机指令系统一般分为数据传送型指令、数据处理型指令、程序控制型指令、输入/输出型指令和硬件控制指令等。

1.4.2 计算机的基本工作原理

计算机的工作过程就是运行程序指令的过程。

指令的执行过程是取指令、分析指令、执行指令，执行指令的同时，指令计数器加1，为执行下一条指令做好准备。

1.5 微型计算机系统的组成

本节主要介绍微型计算机系统的基础知识，包括微型计算机的基本结构、硬件组成和软件配置，以及微型计算机系统维护等。

1.5.1 微型计算机的基本结构

微型计算机硬件由主机（微处理器、存储器）和外设（输入/输出设备）组成，采用总线方式连接。

1. 微处理器

微处理器即通常所说的CPU。

2. 系统总线

总线是将计算机各个部件联系起来的一组公共信号线。

微机的系统结构中，连接各大部件之间的总线称为系统总线。系统总线根据传送的信号类型，分为数据总线、地址总线和控制总线三部分。

用于在总线与某个部件或设备之间建立连接的局部电路称为接口。

1.5.2 微型计算机的硬件组成

微机的硬件由主机和外围设备组成。从外观上看，一套基本的微机硬件由主机箱、显示器、键盘、鼠标组成，根据需要还可增加打印机、扫描仪、音视频等外围设备。

在主机箱内部，包括主板、CPU、内存、硬盘、光盘驱动器、各种接口卡（适配卡）、电源等。其中，CPU、内存是计算机结构的主机部分，其他部件与显示器、键盘、鼠标、音视频设备等都属于外围设备。

1.5.3 微型计算机的软件配置

在具体配置微型计算机软件系统时，操作系统是必须安装的，工具软件、办公软件也应该安装，对于其他软件，如程序开发软件、多媒体编辑软件、工程设计软件、教育与娱乐软件等应根据需要选择安装。

1.5.4 微型计算机的系统维护

计算机系统维护分硬件维护和软件维护两部分。

1. 计算机维护的基本原则

计算机维护的基本原则为先软件后硬件、先外设后主机、先电源后部件、先简单后复杂。

2. 计算机硬件维护的基本方法

计算机硬件维护的基本方法有设备替换法、最小系统法、软件测试法、直接观察法、程序升级法和更改资源法。

3. 计算机软件维护的基本方法

1)软件常见故障

软件故障通常有软件与系统不兼容引起的故障、软件相互冲突产生的故障、误操作引起的故障、计算机病毒引起的故障、不正确的系统配置引起的故障。

2)软件常见维护方法

软件维护方法通常有安装系统、使用 Ghost、防毒、处理死机问题、利用系统提示信息、寻找丢失的文件。

1.5.5 个人计算机

个人计算机简称 PC,是在大小、性能以及价位等多个方面适合个人使用并由最终用户直接操控的计算机的统称,属于微型计算机。

1.6 计算机的主要技术指标及性能评价

本节主要介绍计算机的主要技术指标、计算机的性能评价,以及如何配置高性价比的 PC。

1.6.1 计算机的主要技术指标

计算机的主要技术指标有字长、主频、运算速度、内存容量、存取周期等。

1.6.2 计算机的性能评价

对计算机的性能进行评价,除参考主要技术指标外,还应考虑系统的兼容性、可靠性和可维护性,以及外设配置、软件配置、扩展能力、性能价格比等方面。

1.6.3 如何配置高性价比 PC

PC 可以整机购买或者自行组装。整机购买建议选择品牌机,其优势在于购买后可以享受品牌机良好的售后服务。自行组装则需要购置主板、CPU、内存、输入/输出设备等硬件部件,以求达到较高的性能或性能价格比。

1. PC 硬件选择建议

根据需求和应用环境选择 PC 硬件,包括主板、CPU、内存、硬盘、显示器、显卡、键盘、鼠标、机箱、电源等。

2. PC 软件选择建议

在具体配置 PC 软件系统时,操作系统是必须安装的,工具软件、办公软件一般也应该安装,对于其他软件,应根据需要选择安装,且应选择正版软件。但不建议将尽可能全或同类的软件都安装到同一台 PC 中。

1.7 计算机热点技术

目前,常用的计算机应用技术有云计算、物联网、大数据、人工智能、虚拟现实等。

1.7.1 云计算

云计算是分布式计算、网格计算、并行计算、网络存储及虚拟化计算机和网络技术发展融合的产物,或者说是它们的商业实现。

1.7.2 物联网

顾名思义,物联网就是物物相连的互联网。这里有两层含义:第一,物联网的核心和基础仍然是互联网,是互联网的延伸和扩展;第二,其用户端延伸和扩展到了任何物品与物品之间,进行信息交换和通信。

1.7.3 大数据

大数据指的是所涉及的信息量规模巨大到无法通过传统软件工具在合理时间内达到撷取、管理和处理的数据集。

1.7.4 人工智能

人工智能是研究人类智能活动的规律,构造具有一定智能的人工系统,研究如何让计算机去完成以往需要人的智力才能胜任的工作,也就是研究如何应用计算机的软硬件来模拟人类某些智能行为的基本理论、方法和技术。

1.7.5 虚拟现实

虚拟现实是指借助计算机及最新传感器技术创造的一种崭新的人机交互手段,综合了计算机图形技术、计算机仿真技术、传感器技术、显示技术等多种学科技术,它在多维信息空间上创建了一个虚拟信息环境,使用户具有身临其境的沉浸感,具有与环境的交互能力,并有助于启发构思。沉浸、交互、构想是虚拟现实环境系统的三个基本特性。虚拟技术的核心是建模与仿真。

实验环节

实验 PC硬件系统组装

【实验目的】

熟悉PC硬件系统的构成,掌握PC的硬件组装技术。

【实验内容】

PC的硬件组装。

【预备知识】

教师组织观看PC的硬件组装的教学CAI或演示组装过程,并强调安装要点。

【注意事项】

(1)安装机器前须消除身体上的静电。

(2)对各个配件须轻拿轻放。

(3)安装主板一定要稳固、平顺,固定主板时要防止主板变形。

(4)禁止带电操作。

【实验步骤】

1. PC的部件准备(见图1-7)

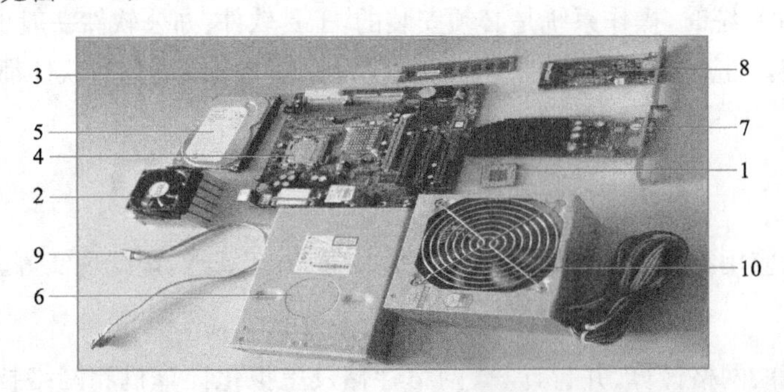

图1-7 PC部件图

图1-7中的部件分别是:1为中央处理器(CPU),2为CPU散热片及风扇,3为内存条(RAM),4为主板(Main Board),5为硬盘(Hard Disk),6为光驱(CD-ROM),7为显卡(VGA Card),8为网卡(Net Card),9为数据电缆,10为主机电源。

其他的外围设备有显示器、键盘、鼠标、音箱、打印机等。

2. PC硬件组装步骤

1)安装CPU和内存

(1)安装CPU:拉起主板CPU插座的锁定扳手,参照定位标志,将CPU放入插座,按下扳手锁定CPU部件,如图1-8所示。CPU安装完毕后,加装CPU散热片和散热风扇。

(2)安装内存条:参照内存条的定位标志,双手将内存条垂直插入内存条插槽,如图1-9所示,内存条到位后,自动锁定。

图1-8 安装CPU

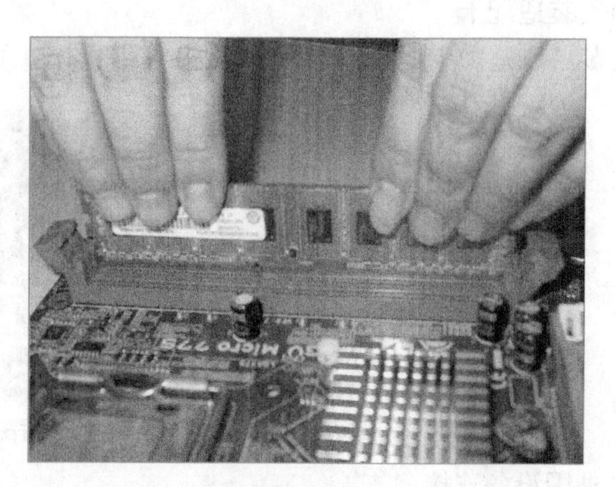

图1-9 安装内存条

说明:

此时可临时接入显卡,连接显示器和电源,加电测试,以检测CPU、内存、主板、显卡等可否正常工作。

2)安装主机电源

在图1-10中,1为主板辅助电源插头,2为主板电源插头,3为硬盘、光驱等设备电源插头。

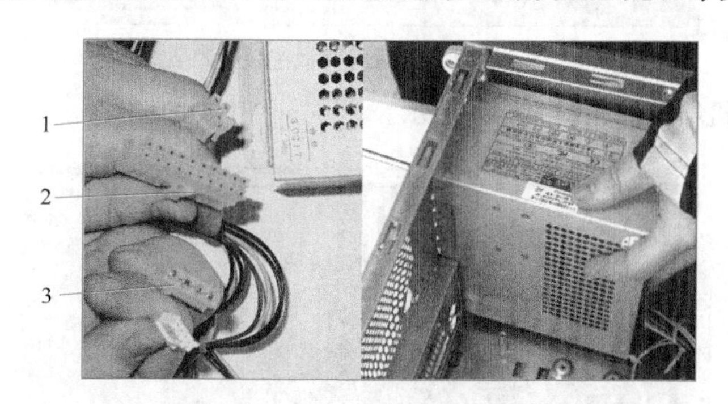

图1-10 安装主机电源

3)安装主板

将组装好的主板安装到机箱中。

4)安装外存储器设备

安装硬盘、光驱等外存储器设备,并连接各部件电源线、数据电缆,如图1-11所示。

5)连接前面板开关及指示灯连线

根据主板说明书或主板上的标识将前面板开关及指示灯连线接好。

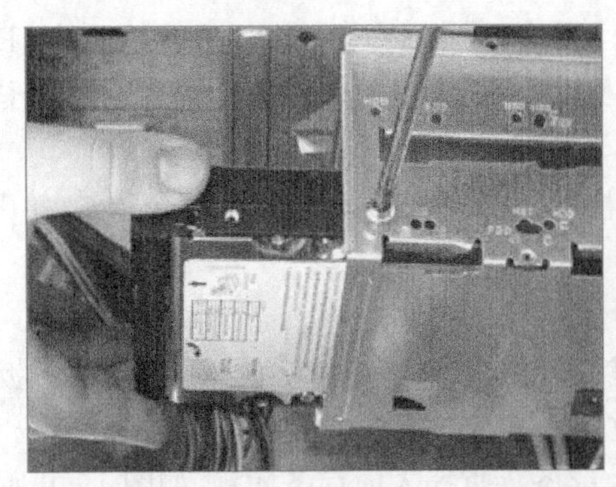

图 1-11　外围存储设备及驱动设备安装示意图

6)安装适配卡

安装各种适配卡,如显卡、声卡、网卡等,如图 1-12 所示。

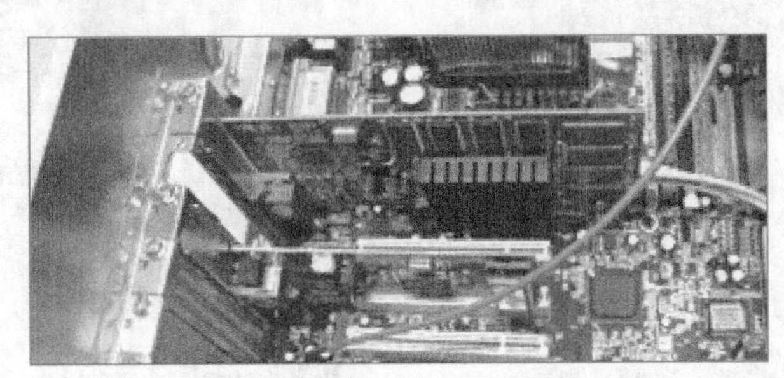

图 1-12　适配卡安装示意图

7)外围设备连接

在机箱的后背板上一般都标有外围设备部件连接的示意图标,按照指示,可连接如电源线、鼠标、键盘、显示器、音箱、网线等。机箱后背板主要接口如图 1-13 所示。

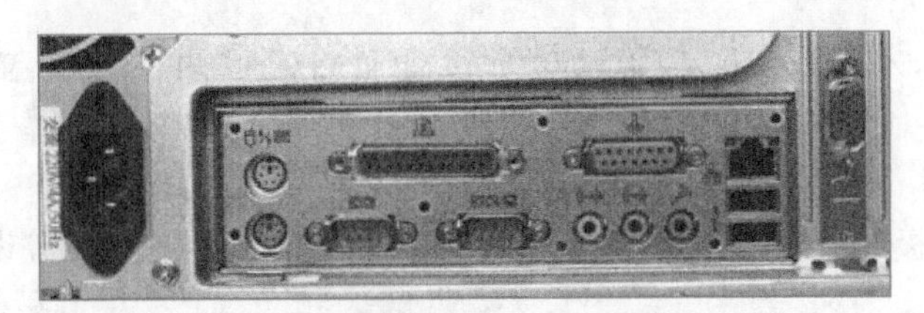

图 1-13　机箱后背板主要接口

硬件装配完毕后的主机箱内部如图 1-14 所示。

图 1-14　硬件装配完毕后的主机箱内部

8)通电调试

确认整机部件无物理故障后,加装机箱盖,硬件装配完毕,即可加电调试并开始安装操作系统及应用软件。

【实验结果与结论】

根据教师演示及装配要领的强调,总结PC硬件组装过程中的要点问题及实践体会。

测试练习

习 题 1

一、选择题

1. 目前使用的计算机采用(　　)为主要电子元器件。

A. 电子管　　B. 晶体管
C. 中小规模集成电路　　D. 超大规模集成电路

2. 在计算机应用领域中,CAI的中文含义是(　　)。

A. 计算机辅助设计　　B. 计算机辅助制造
C. 计算机辅助教学　　D. 计算机辅助测试

3. 云计算通常涉及通过(　　)来提供动态易扩展且经常是虚拟化的资源。

A. 局域网　　B. 互联网　　C. 服务器　　D. 软件

4. 数字符号0~9是十进制的数码,全部数码的个数称为(　　)。

A. 码数　　B. 基数　　C. 位权　　D. 符号数

5. 十进制数75换算成二进制数是(　　)。

A. 1001110　　B. 1001011　　C. 1000000　　D. 1101001

6. 与二进制数1001110对应的十进数是(　　)。

A. 78　　B. 87　　C. 107　　D. 123

7. 下列一组数据中最大的数是(　　)。

A. $(226)_8$　　B. $(1FF)_{16}$　　C. $(100110)_2$　　D. $(499)_{10}$

8. 某计算机的内存是8 MB,则它的容量为(　　)字节。

A. 8×1 024×1 024　　B. 8×1 000×1 000
C. 8×1 024　　D. 8×1 000

9. 计算机能够直接识别的是(　　)计数制。

A. 二进制　　B. 八进制　　C. 十进制　　D. 十六进制

10. 计算机的存储容量常用KB为单位,其中1 KB表示的是(　　)。

A. 1 024个字节　　B. 1 024个二进制位
C. 1 000个字节　　D. 1 000个二进制位

11. 在计算机中,一个字节是由(　　)个二进制位组成的。

A. 4　　B. 8　　C. 16　　D. 24

12. 为了避免混淆,十六进制数单位在书写时常用的表示字母为(　　)。

A. H　　B. O　　C. D　　D. B

13. 采用任何一种输入法输入汉字,存储到计算机内一律转换成汉字的(　　)。

A. 拼音码　　B. 五笔码　　C. 外码　　D. 内码

14. 字符3的ASCII码值为十进制数51,字符6的ASCII码值为十进制数(　　)。

A. 52　　B. 53　　C. 54　　D. 55

15. 设机器的字长为8位，则十进制数39的补码是(　　)。

A. 00100111　　B. 10100111

C. 00111100　　D. 11100111

16. 设机器的字长为8位，则十进制数－39的补码是(　　)。

A. 11011001　　B. 11100111

C. 11011000　　D. 00100111

17. 目前大多数计算机以科学家冯·诺依曼提出的(　　)设计思想为理论基础。

A. 布尔代数　　B. 存储程序原理　　C. 二进制计数　　D. 超线程技术

18. 一个完整的计算机系统应分为(　　)。

A. 内存和外设　　B. 软件系统和硬件系统

C. 主机和外设　　D. 运算器和控制器

19. 在计算机中，一条指令代码由(　　)和操作码两部分组成。

A. 地址码　　B. 指令码　　C. 控制符　　D. 运算符

20. 根据所传递的内容与作用的不同，将系统总线分为数据总线、地址总线和(　　)。

A. 内部总线　　B. 系统总线　　C. 控制总线　　D. I/O总线

21. 组成中央处理器(CPU)的主要部件是(　　)。

A. 控制器和寄存器　　B. 运算器和控制器

C. 控制器和内存　　D. 运算器和内存

22. 微型计算机中运算器的主要功能是进行(　　)。

A. 算术和逻辑运算　　B. 函数运算　　C. 算术运算　　D. 逻辑运算

23. 计算机物理实体通常是由(　　)等几部分组成的。

A. CPU、U盘、显示器和键盘

B. 运算器、放大器、存储器、输入设备和输出设备

C. 主板、CPU、硬盘、U盘和显示器

D. 运算器、控制器、存储器、输入设备和输出设备

24. 在组成计算机的主要部件中，负责对数据和信息加工的部件是(　　)。

A. 内存储器　　B. 运算器

C. 磁盘　　D. 控制器

25. 按照存取方式，计算机的内存储器是指(　　)。

A. ROM和RAM　　B. 硬盘和控制器

C. ROM　　D. RAM和C磁盘

26. 在组成计算机的主要部件中，负责对数据和信息加工的部件是(　　)。

A. 运算器　　B. 内存储器

C. 控制器　　D. 磁盘

27. 计算机软件主要分为(　　)两大类。

A. 系统软件、数据库软件　　B. 语言软件、操作软件

C. 系统软件、应用软件　　D. 用户软件、系统软件

28. 在计算机领域中通常用MIPS来描述(　　)。

A. 计算机的运算速度　　B. 计算机的可靠性

C. 计算机的可运行性　　D. 计算机的可扩充性

二、填空题

1. 世界上第一台计算机于(　　)年诞生于美国的(　　)大学，英文简称为(　　)。

2. 计算机的发展趋势为(　　)、(　　)、(　　)和(　　)。

3. 1949年5月,第一台带有存储程序结构的电子计算机(　　)在英国剑桥大学数学实验室研制成功。
4. 中国的巨型机(　　)的最高运算峰值已达到9.3亿亿次/s。
5. CAD的中文含义是(　　)。
6. 二进制数11011001对应的十六进制数为(　　),它所对应的十进制数为(　　)
7. 将十进制数78.6875转换成二进制数是(　　),转换成八进制数是(　　),转换成十六进制数是(　　)。
8. 逻辑运算的三种基本运算是(　　)、(　　)和(　　)。
9. 在计算机中,表示信息数据编码的最小单位是(　　)。
10. 计算机中用来表示存储空间大小的基本容量单位是(　　)。
11. 西文字符最常用的编码是(　　)码。
12. 国家标准GB 2312—1980方案中,规定用(　　)字节的16位二进制表示一个汉字。
13. 设机器的字长为8位,则十进制数-5的反码是(　　)。
14. (　　)是指专门为某一应用目的而编写的软件。
15. 在微型计算机中,如果电源突然中断,则存储在(　　)中的信息不会丢失。
16. 存储器分为(　　)和外存储器。
17. 计算机向用户传递计算、处理结果的设备是(　　)。
18. 64位微型计算机中的64指的是(　　)。
19. 既可作输入设备又可作输出设备的是(　　)。
20. U盘是通过(　　)接口与主机进行数据交换的移动存储设备。

三、判断题

(　　)1. 计算机主要应用于科学计算、信息处理、过程控制、辅助系统、通信等领域。
(　　)2. 计算机中"存储程序"的概念是由图灵提出的。
(　　)3. 计算机不但有记忆功能,而且有逻辑判断功能。
(　　)4. 计数制中使用的数码个数称为基数。
(　　)5. 十进制数的11,在十六进制中仍表示成11。
(　　)6. 计算机的原码和反码相同。
(　　)7. 计算机中数值型数据和非数值型数据均以二进制数据形式存储。
(　　)8. 外码是用于将汉字输入计算机而设计的汉字编码。
(　　)9. 人工智能的主要目的是用计算机来代替人的大脑。
(　　)10. 计算机软件是程序、数据和文档资料的集合。
(　　)11. 电子计算机区别于其他计算工具的本质特点是能够存储程序和数据。
(　　)12. 裸机是指没有安装任何软件的计算机。
(　　)13. 微处理器的主要性能指标是其体积的大小。
(　　)14. 外存中的数据可以直接进入CPU进行处理。
(　　)15. 计算机的内、外存储器都具有记忆能力,其中的信息都不会丢失。
(　　)16. 主频(时钟频率)是影响微型计算机运算速度的重要因素之一。主频越高,运算速度越快。
(　　)17. 分辨率是显示器的一个重要指标,它表示显示器屏幕上像素的数量。像素越多,分辨率越高,显示的字符或图像就越清晰逼真。
(　　)18. ROM是随机存储器,其中的内容只能读出一次。
(　　)19. 硬盘通常安装在主机箱内,所以硬盘属于内存。
(　　)20. 显示器屏幕上显示的信息,既有用户输入的内容又有计算机输出的结果,所以显示器既是输入设备又是输出设备。

四、简答题

1. 简述计算机的发展历程。

2. 简述计算机的特点。
3. 简述计算机的主要应用领域。
4. 简述计算机热点技术。
5. 简述字节、字、字长,以及它们之间的运算关系。
6. 什么是计算机的原码、反码和补码?
7. 简述基本 ASCII 码和扩充 ASCII 码的区别。
8. 简述“程序存储”原理的内容。
9. 简述计算机的基本工作原理。
10. 简述计算机的主要性能指标。

第 2 章　操 作 系 统

本章主要讲述操作系统的概念、功能和分类，介绍典型的操作系统；以 Windows 7 旗舰版(32 位)操作系统为蓝本，重点介绍了 Windows 7 操作系统的使用方法。通过本章的学习，读者要了解操作系统的基础知识，熟练掌握 Windows 7 操作系统的使用方法。

知识体系

本章知识体系结构：

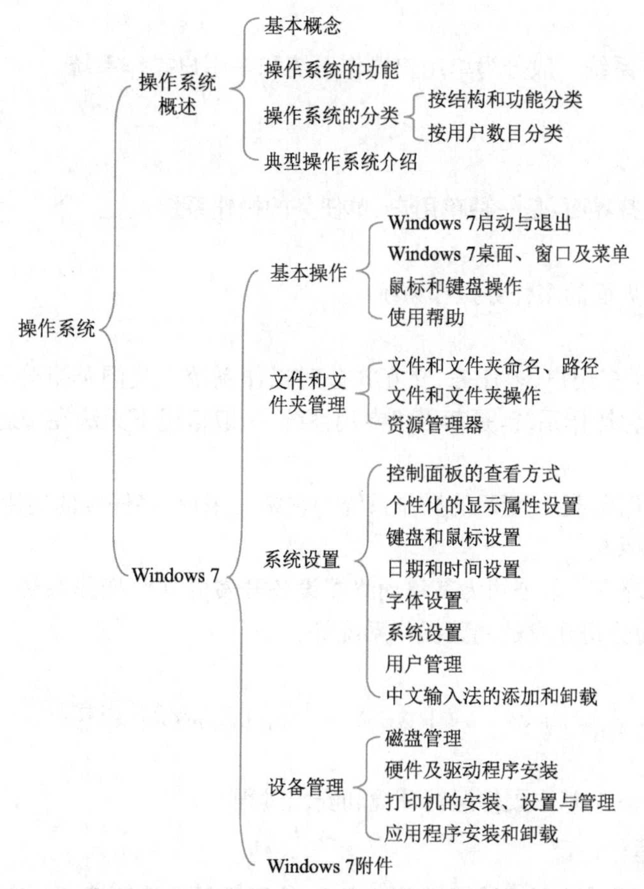

本章重点：操作系统的基本概念、功能和分类；Windows 7 的基本操作，资源管理器的使用，系统设置和设备管理的方法。

本章难点：操作系统的功能；利用控制面板和设备管理器进行系统设置和设备管理。

学习纲要

2.1 操作系统概述

本节主要介绍操作系统的基本概念、功能和分类,以及典型操作系统。

2.1.1 操作系统的基本概念

操作系统是管理和控制计算机软硬件资源,合理组织计算机的工作流程,以便有效地利用这些资源为用户提供功能强大、使用方便和可扩展的工作环境,为用户使用计算机提供接口的程序集合。

2.1.2 操作系统的功能

从资源管理的角度,操作系统的主要功能包括处理机管理、存储器管理、设备管理、文件管理和用户接口管理。

2.1.3 操作系统的分类

按结构和功能分类,操作系统一般分为批处理系统、分时系统、实时系统、嵌入式系统、网络操作系统和分布式操作系统。

按用户数目分类,操作系统一般分为单用户操作系统和多用户操作系统。

2.1.4 典型操作系统介绍

1. DOS 操作系统

DOS 操作系统采用字符界面,是一种单用户、单任务的操作系统。

2. Windows 操作系统

Windows 是基于图形界面的多任务操作系统。

3. UNIX 操作系统

UNIX 操作系统是一个多用户、多任务、交互式分时操作系统。美国苹果公司的 Mac 操作系统就是基于 UNIX 内核开发的图形化操作系统,是苹果机专用系统,一般情况下无法在普通的 PC 上安装。

4. Linux 操作系统

Linux 是一个开放源代码、类 UNIX 的操作系统。它是多用户、多任务的通用操作系统。

5. 移动终端常用操作系统

移动终端常用操作系统有苹果公司为其移动终端设备开发的 iOS 操作系统、谷歌公司基于 Linux 平台开发的安卓操作系统、华为公司开发的鸿蒙操作系统等。

2.2 Windows 7 操作系统概述

本节主要介绍 Windows 7 基本硬件运行环境和安装过程。

2.2.1 Windows 7 基本运行环境

运行中文版 Windows 7 系统要求计算机具有表 2-1 所示的硬件环境。

表 2-1 Windows 7 的硬件环境

硬件要求	基本配置	建议使用
CPU	800 MHz 的 32 位或 64 位处理器	1 GHz 的 32 位或 64 位处理器
内存	512 MB 内存	1 GB 内存或更高

续表

硬件要求	基本配置	建议使用
安装硬盘空间	分区容量至少 40 GB,可用空间不少于 16 GB	分区容量至少 80 GB,可用空间不少于 40 GB
显卡	32 MB 显示缓存并兼容 Directx 9	32 MB 显示缓存并兼容 Directx 9 与 WDDM 标准
光驱	DVD 光驱	
其他	微软兼容的键盘及鼠标	

2.2.2 Windows 7 安装过程

Windows 7 操作系统的安装方式可分为全新安装、升级安装以及多系统安装。

1. 全新安装

首先在 BIOS 中设置启动顺序为光盘优先,然后将 Windows 7 安装光盘插入光驱,重新启动计算机。计算机从光盘启动后将自动运行安装程序。按照屏幕提示,用户即可顺利完成安装。

2. 升级安装

启动 Windows XP 或 Windows Vista,关闭所有程序。将 Windows 7 光盘插入光驱,系统会自动运行并弹出安装界面,单击"升级"选项安装即可。如果光盘没有自动运行,可双击光盘根目录下的 setup. exe 文件开始安装。

3. 多系统安装

如果用户需要安装一个以上的 Windows 系列操作系统,则按照由低到高的版本顺序安装即可;如用户需要在 Windows 7 操作系统的基础上安装 Linux 操作系统,则需要在 Windows 7 系统下运行 Linux 系统安装盘,在确保两个系统不共用系统分区且有足够硬盘空间的前提下,按照提示完成安装即可。

2.3 Windows 7 的基本操作

本节主要介绍 Windows 7 的基本操作,包括启动与退出方法,桌面、窗口及菜单的操作方法,鼠标和键盘的操作方法,以及 Windows 7 的帮助功能。

2.3.1 Windows 7 启动与退出

1. 启动 Windows 7

启动 Windows 7 操作系统操作步骤如下:

(1)首先打开外设电源开关,然后打开主机电源开关。如果计算机中有多个操作系统,如 Windows XP 和 Windows 7 两个操作系统,则屏幕将显示"请选择要启动的操作系统"界面,选择 Windows 7 操作系统,按【Enter】键。

(2)进入 Windows 7 操作系统,显示选择用户界面。

(3)单击用户名,如果没有设置系统管理员密码,可以直接登录系统;如果设置了管理员密码,输入密码,按【Enter】键后即可登录系统。

2. 退出 Windows 7

$\xrightarrow{\text{单击}}$【开始】按钮 $\xrightarrow{\text{弹出}}$"开始"菜单 $\xrightarrow{\text{单击}}$【关机】按钮

2.3.2 Windows 7 桌面、窗口及菜单

1. Windows 7 桌面

Windows 7 桌面主要包括桌面背景、快捷图标和任务栏。

2. Windows 7 窗口

1)窗口的分类和组成

Windows 7 的窗口一般分为应用程序窗口、文档窗口和对话框三类。

2)窗口操作

窗口的操作主要包括移动窗口、缩放窗口、切换窗口以及窗口的排列等。

3. Windows 7 菜单

Windows 7 中菜单一般包括“开始”菜单、下拉菜单、快捷菜单、控制菜单等。

2.3.3 鼠标和键盘操作

1. 鼠标基本操作

鼠标基本操作方法有指向、单击(左键)、右击(右键单击)、双击、拖动等。

2. 键盘基本操作

Windows 7 的常用快捷键如表 2-2 所示。

表 2-2 Windows 7 的常用快捷键

快捷键	说明	快捷键	说明
【F1】	打开帮助	【Ctrl + C】	复制
【F2】	重命名文件(夹)	【Ctrl + X】	剪切
【F3】	搜索文件或文件夹	【Ctrl + V】	粘贴
【F5】	刷新当前窗口	【Ctrl + Z】	撤销
【Delete】	删除	【Ctrl + A】	选定全部内容
【Shift + Delete】	永久删除所选项,不放入“回收站”	【Ctrl +Esc】	打开开始菜单
【Alt + F4】	关闭当前项目或者退出当前程序	【Alt + Tab】	在打开的项目之间选择切换
【Ctrl+Alt+Delete】	打开 Windows 任务管理器	【Win + Tab】	Flip 3D 效果的窗口切换

2.3.4 使用帮助

1. 利用帮助窗口

在系统任意位置按【F1】键或在应用程序窗口的“菜单栏”单击【帮助】按钮将弹出“Windows 帮助和支持”对话框,根据提示可查询所需帮助内容。

2. 其他求助方法

(1)单击对话框右上角的【帮助】按钮,可获取对话框中特定项目的帮助信息。

(2)鼠标指针指向“菜单”栏或“任务”栏的某个菜单名称、图标,以及最小化的窗口图标,都将显示简单提示信息。

2.4 Windows 7 文件和文件夹管理

本节主要介绍计算机中文件和文件夹的基本概念,讲述在 Windows 7 操作系统中利用资源管理器对文件和文件夹进行管理和操作的基本方法。

2.4.1 文件和文件夹

1. 文件

1)文件的命名

文件名一般由主文件名和扩展名组成,其格式为:＜主文件名＞[. 扩展名]。

2)文件类型

一般文件类型可以通过文件扩展名来区分,常用文件扩展名和常用设备文件名如表 2-3 和表 2-4 所示。

表 2-3 常用文件扩展名

扩展名	文件类型	扩展名	文件类型	扩展名	文件类型
TXT	文本文件	DOCX	Word 2016 文件	XLSX	Excel 2016 文件
PPTX	PowerPoint 2016 文件	JPG	图像文件	MP3	音频文件
WMV	视频文件	RAR	压缩文件	EXE	可执行文件
SYS	系统配置文件	COM	系统命令文件	TMP	临时文件
BAK	备份文件	BAT	批处理文件	HTM	主页文件
HLP	帮助文件	OBJ	目标文件	ASM	汇编语言源文件
C	C语言源程序	CPP	C++源文件	ACCDB	Access 2016 文件

表 2-4 常用设备文件名

文件名	设备	文件名	设备
COM1	异步通信口 1	COM2	异步通信口 2
CON	键盘输入,屏幕输出	LPT1(PRN)	第一台并行打印机
LPT2	第二台并行打印机	NUL	空设备

2. 文件夹及路径

1)文件夹

文件夹可以理解为用来存放文件的容器,便于用户使用和管理文件。在 Windows 7 中,文件夹是按树形结构来组织和管理的。

2)路径

在文件夹的树形结构中,从根文件夹开始到任何一个文件都有唯一通路,该通路全部的结点组成路径。路径分为绝对路径和相对路径。

2.4.2 文件和文件夹操作

1. 新建文件或文件夹

新建文件或文件夹的主要方法有两种。

(1) $\xrightarrow{\text{单击}}$“工具”栏中的“文件”菜单 $\xrightarrow{\text{选择}}$“新建”命令 $\xrightarrow{\text{选择}}$ 文件夹或相应的文件类型 $\xrightarrow{\text{输入}}$ 文件或文件夹名称

(2) $\xrightarrow{\text{右击}}$ 工作区窗口空白处 $\xrightarrow{\text{弹出}}$ 快捷菜单 $\xrightarrow{\text{选择}}$“新建”命令 $\xrightarrow{\text{选择}}$ 文件夹或相应的文件类型 $\xrightarrow{\text{输入}}$ 文件或文件夹名称

2. 打开及关闭文件或文件夹

1)打开文件(夹)

打开文件或文件夹的主要方法有两种。

(1)双击需打开的文件(夹)

(2) $\xrightarrow{\text{右击}}$ 需打开的文件(夹) $\xrightarrow{\text{选择}}$“打开”命令

2)关闭文件(夹)

关闭文件或文件夹的主要方法有三种。

(1) $\xrightarrow{\text{单击}}$“工具”栏中的“文件”菜单 $\xrightarrow{\text{选择}}$“关闭”(“退出”)命令

(2) $\xrightarrow{\text{单击}}$“标题”栏中的【关闭】按钮

(3) 按【Alt+F4】快捷键

3. 选定文件或文件夹

选定文件或文件夹的主要方法有以下几种。

(1)选择单项：$\xrightarrow{\text{单击}}$ 文件(夹)

(2)选择相邻项：$\xrightarrow{\text{拖动框选}}$ 文件(夹)

(3)连续选择多项：$\xrightarrow{\text{单击}}$ 第一个文件(夹) $\xrightarrow{\text{按住}}$【Shift】键 $\xrightarrow{\text{单击}}$ 最后一个文件(夹)

(4)任意选择：$\xrightarrow{\text{按住}}$【Ctrl】键 $\xrightarrow{\text{单击}}$ 要选择的文件(夹)

(5)全部选择：

① $\xrightarrow{\text{单击}}$ “工具”栏中的“编辑”菜单 $\xrightarrow{\text{选择}}$ “全部选定”命令

②按【Ctrl+A】快捷键

(6)反向选择：$\xrightarrow{\text{单击}}$ “编辑”菜单 $\xrightarrow{\text{选择}}$ “反向选择”命令

4. 复制、移动文件或文件夹

1)利用剪贴板

剪贴板实际上是内存中的一个区域，用来暂存“剪切”或“复制”过来的文本、图片等内容。

(1)整屏复制：

选择要复制的屏幕 $\xrightarrow{\text{按住}}$【Print Screen】键 $\xrightarrow{\text{打开}}$ “画图”或 Word 程序 $\xrightarrow{\text{单击}}$【粘贴】按钮

(2)活动窗口的复制：

打开要复制的窗口 $\xrightarrow{\text{按住}}$【Alt+Print Screen】快捷键 $\xrightarrow{\text{打开}}$ “画图”或 Word 程序 $\xrightarrow{\text{单击}}$【粘贴】按钮

2)移动

移动文件或文件夹主要有以下 3 种方法。

(1)相同盘：选定对象 $\xrightarrow{\text{拖动}}$ 到目的文件夹

不同盘：选定对象 $\xrightarrow{\text{按住【Shift】键+拖动}}$ 到目的文件夹

(2)选定对象 $\xrightarrow{\text{单击}}$ “编辑”菜单 $\xrightarrow{\text{选择}}$ “剪切”命令 $\xrightarrow{\text{打开}}$ 目的文件夹 $\xrightarrow{\text{单击}}$ “编辑”菜单 $\xrightarrow{\text{选择}}$ “粘贴”命令

(3)选定对象 $\xrightarrow{\text{按}}$【Ctrl+X】快捷键 $\xrightarrow{\text{打开}}$ 目标文件夹 $\xrightarrow{\text{按}}$【Ctrl + V】快捷键

3)复制

复制文件或文件夹主要有以下几种方法。

(1)相同盘：选定对象 $\xrightarrow{\text{按住【Ctrl】键+拖动}}$ 到目的文件夹

不同盘：选定对象 $\xrightarrow{\text{拖动}}$ 到目的文件夹

(2)选定对象 $\xrightarrow{\text{单击}}$ “编辑”菜单 $\xrightarrow{\text{选择}}$ “复制”命令 $\xrightarrow{\text{打开}}$ 目的文件夹 $\xrightarrow{\text{单击}}$ “编辑”菜单 $\xrightarrow{\text{选择}}$ “粘贴”命令

(3)选定对象 $\xrightarrow{\text{单击}}$ 工具栏中的【复制】按钮 $\xrightarrow{\text{打开}}$ 目的文件夹 $\xrightarrow{\text{单击}}$【粘贴】按钮

(4)选定对象 $\xrightarrow{\text{按}}$【Ctrl + C】快捷键 $\xrightarrow{\text{打开}}$ 目标文件夹 $\xrightarrow{\text{按}}$【Ctrl+V】快捷键

(5)选定对象 $\xrightarrow{\text{右击}}$ 在弹出的快捷菜单中 $\xrightarrow{\text{选择}}$ “发送到”命令 $\xrightarrow{\text{选择}}$ 目的地址

(6)选定对象 —— $\xrightarrow{\text{单击}}$ “编辑” 菜单 $\xrightarrow{\text{选择}}$ “发送到” 命令 / $\xrightarrow{\text{右击}}$ 选定的对象 $\xrightarrow{\text{选择}}$ “发送到” 命令 —— $\xrightarrow{\text{选择}}$ 目的地址

5. 删除、恢复文件或文件夹

1)删除

(1)放入回收站：

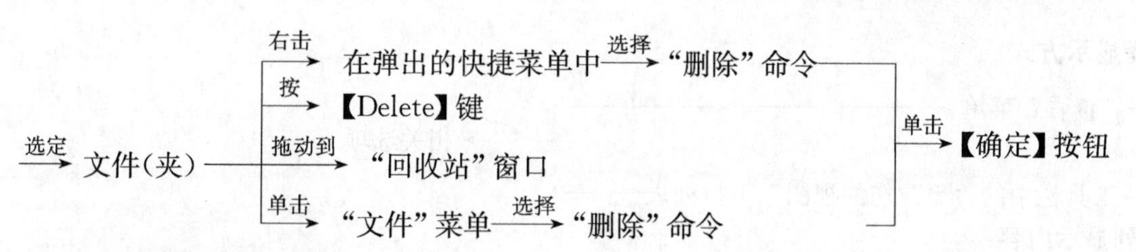

(2)不经过回收站直接删除：

在拖动或选择"删除"命令时，按住【Shift】键，将文件(夹)直接删除。

2)恢复

$\xrightarrow{\text{打开}}$"回收站"窗口 $\xrightarrow{\text{右击}}$ 欲恢复的文件(夹) $\xrightarrow{\text{选择}}$ 快捷菜单中的"还原"命令

6. 重命名文件或文件夹

重命名文件或文件夹主要有以下两种方法。

(1)选定要更名的文件(夹) $\xrightarrow{\text{单击}}$"文件"菜单 $\xrightarrow{\text{选择}}$"重命名"命令

(2)选定要更名的文件(夹) $\xrightarrow{\text{右击}}$ 弹出快捷菜单 $\xrightarrow{\text{选择}}$"重命名"命令

7. 搜索文件或文件夹

$\xrightarrow{\text{单击}}$【开始】按钮 $\xrightarrow{\text{单击}}$"搜索程序和文件"对话框 $\xrightarrow{\text{输入}}$ 欲搜索文件(夹)名 $\xrightarrow{\text{单击}}$【搜索】按钮

8. 文件和文件夹快捷方式创建

$\xrightarrow{\text{右击}}$ 桌面空白处 $\xrightarrow{\text{选择}}$"新建"快捷菜单中的"快捷方式"命令 $\xrightarrow{\text{打开}}$"创建快捷方式"对话框 $\xrightarrow{\text{单击}}$【浏览】按钮选定对象 $\xrightarrow{\text{单击}}$【下一步】按钮 $\xrightarrow{\text{单击}}$【完成】按钮

9. 文件或文件夹属性查看

选定需操作的文件(夹) —— $\xrightarrow{\text{单击}}$"文件"菜单 / $\xrightarrow{\text{右击}}$ 在弹出的快捷菜单中 —— $\xrightarrow{\text{选择}}$"属性"命令

2.4.3 资源管理器

1. 打开资源管理器

打开资源管理器有以下几种常用方法。

(1) $\xrightarrow{\text{单击}}$【开始】按钮 $\xrightarrow{\text{选择}}$"所有程序"命令 $\xrightarrow{\text{选择}}$"附件"命令 $\xrightarrow{\text{选择}}$"Windows 资源管理器"命令

(2) $\xrightarrow{\text{右击}}$【开始】按钮 $\xrightarrow{\text{选择}}$ 快捷菜单中的"打开 Windows 资源管理器"命令

(3)按【Win+E】快捷键。

2. 使用资源管理器

1)显示或隐藏工具栏

$\xrightarrow{\text{单击}}$"工具"栏中的"查看"菜单 $\xrightarrow{\text{单击}}$"工具栏"选项 $\xrightarrow{\text{选择或取消选择}}$ 相应选项

2)文件夹的折叠与展开

展开：$\xrightarrow{\text{单击}}$ 文件夹前的"▷" $\xrightarrow{\text{变成}}$"◢"

折叠：$\xrightarrow{\text{单击}}$ 文件夹前的"◢" $\xrightarrow{\text{变成}}$"▷"

3)文件夹的查看和排列

(1)选择显示内容：

$\xrightarrow{\text{单击}}$"工具"菜单 $\xrightarrow{\text{选择}}$"文件夹选项"命令 $\xrightarrow{\text{选择}}$"查看"选项卡 $\xrightarrow{\text{选择}}$ 相关内容

(2)选择显示方式：

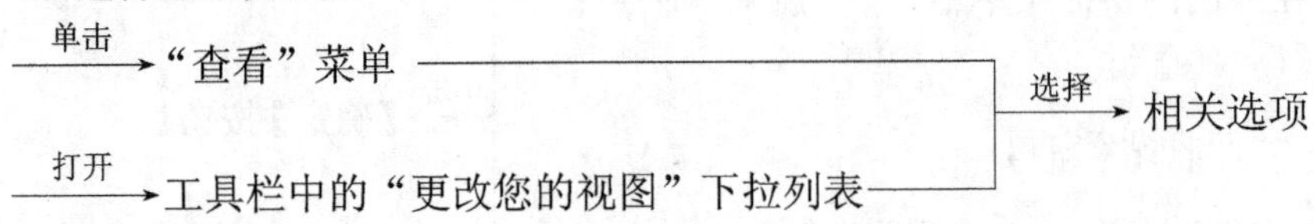

(3) 排列显示内容：

—单击→“查看”菜单—选择→“排序方式”—选择→合适的排列方式

(4)刷新显示内容：

—单击→“查看”菜单—选择→“刷新”命令

2.5 Windows 7 系统设置

本节主要介绍 Windows 7 系统控制面板的启动和查看方式，利用控制面板进行个性化显示属性、键盘和鼠标、日期和时间、字体等设置和系统的基本设置，以及用户管理和中文输入法添加和卸载的方法。

2.5.1 控制面板的查看方式

打开“控制面板”窗口主要有以下两种方式。

(1) —打开→“计算机”窗口—单击→菜单栏中的“打开控制面板”命令

(2) —单击→【开始】按钮—选择→“控制面板”命令

“控制面板”窗口提供了“类别”视图与“图标”视图模式，两种视图可以利用窗口中的“查看方式”选项切换。

2.5.2 个性化的显示属性设置

要进行个性化的显示属性设置，需要打开“外观和个性化”窗口。

—打开→“控制面板”窗口—选择→“类别”视图模式—单击→“外观和个性化”图标

1. 设置桌面背景

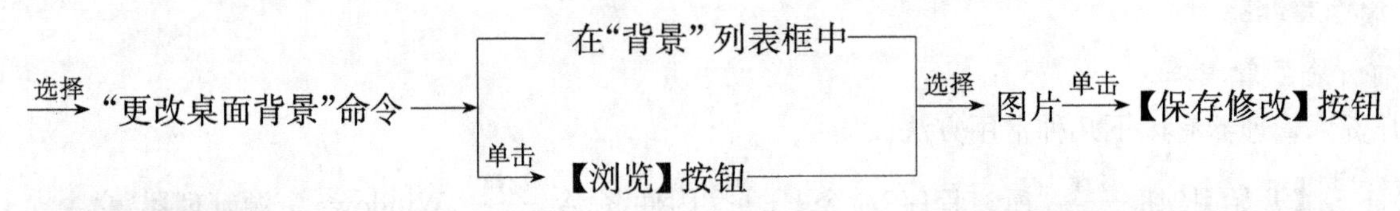

2. 设置屏幕保护

—选择→“屏幕保护程序”命令—单击→“屏幕保护程序”下拉按钮，在下拉列表框中—选择→“屏幕保护程序”—单击→【确定】按钮

3. 设置窗口外观

—选择→“更改半透明窗口颜色和外观”命令—选择→色彩模块—拖动→“颜色和浓度”滑块—单击→【保存修改】按钮

4. 设置分辨率

—单击→“调整屏幕分辨率”命令—单击→“分辨率”下拉菜单—拖动→滑块—单击→【确定】按钮

2.5.3 键盘和鼠标设置

1. 键盘属性设置

—打开→“控制面板”窗口—选择→“图标”视图模式—单击→“键盘”图标—调整→相关设置

2. 鼠标属性设置

—打开→“控制面板”窗口—选择→“图标”视图模式—单击→“鼠标”图标—调整→相关设置

2.5.4 日期和时间设置

设置“日期和时间”主要有以下两种方法。

(1) $\xrightarrow{\text{打开}}$“控制面板”窗口 $\xrightarrow{\text{选择}}$“图标”视图模式 $\xrightarrow{\text{单击}}$“日期和时间”图标 $\xrightarrow{\text{调整}}$ 相关设置

(2) $\xrightarrow{\text{单击}}$ 桌面“任务栏”中显示的时间管理图标 $\xrightarrow{\text{单击}}$“更改日期和时间设置”命令 $\xrightarrow{\text{调整}}$ 相关设置

2.5.5 字体设置

1. 安装字体

1)打开字体窗口

$\xrightarrow{\text{打开}}$“控制面板”窗口 $\xrightarrow{\text{选择}}$“图标”视图模式 $\xrightarrow{\text{单击}}$“字体”图标 $\xrightarrow{\text{弹出}}$ 字体窗口

2)复制字体文件

$\xrightarrow{\text{选择}}$ 要添加的字体文件 $\xrightarrow{\text{右击}}$ 弹出快捷菜单 $\xrightarrow{\text{选择}}$“复制”命令

3)安装字体文件

在字体窗口内 $\xrightarrow{\text{右击}}$ 弹出快捷菜单 $\xrightarrow{\text{选择}}$“粘贴”命令

2. 删除字体

$\xrightarrow{\text{打开}}$“字体”窗口 $\xrightarrow{\text{单击}}$ 欲删除的字体图标 ——
- $\xrightarrow{\text{选择}}$ 菜单栏中的“删除”命令
- $\xrightarrow{\text{按}}$【Delete】键

2.5.6 系统设置

1. 查看系统属性

查看系统属性主要有以下两种方法。

(1) $\xrightarrow{\text{打开}}$“控制面板”窗口 $\xrightarrow{\text{选择}}$“图标”视图模式 $\xrightarrow{\text{单击}}$“系统”图标

(2) $\xrightarrow{\text{右击}}$“计算机”图标 $\xrightarrow{\text{选择}}$ 快捷菜单中的“属性”命令

2. 查看和更改计算机名

(1)计算机名可在“计算机”属性对话框中查看。

(2)更改计算机名的操作方法如下：

$\xrightarrow{\text{单击}}$“更改设置”命令 $\xrightarrow{\text{单击}}$“ 计算机名”选项卡 $\xrightarrow{\text{单击}}$【更改】按钮 $\xrightarrow{\text{输入}}$ 计算机名 $\xrightarrow{\text{单击}}$【应用】按钮 $\xrightarrow{\text{单击}}$【确定】按钮

3. 硬件管理

$\xrightarrow{\text{单击}}$“硬件”选项卡 $\xrightarrow{\text{单击}}$ 相应设置按钮进行设置 $\xrightarrow{\text{单击}}$【确定】按钮

2.5.7 用户管理

1. 用户账户

在 Windows 7 中，可以设置管理员、标准用户和来宾三种不同类型的账户。

2. 管理用户账户

1)创建用户账户

$\xrightarrow{\text{打开}}$“控制面板”窗口 $\xrightarrow{\text{选择}}$“类别”视图模式 $\xrightarrow{\text{单击}}$“用户账户和家庭安全”图标 $\xrightarrow{\text{选择}}$“添加或删除用户账户”命令 $\xrightarrow{\text{选择}}$“创建一个新账户” 命令 $\xrightarrow{\text{输入}}$ 用户名 $\xrightarrow{\text{选择}}$ 账户类型 $\xrightarrow{\text{单击}}$【创建用户】按钮

2)更改账户登录密码

$\xrightarrow{\text{打开}}$“控制面板”窗口 $\xrightarrow{\text{选择}}$“类别”视图模式 $\xrightarrow{\text{单击}}$“用户账户和家庭安全”图标 $\xrightarrow{\text{选择}}$“更改 Windows 密码”命令 $\xrightarrow{\text{选择}}$“管理其他账户”命令 $\xrightarrow{\text{单击}}$ 要更改密码的账户图标 $\xrightarrow{\text{选择}}$“更改密码”命令 $\xrightarrow{\text{输入}}$ 当前密码 $\xrightarrow{\text{输入}}$ 新密码 $\xrightarrow{\text{输入}}$ 确认密码 $\xrightarrow{\text{单击}}$【更改密码】按钮

3)设置切换登录用户

$\xrightarrow{\text{单击}}$【开始】按钮 $\xrightarrow{\text{单击}}$【关机】按钮右侧箭头 $\xrightarrow{\text{选择}}$“切换用户”命令

2.5.8 中文输入法的添加和卸载

1. 添加/卸载输入法

1)输入法添加

$\xrightarrow{\text{打开}}$“控制面板”窗口 $\xrightarrow{\text{选择}}$“类别”视图模式 $\xrightarrow{\text{单击}}$“时钟语言和区域”图标 $\xrightarrow{\text{单击}}$“区域和语言”图标 $\xrightarrow{\text{选择}}$“键盘和语言”选项卡 $\xrightarrow{\text{单击}}$【更改键盘】按钮 $\xrightarrow{\text{选择}}$ 输入法 $\xrightarrow{\text{单击}}$【添加】按钮 $\xrightarrow{\text{单击}}$【确定】按钮

2)输入法删除

$\xrightarrow{\text{打开}}$“控制面板”的“类别”视图模式 $\xrightarrow{\text{单击}}$“时钟语言和区域”图标 $\xrightarrow{\text{选择}}$“区域和语言”图标 $\xrightarrow{\text{单击}}$“键盘和语言”选项卡 $\xrightarrow{\text{单击}}$【更改键盘】按钮 $\xrightarrow{\text{选择}}$ 输入法 $\xrightarrow{\text{单击}}$【删除】按钮 $\xrightarrow{\text{单击}}$【确定】按钮

2. 输入法的使用

1)启动或关闭中文输入法

键盘操作:按【Ctrl+空格】快捷键。

2)输入法切换

$\xrightarrow{\text{单击}}$“语言指示器”图标 $\xrightarrow{\text{选择}}$ 输入法

键盘操作:按【Ctrl+Shift】快捷键。

3)全角/半角切换

$\xrightarrow{\text{单击}}$“语言指示器”图标 $\xrightarrow{\text{进行}}$【全角/半角切换】

键盘操作:按【Shift+空格】快捷键。

4)中英文标点切换

$\xrightarrow{\text{单击}}$“语言指示器” $\xrightarrow{\text{进行}}$【中英文标点切换】

键盘操作:按【Ctrl+.】快捷键。

2.6 Windows 7 设备管理

本节主要介绍 Windows 7 系统中设备管理的基本方法,包括磁盘和硬件管理、硬件驱动程序安装和应用程序的安装及卸载,并具体介绍打印机的安装设置与管理方法。

2.6.1 磁盘管理

Windows 7 的磁盘管理可以实现磁盘的格式化、空间管理、碎片处理、磁盘扫描、查看磁盘属性等操作。

1. 磁盘属性

$\xrightarrow{\text{打开}}$“计算机”窗口 $\xrightarrow{\text{右击}}$ 待查看的磁盘驱动器 $\xrightarrow{\text{选择}}$ 快捷菜单中的“属性”命令

2. 格式化磁盘

$\xrightarrow{\text{打开}}$“计算机”窗口 $\xrightarrow{\text{右击}}$ 磁盘驱动器 $\xrightarrow{\text{选择}}$ 快捷菜单中的“格式化”命令 $\xrightarrow{\text{设置}}$ 相应参数 $\xrightarrow{\text{单击}}$【开始】按钮 $\xrightarrow{\text{单击}}$【确定】按钮

3. 磁盘维护

$\xrightarrow{\text{打开}}$“计算机”窗口$\xrightarrow{\text{右击}}$待扫描的磁盘驱动器$\xrightarrow{\text{选择}}$快捷菜单中的“属性”命令$\xrightarrow{\text{选择}}$“工具”选项卡$\xrightarrow{\text{单击}}$【开始检查】按钮$\xrightarrow{\text{选定}}$“自动修复文件系统错误”复选框$\xrightarrow{\text{单击}}$【开始】按钮$\xrightarrow{\text{单击}}$【确定】按钮

2.6.2 硬件及驱动程序安装

在 Windows 7 中常用的安装新硬件的方法有自动安装和手动安装两种。

2.6.3 打印机的安装、设置与管理

1. 打印机的安装方法

$\xrightarrow{\text{打开}}$“控制面板”窗口$\xrightarrow{\text{选择}}$“图标”视图模式$\xrightarrow{\text{单击}}$“设备和打印机”图标$\xrightarrow{\text{选择}}$菜单栏中“添加打印机”命令,按照提示完成安装

2. 打印机的设置方法

$\xrightarrow{\text{打开}}$“控制面板”窗口$\xrightarrow{\text{选择}}$“图标”视图模式$\xrightarrow{\text{单击}}$“设备和打印机”图标$\xrightarrow{\text{单击}}$需设置的打印机图标$\xrightarrow{\text{单击}}$“工具”栏中的“文件”菜单$\xrightarrow{\text{选择}}$“打印机首选项”命令$\xrightarrow{\text{设置}}$相应选项

2.6.4 应用程序安装和卸载

1. 安装应用程序

在 Windows 7 中应用程序的安装方法有自动安装和手动安装两种。

2. 卸载应用程序

1)使用软件自带的卸载程序卸载软件

双击“资源管理器”中程序所在文件夹下的“卸载程序”图标,按照提示完成操作。

2)利用控制面板中的“程序和功能”卸载软件

$\xrightarrow{\text{打开}}$“控制面板”窗口$\xrightarrow{\text{选择}}$“图标”视图模式$\xrightarrow{\text{单击}}$“功能和程序”图标$\xrightarrow{\text{选择}}$列表中需要卸载的程序$\xrightarrow{\text{选择}}$菜单栏中的“卸载”命令 ,按照提示完成操作。

2.7 Windows 7 附件

本节主要介绍 Windows 7 提供的便签、记事本、写字板、画图、计算器、系统工具、多媒体等附件程序功能和使用方法。

2.7.1 便签、记事本和写字板

1. 便签

$\xrightarrow{\text{单击}}$【开始】按钮$\xrightarrow{\text{选择}}$“所有程序”命令$\xrightarrow{\text{选择}}$“附件”命令$\xrightarrow{\text{选择}}$“便签”命令

2. 记事本

$\xrightarrow{\text{单击}}$【开始】按钮$\xrightarrow{\text{选择}}$“所有程序”命令$\xrightarrow{\text{选择}}$“附件”命令$\xrightarrow{\text{选择}}$“记事本”命令

3. 写字板

$\xrightarrow{\text{单击}}$【开始】按钮$\xrightarrow{\text{选择}}$“所有程序”命令$\xrightarrow{\text{选择}}$“附件”命令$\xrightarrow{\text{选择}}$“写字板”命令

2.7.2 画图

$\xrightarrow{\text{单击}}$【开始】按钮$\xrightarrow{\text{选择}}$“所有程序”命令$\xrightarrow{\text{选择}}$“附件”命令$\xrightarrow{\text{选择}}$“画图”命令

2.7.3 计算器

$\xrightarrow{\text{单击}}$【开始】按钮$\xrightarrow{\text{选择}}$“所有程序”命令$\xrightarrow{\text{选择}}$“附件”命令$\xrightarrow{\text{选择}}$“计算器”命令

2.7.4 系统工具

$\xrightarrow{\text{单击}}$【开始】按钮$\xrightarrow{\text{选择}}$“所有程序”命令$\xrightarrow{\text{选择}}$“附件”命令$\xrightarrow{\text{选择}}$“系统工具”命令$\xrightarrow{\text{选择}}$相应的系统工具命令

2.7.5 多媒体

1. Windows Media Player

$\xrightarrow{\text{单击}}$【开始】按钮$\xrightarrow{\text{选择}}$“所有程序”命令$\xrightarrow{\text{选择}}$“附件”命令$\xrightarrow{\text{选择}}$“Windows Media Player”命令

2. 录音机

$\xrightarrow{\text{单击}}$【开始】按钮$\xrightarrow{\text{选择}}$“所有程序”选项$\xrightarrow{\text{选择}}$“附件”命令$\xrightarrow{\text{选择}}$“录音机”命令

实验环节

实验1 Windows 7基本操作

【实验目的】

(1)熟练掌握启动和关闭系统的基本操作方法。

(2)熟练掌握鼠标和键盘在系统中的基本操作方法。

(3)熟练掌握桌面图标、任务栏、菜单、窗口和对话框的相关操作方法。

(4)熟练掌握运行应用程序的操作方法。

Windows 7基本操作

【实验内容】

(1)开机启动 Windows 7。

(2)实现鼠标的指向、单击、添加、双击、右击和拖动操作。

(3)对桌面图标的排列、添加、删除、重命名。

(4)桌面上“计算机”“回收站”的相关操作。浏览“计算机”窗口中的内容;在回收站恢复误删除的文件(夹);删除、清空、设置回收站。

(5)调整任务栏的位置、宽度以及任务栏的自动隐藏。

(6)关闭系统。

(7)窗口和对话框的操作。窗口的最大化、最小化、还原与关闭;移动窗口;滚动窗口内容、窗口的排列与切换。

(8)运行应用程序。利用“开始”菜单和“运行”命令对话框运行应用程序。

(9)菜单的操作。利用鼠标、键盘操作菜单。

【实验步骤】

1. 开机启动 Windows 7

(1)当计算机电源处在关闭状态时,先检查计算机的电源线是否已连好,再注意光驱中不要放入任何光盘;然后按【Power】按钮开机(注意:先开外设,后开主机)。

(2)若为 Windows 7 设置了多系统启动,计算机首先显示多系统启动屏幕,用光标键移动高亮显示条到所需的操作系统(Windows 7),按【Enter】键。

2. 鼠标的指向、单击、双击、右击和拖动操作

(1)指向操作:指向桌面上的“计算机”图标,显示提示信息。

(2)单击操作:单击桌面上的“计算机”图标,该图标变蓝,表示该图标已被选中。

(3)双击操作:双击桌面上的“计算机”图标,打开“计算机”窗口。

(4)右击操作:右击桌面上的“计算机”图标,选择“属性”命令,打开“系统属性”对话框。

(5)拖动操作:将指针移至“计算机”窗口中的标题栏,然后按住鼠标左键不放并移动指针,窗口将随之移动。

(6)将指针移至“计算机”窗口右上角,单击【关闭】按钮,关闭该窗口。

3. 桌面图标的排列、添加、删除、重命名

1)桌面图标的排列

在桌面空白处右击,在弹出的快捷菜单中可选择“排序方式”命令,排列桌面图标,按名称、按大小、按项目类型或按修改日期排列。

2)添加图标

(1)在桌面上新建一个文件夹,并以自己的名字命名。

(2)在桌面上新建一个文本文档,命名为“文字材料”。

3)桌面图标的删除与重命名

(1)右击以自己的名字命名的文件夹图标,在弹出的快捷菜单中选择“删除”命令。

(2)将“文字材料”文件的名字更名为“我的文件”。

4. 桌面上进行“计算机”“回收站”的相关操作

1)浏览“计算机”中的内容

双击桌面上“计算机”图标,打开“计算机”窗口,双击“计算机”窗口中的C盘图标,查看C盘中的文件和文件夹,再关闭打开的各个窗口回到桌面。

2)在回收站恢复误删除的文件(夹)

先在桌面上建立几个文件(夹),然后将其删除。双击桌面上的“回收站”图标,打开“回收站”窗口,进行以下操作:选择一个或多个欲恢复的文件,右击选中的文件,在弹出的快捷菜单中选择“还原”命令,使其恢复到删除前的位置。

3)回收站常用操作及设置

(1)打开回收站,右击欲删除的文件(夹),在弹出的快捷菜单中选择“删除”命令,将其从回收站中删除。

(2)打开回收站,选择“文件”菜单中的“清空回收站”命令,将回收站中文件全部删除。

(3)右击桌面上的“回收站”图标,从弹出的快捷菜单中选择“属性”命令,打开 “回收站属性”对话框,对其进行设置。

5. 调整任务栏的位置、宽度以及设置任务栏的自动隐藏功能

1)调整任务栏的位置和宽度(请在测试完后,将任务栏移回原位置)

(1)右击任务栏空白处,查看其快捷菜单,确保“锁定任务栏”命令未被选中。

(2)将鼠标指针指向任务栏,按下鼠标左键,拖动鼠标到屏幕的上部、左侧、右侧,观察拖动后任务栏的位置变化。

(3)将鼠标指针放到任务栏的边缘,指针变成双箭头时拖动鼠标,观察任务栏宽度的改变。

2)隐藏任务栏

(1)右击任务栏空白处,在弹出的快捷菜单中选择“属性”命令,打开 “任务栏属性”对话框。

(2)选中“自动隐藏任务栏”复选框。

(3)单击【确定】按钮,当鼠标指针指向桌面下边缘时,任务栏将自动显示。

6. 关闭系统

(1)单击【开始】按钮,弹出“开始”菜单。

(2)单击【关机】按钮,关闭计算机。

7. 窗口和对话框的操作

1)窗口的最大化、最小化、还原与关闭

(1)双击桌面上的“计算机”图标,打开“计算机”窗口,然后再单击菜单栏上的“打开控制面板”命令,打开“控制面板”窗口。

(2)单击【最小化】按钮,使窗口收缩成任务栏上的一个图标,单击任务栏上的“控制面板”图标,窗口就会还原成原来的大小。

(3)单击【最大化】按钮,将“控制面板”窗口放大到最大,此时【最大化】按钮将被【还原】按钮所取代,单击【还原】按钮,使“控制面板”窗口恢复至原始状态。

(4)单击【关闭】按钮,关闭“控制面板”窗口(退出程序窗口)。

(5)将鼠标指针定位到窗口的4个边框线或4个角上,指针变成双箭头时拖动鼠标,将“控制面板”窗口的大小缩放成屏幕的1/4大小。

2)移动窗口

将光标定位于标题栏,然后拖动鼠标移动“控制面板”窗口到屏幕的右下角。

3)滚动窗口内容

(1)调整“控制面板”窗口的大小,使之出现滚动条,单击滚动条两端的“▲”“▼”“◀”“▶”上下左右按钮滚动窗口显示内容。

(2)直接上下或左右拖动滑块,快速滚动窗口显示内容。

4)窗口的排列与切换

(1)排列窗口:打开“计算机”“我的文档”“控制面板”等多个窗口,右击任务栏空白处,在弹出的快捷菜单中选择层叠窗口、堆叠显示窗口、并排显示窗口或显示桌面命令。

(2)切换活动窗口:依次单击任务栏上的图标或按【Alt+Tab】快捷键或按【Win+Tab】快捷键。

5)对话框

(1)打开对话框:打开“计算机”中的C盘,单击“工具”菜单,选择“文件夹选项”命令,打开“文件夹选项”对话框。

(2)对话框移动:用鼠标拖动对话框的标题栏。

(3)选择选项卡:选择“查看”选项卡,切换选项卡。

(4)对话框关闭:单击【关闭】按钮或按【Esc】键。

8. 运行应用程序

(1)使用“开始”菜单。打开“开始”菜单,在“所有程序”级联菜单中选择“Internet Explorer”命令。

(2)双击程序图标。在“计算机”窗口中,找到相应的程序图标并双击。

(3)使用“Windows资源管理器”。在“Windows资源管理器”窗口中,在地址栏输入“C:\Program Files\Internet Explorer”进入文件夹,双击iexplore.exe程序图标。

(4)使用“运行”命令。单击【开始】按钮,打开“开始”菜单,选择“运行”命令,在其对话框中输入“C:\Program Files\Internet Explorer\iexplore.exe”,单击【确定】按钮。

(5)使用“搜索程序和文件”对话框。单击【开始】按钮,打开“开始”菜单,单击“搜索程序和文件”对话框,在查找对话框中输入iexplore.exe,在搜索结果中单击该应用程序图标。

(6)利用快捷方式。若桌面上有相应的快捷方式图标,则双击桌面快捷方式图标。

应用上述方法运行下列应用程序:计算机、画图、计算器、Microsoft Word 2016。

9. 菜单操作

(1)选中的菜单命令后面带有“▶”的命令,将会出现下一级级联菜单。

打开“计算机”窗口,单击“查看”菜单,鼠标指针指向“分组依据”命令,就会出现下一级菜单。先后选中“名称”和“类型”命令,观察“计算机”窗口显示内容的变化。

(2)菜单命令前有“√”的为复选项。

打开“计算机”窗口,单击“查看”菜单,“状态栏”前有“√,表明此项正发挥作用。单击该项,“√”消失,可以看见窗口底部的状态栏消失,表明该项无效。一组相关复选项命令中可进行多选操作。

(3)菜单命令前有“·”的为单选项。

打开“计算机”窗口,单击“查看”菜单,在“超大图标”“大图标”“中等图标”“小图标”“列表”“详细信息”这一组选项中,“大图标”前有“·”,表明此时该窗口正以大图标的方式显示。若单击没有“·”的项,“·”就会转移到该项前,同时窗口中图标的显示方式也发生了变化。

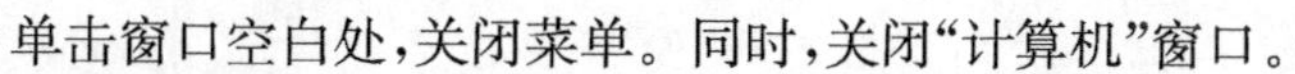
单击窗口空白处,关闭菜单。同时,关闭“计算机”窗口。

【实验思考】

(1)尝试两种运行应用程序的方法。

(2)尝试利用键盘快捷键实现相关操作。

实验2 Windows 7 文件系统及文件管理

【实验目的】

(1)熟悉 Windows 7 的文件系统,并掌握 Windows 7 资源管理器和剪贴板的使用方法。

Windows 7文件系统及文件管理

(2)熟练掌握在 Windows 7 资源管理器下,对文件(夹)的选择、新建、移动、复制、删除、重命名的操作方法。

(3)掌握磁盘格式化的操作方法。

【实验内容】

本实验要求进行文件及文件夹的创建、复制等操作,主要任务包括以下内容。

(1)启动资源管理器以及利用资源管理器浏览文件。

(2)在 D 盘的根目录中,创建“实验报告”文件夹,并在该文件夹中创建实验报告 1、实验报告 2、实验报告 3、实验报告 4、实验报告 5 共 5 个文本文件。

(3)同时选择实验报告 1、实验报告 3、实验报告 5,复制到桌面;同时选择实验报告 2、实验报告 3、实验报告 4、实验报告 5,复制到 C 盘根目录。

(4)复制“实验报告”文件夹到 C 盘、移动“实验报告”文件夹到桌面。

(5)删除桌面的“实验报告”文件夹,并在“回收站”中恢复该文件夹。

(6)将 C 盘中“实验报告”文件夹重命名为“本学期实验报告”。

(7)在桌面上创建“本学期实验报告”文件夹的快捷方式。

(8)使用“开始”菜单或资源管理器程序窗口中的“搜索”栏,查找“本学期实验报告”文件夹,并将其复制到 U 盘中。

(9)利用剪贴板复制屏幕或窗口。

(10)格式化 U 盘。

【实验步骤】

1. 启动资源管理器以及利用资源管理器浏览文件

1)打开资源管理器的方法

(1)单击【开始】按钮,选择“所有程序”级联菜单中的“附件”命令,选择“Windows 资源管理器”命令。

(2)右击【开始】按钮,在弹出的快捷菜单中选择“打开 Windows 资源管理器”命令。

(3)按【Win+E】快捷键。

2)利用资源管理器浏览文件内容

(1)单击“▶”图标,展开“本地磁盘 C”树形目录,浏览 C 盘内容。

(2)打开“查看”菜单,选择“超大图标”“大图标”“中等图标”“小图标”“列表”“详细信息”等选项来改变文件的显示方式,并仔细观察其区别。

(3)拖动文件夹窗口与文件列表窗口之间的分界线,调整文件夹窗口的大小。

2. 创建文件(夹)

(1)双击桌面上的“计算机”图标,再双击“本地磁盘 D”图标,打开 D 盘。

(2)选择“文件”菜单中“新建文件夹”命令,并命名为“实验报告”。

(3)双击“实验报告”文件夹,在工作区中右击,在弹出的快捷菜单中选择“新建”级联菜单下的“文本文档”命令,并命名为“实验报告 1”。使用相同操作,创建实验报告 2~5。

3. 文件(夹)的选择

(1)同时选择实验报告 1、实验报告 3、实验报告 5,复制到桌面。

单击“实验报告 1”,按住【Ctrl】键,依次单击“实验报告 3”“实验报告 5”,按【Ctrl+C】快捷键,复制文件。单击“任务”栏中的【显示桌面】按钮,显示桌面,按【Ctrl+V】快捷键,将文件粘贴到桌面。

(2)同时选择实验报告 2、实验报告 3、实验报告 4、实验报告 5,复制到 C 盘根目录。

单击“实验报告 2”,按住【Shift】键,单击“实验报告 5”,按【Ctrl+C】快捷键,复制文件。在地址栏中输入“C:”,按【Enter】键进入 C 盘,按【Ctrl+V】快捷键,将文件粘贴到 C 盘根目录。

4. 文件(夹)的复制和移动

在地址栏中输入“D:”,按【Enter】键进入 D 盘,选中“实验报告”文件夹。

(1)复制实验报告文件夹到 C 盘。

选择“工具”栏中的“编辑”命令,在弹出的“编辑”菜单中,选择“复制”命令,在地址栏中输入“C:”,按【Enter】键进入 C 盘,再选择“编辑”菜单中的“粘贴”命令即可。

(2)移动实验报告文件夹到桌面。

选择“工具”栏中的“编辑”命令,在弹出的“编辑”菜单中选择“剪切”命令,在窗口导航区单击“桌面”图标,窗口工作区将显示桌面内容,再选择“编辑”菜单中的“粘贴”命令即可。

5. 文件(夹)的删除和恢复

1)删除

选中“实验报告”文件夹,按【Delete】键,在显示的确认删除对话框中单击【是】按钮。

2)恢复

单击“任务栏”中的【显示桌面】按钮,显示桌面。双击“回收站”图标,进入回收站。右击“实验报告”文件夹,在弹出的快捷菜单中选择“还原”命令。

6. 文件(夹)的重命名

在地址栏中输入“C:”,按【Enter】键进入 C 盘。右击“实验报告”文件夹,在弹出的快捷菜单中选择“重命名”命令,输入“本学期实验报告”,按【Enter】键。

7. 创建文件(夹)的快捷方式

(1) 双击桌面上的“计算机”图标,再双击“本地磁盘(C:)”图标。

(2) 右击“本学期实验报告”文件夹,在快捷菜单中选择“发送到”级联菜单中的“桌面快捷方式”命令。

(3) 在桌面上将自动出现“本学期实验报告” 快捷方式文件夹。

8. 搜索文件(夹)

(1)单击【开始】按钮,单击“搜索程序和文件”对话框。

(2)输入文件夹名为“本学期实验报告”,单击【搜索】按钮。

(3)选定搜索结果,右击“本学期实验报告”文件夹,在弹出的快捷菜单中选择“发送到”级联菜单中的“U 盘(H:)”命令,将其复制到 U 盘中。

9. 剪贴板的使用

1)整屏复制

设计好要复制的屏幕,按【Print Screen】键,即将屏幕内容复制到剪贴板。

打开“画图”程序,按【Ctrl+V】快捷键,将剪贴板中内容粘贴到工作区中。

2)活动窗口的复制

活动窗口的复制过程同整屏复制类似,按键为【Alt + Print Screen】快捷键。

10. 格式化 U 盘与磁盘复制

(1)将要格式化的 U 盘与计算机连接。

(2)打开“计算机”窗口,右击 U 盘图标(选定),在弹出的快捷菜单中选择“格式化”命令,打开对话框。

(3)设置 U 盘容量、格式化类型及其他选项,单击【开始】按钮。

(4)格式化完毕,单击【关闭】按钮。

【实验思考】

(1)利用多种方式实现文件(夹)的移动与复制。

(2)尝试两种打开“资源管理器”的方法。

(3)思考U盘上的文件删除后能否在“回收站”中还原。

实验3 控制面板的应用

【实验目的】

掌握控制面板的启动方法,并能够进行相关系统设置。

控制面板的应用

【实验内容】

(1)启动控制面板。

(2)设置背景、屏幕保护等个性化显示属性。

(3)设置系统日期和时间。

(4)添加/删除程序。

【实验步骤】

1. 打开“控制面板”

(1)单击【开始】按钮,选择“控制面板”命令。

(2)打开“计算机”窗口,在“工具”栏中单击“打开控制面板”命令。

(3)在“控制面板”窗口中,可以利用窗口上方的“查看方式”下拉菜单切换“类别”和“图标”视图模式。

2. 设置显示属性

1)设置桌面背景

右击桌面空白处,在弹出的快捷菜单中选择“个性化”命令,打开“个性化”设置窗口,单击“桌面背景”图标,在“更改桌面背景”列表框中选择一张图片作为新的背景的图片,在“图片位置”下拉列表框中选择“平铺”。

2)设置屏幕保护程序

单击“屏幕保护程序”图标,在“屏幕保护程序”下拉列表框中选择“三维文字”选项。单击【设置】按钮,显示“三维文字设置”对话框,在“自定义文字”文本框中输入“欢迎光临!”,单击【确定】按钮,将等待时间设置为“3分钟”,单击【确定】按钮。

3. 设置系统日期和时间

在“控制面板”窗口的“图标”视图模式中,单击“日期和时间”图标,打开“日期/时间属性”对话框。根据实际情况选定日期、时间后,单击【确定】按钮。

4. 添加/删除程序

1)安装程序

在外部储存设备或本地硬盘上双击相应的程序图标或.exe文件,然后按提示操作。

2)卸载程序

在“控制面板”窗口的“图标”视图模式中单击“功能和程序”图标,在系统已安装的程序列表中选定要卸载的程序,在菜单栏中选择“卸载”命令,然后按提示即可完成操作。

【实验思考】

利用“控制面板”设置其他系统属性。

实验4 压缩软件WinRAR的使用

【实验目的】

掌握WinRAR的安装和基本操作方法。

【实验内容】

(1)安装 WinRAR 软件。

(2)压缩文件夹。将 C:\Program Files\WinRAR 文件夹压缩并放入 D 盘根目录。

(3)解压缩文件夹。将 D 盘根目录下的“WinRAR 备份”压缩文件解压到 D:\WinRAR 文件夹。

【实验步骤】

1. WinRAR 的安装

(1)先在 WinRAR 中文网站下载最新版本的 WinRAR(32 位)安装程序到 C 盘 download 文件夹。

(2)打开软件所在的文件夹 C:\download,找到安装文件 wrar501sc. exe。

(3)双击 wrar501sc. exe 文件图标,打开安装界面。

(4)在界面中的“目标文件夹”文本框中输入安装路径 C:\Program Files。

(5)单击【安装】按钮,开始安装。

(6)安装完成后,显示“设置”窗口,在这里可以进行关联文件、界面等设置,设置完成后,单击【确定】按钮。

(7)单击【完成】按钮,完成 WinRAR 的安装。

2. 压缩文件(夹)

(1)将 C:\Program Files\WinRAR 文件夹压缩并放入 D 盘根目录。

(2)打开“计算机”窗口,进入 C:\Program Files 文件夹。

(3)右击 WinRAR 文件夹,在弹出的快捷菜单中选择“添加到压缩文件”命令,打开“压缩文件名和参数”对话框。

(4)单击【浏览】按钮,在弹出窗口的导航栏中单击“计算机”图标,在打开的“计算机”窗口中选择“本地磁盘(D:)”图标,在“文件名”文本框中输入“WinRAR 备份”,单击【打开】按钮。

(5)单击【确定】按钮,显示压缩进程,完成压缩后自动退出。

3. 解压缩文件(夹)

(1)将 D 盘根目录下的“WinRAR 备份”压缩包解压到 D:\WinRAR 文件夹。

(2)打开“计算机”窗口,进入 D 盘。

(3)右击“WinRAR 备份”压缩文件,在弹出的快捷菜单中选择“解压文件”命令,打开“压缩文件名和参数”对话框。

(4)在“目标路径”文本框中输入 D:\WinRAR。

(5)单击【确定】按钮,显示解压缩进程,完成解压缩后,自动退出。

【实验思考】

(1)使用菜单完成文件夹的压缩。

(2)为压缩文件添加密码。

测试练习

习　题　2

一、选择题

1. 下列操作系统中,(　　)不是微软公司开发的操作系统。

A. Windows Server 2003　　B. Windows 7

C. Linux　　D. Windows Vista

2. 在 Windows 7 的各个版本中，支持的功能最多的是(　　)。

A. 家庭普通版　　B. 家庭高级版　　C. 专业版　　D. 旗舰版

3. 在 Windows 7 操作系统中，显示 Flip 3D 效果的窗口切换快捷键是(　　)。

A.【Win+D】　　B.【Win+P】　　C.【Win+Tab】　　D.【Alt+Tab】

4. 下面(　　)不属于"关机"选项中的内容。

A. 切换用户　　B. 锁定　　C. 重新启动　　D. 关闭硬盘

5. 在桌面上有上一些常用的图标，可以浏览计算机中的内容的是(　　)。

A. 计算机　　B. IE　　C. 回收站　　D. 网络

6. Windows 7 中长文件名可有(　　)个字符。

A. 83　　B. 254　　C. 255　　D. 512

7. 在 Windows 7 中，移动窗口时，鼠标指针要停留在(　　)处拖动。

A. 菜单栏　　B. 标题栏　　C. 边框　　D. 状态栏

8. 在 Windows 7 下，下列(　　)不属于窗口内的组成部分。

A. 标题栏　　B. 状态栏　　C. 菜单栏　　D. 对话框

9. 在 Windows 7 中，用户可以同时启动多个应用程序，在启动了多个应用程序后，用户可以按快捷键(　　)在各应用程序之间进行切换。

A.【Alt+Tab】　　B.【Alt+Shift】

C.【Ctrl+Alt】　　D.【Ctrl+Esc】

10. 在中文 Windows 7 中，用(　　)快捷键切换中/英文输入法。

A.【Ctrl+空格】　　B.【Alt+Shift】

C.【Shift+ 空格】　　D.【Ctrl+Shift】

11. 有关桌面正确的说法是(　　)。

A. 桌面的图标都不能移动　　B. 在桌面上不能打开文档和可执行文件

C. 桌面上的图标不能排列　　D. 桌面上的图标能自动排列

12. 在 Windows 7 中，下列不能对任务栏进行的操作是(　　)。

A. 改变尺寸大小　　B. 移动位置　　C. 删除　　D. 隐藏

13. 单击 Windows 7 的【开始】按钮，在弹出"开始"菜单中的(　　)菜单中将含有最新建立和使用过的文件。

A. 程序　　B. 运行

C. 搜索　　D. 最近使用过的项目

14. 关于 Windows 7 回收站的描述中，(　　)是不正确的。

A. 回收站可以暂时保存从 U 盘或硬盘中删除的文件

B. 可以通过设置回收站的属性，使用户在执行删除文件操作时，会立即清除文件，而不是将被删除的文件暂时存放在回收站中

C. 用户可以在不打开回收站窗口的情况下，清空回收站

D. 在回收站窗口中，用户既可以将被删除的文件恢复到原来的文件夹中，也可以将其恢复到另外的一个文件夹中

15. 要更改屏幕分辨率，可右击桌面空白处，在弹出的快捷菜单中选择"屏幕分辨率"命令，或者在(　　)的"图标"视图模式中单击显示图标。

A. 活动桌面　　B. 控制面板　　C. 任务栏　　D. 打印机

16. 资源管理器中文件夹图标前有"▷"表示此文件夹(　　)。

A. 含有子文件夹　　B. 不含有文件夹

C. 桌面上的应用程序图标　　D. 含有文件

17. 在 Windows 7 中,一般来说浏览系统资源可通过“计算机”和(　　)来完成。

A. 网络　　B. 文件管理器

C. 资源管理器　　D. 程序管理器

18. 在 Windows 7 中,资源管理器不能执行下列(　　)操作。

A. 文件复制　　B. 当前硬盘格式化

C. 创建快捷方式　　D. U 盘格式化

19. 如果使用拖动鼠标的方法在同一个磁盘的文件夹中复制文件,拖动鼠标时可以按(　　)快捷键。

A.【Shift】　　B.【Ctrl】　　C.【Ctrl+Shift】　　D.【Ctrl+Alt】

20. 在 Windows 7 资源管理器中,要查看文件夹的大小、属性以及包括多少文件等文件夹的信息,通常可选择下列(　　)菜单下的命令。

A. 文件　　B. 编辑　　C. 查看　　D. 工具

21. Windows 7 中的剪贴板是(　　)。

A.“画图”的辅助工具　　B. 存储图形或数据的物理空间

C.“写字板”的重要工具　　D. 各种应用程序之间数据共享和交换的工具

22. 在 Windows 7 下,将整个屏幕的全部信息复制到剪贴板的快捷键是(　　)。

A.【Alt+Ins】　　B.【Ctrl+Ins】

C.【Print Screen】　　D.【Alt+Esc】

23. 当屏幕的指针为环形时,表示 Windows 7(　　)。

A. 正在执行一项任务,不可执行其他任务

B. 正在执行打印任务

C. 正在执行一项任务,仍可执行其他任务

D. 没有执行任务

24. 在“资源管理器”中进行文件操作时,为了选择多个不连续的文件,必须首先按住(　　)键。

A.【Alt】　　B.【Ctrl】　　C.【Shift】　　D.【空格】

25. Windows 7 中的“画图”应用程序可以以(　　)格式存储生成的文件。

A. JPG　　B. WMV　　C. MP3　　D. REAL

26. 下面关于对话框的叙述不正确的是(　　)。

A. 对话框可以移动　　B. 对话框的大小可以改变

C. 对话框大小不能改变　　D. 对话框可以关闭

27. Windows 7 中的窗口主要分为三类,下面(　　)不是 Windows 7 的窗口类型。

A. 应用程序窗口　　B. 对话框　　C. 文档窗口　　D. 快捷菜单框

28. 在 Windows 7 的命令菜单中,菜单颜色为暗色的表示(　　)。

A. 该菜单命令当前禁止使用　　B. 该命令正在起作用

C. 该命令不可选择　　D. 将弹出对话框

29. 在 Windows 7 的命令菜单中,命令后面带“…”表示(　　)。

A. 该命令正在起作用　　B. 选择此菜单后将弹出对话框

C. 该命令当前不可选择　　D. 该命令的快捷键

30. 在 Windows 7 的菜单中,命令右边的括号里有带下画线的字母表示(　　)。

A. 该命令的快捷操作键　　B. 该命令正在起作用

C. 该命令当前不可选择　　D. 打开菜单后选择该命令的快捷键

31. 在 Windows 7 中,操作具有(　　)的特点。

A. 先选择操作命令,再选择对象　　B. 先选对象,再选择操作命令

C. 需同时选择操作命令和对象　　D. 允许用户任意选择

32. 在下列有关 Windows 7 菜单命令的说法中,不正确的是(　　)。
A. 带省略号的命令执行后打开一个对话框
B. 命令前有√,表示该命令有效
C. 菜单项呈暗色,表示程序被破坏
D. 带有"▶"选项表示拥有下一级级联菜单
33. 当屏幕上显示多个窗口时,可以通过窗口(　　)栏的颜色来判断谁是当前窗口。
A. 菜单　　B. 状态　　C. 标题　　D. 符号
34. 任务栏上应用程序按钮是最小化了的(　　)窗口。
A. 应用程序　　B. 对话框　　C. 符号　　D. 文档
35. 在 Windows 7 中输入中文时,输入法切换键是(　　)。
A.【Alt+Shift】　　B.【Alt+Delete】
C.【Ctrl+Shift】　　D.【Ctrl+空格键】
36. 在 Windows 7 中,要将当前活动窗口的全部内容复制到剪贴板,应使用快捷键(　　)。
A.【Print Screen】　　B.【Alt+Print Screen】
C.【Ctrl+Print Screen】　　D.【Ctrl+P】
37. 在桌面上要移动 Windows 7 对话框,必须用鼠标指针拖动该对话框的(　　)。
A. 标题栏　　B. 菜单栏　　C. 边框　　D. 滚动条
38. 在 Windows 的对话框中,有些项目在文字说明的左边标有一个小方框,当小方框里有对号"√"时表明(　　)。
A. 这是一个复选框,而且未被选中　　B. 这是一个复选框,而且已被选中
C. 这是一个单选按钮,而且未被选中　　D. 这是一个单选按钮,而且已被选中
39. 在 Windows 7 中,关于文件名的说法,不正确的是(　　)。
A. 在同一个文件夹中,文件(夹)不能重名　　B. 文件名中可以包含空格
C. 文件名中可以使用汉字　　D. 一个文件名中最多可包含 256 个字符
40. 在"计算机"窗口中,使用(　　)可以将文件按名称、类型、大小排列。
A. 编辑　　B. 文件　　C. 查看　　D. 快捷菜单
41. 按(　　)快捷键可以把剪贴板上的信息粘贴到"画图"程序窗口中。
A.【Ctrl+Z】　　B.【Ctrl+X】　　C.【Ctrl+V】　　D.【Ctrl+C】
42. 在下列操作中,(　　)直接删除文件而不把删除文件送入回收站。
A.【Delete】　　B.【Shift+Delete】
C.【Alt+Delete】　　D.【Ctrl+Delete】
43. 在 Windows 中,关于对话框的叙述不正确的是(　　)。
A. 对话框没有【最大化】按钮　　B. 对话框没有【最小化】按钮
C. 对话框不能改变形状大小　　D. 对话框不能移动
44. 在 Windows 环境中,屏幕上可以同时打开若干窗口,它们的排列方式是(　　)。
A. 既可以并排也可以层叠显示,由用户选择　　B. 只能并排显示
C. 只能由系统决定,用户无法改变　　D. 只能层叠显示
45. 要想在任务栏上激活某一窗口,应(　　)。
A. 右击该窗口在任务栏上对应的按钮
B. 右击任务栏上对应的按钮,从弹出的快捷菜单中选择"关闭所有窗口"命令
C. 单击该窗口在任务栏上对应的图标
D. 右击任务栏上对应的按钮,从弹出的快捷菜单中选择"将此程序锁定到任务栏"命令

46. 在 Windows 环境中,每个窗口非最大化时,用鼠标拖动“标题栏”可以(　　)。

A. 变动该窗口上边缘,从而改变窗口大小　　B. 移动该窗口

C. 放大该窗口　　D. 缩小该窗口

47. 在 Windows 环境中,鼠标主要有三种操作方式,即单击、双击和(　　)。

A. 连续交替按下左右键　　B. 拖动

C. 连击　　D. 与键盘击键配合使用

48. 在 Windows 7 系统附件中的计算器程序,不包含的计算器模式是(　　)。

A. 标准　　B. 程序员　　C. 字符　　D. 统计信息

49. 在 Windows 7 系统中,执行(　　)命令可以实现切换用户的同时后台运行当前用户的工作。

A. 切换用户　　B. 锁定　　C. 注销　　D. 睡眠

50. 在 Windows 7 系统中,(　　)账户拥有系统的最高权限。

A. 来宾　　B. 标准用户　　C. 计算机管理员　　D. 系统

二、填空题

1. 操作系统的主要功能一般分为五大模块,分别是:(　　)、(　　)、(　　)、(　　)和(　　)。

2. 关闭计算机时,必须关闭 Windows 7,应先单击(　　)按钮再单击(　　)按钮。

3. 每当打开一个程序、文档或窗口时,在(　　)上都将出现一个与之对应的图标,用户通过单击该图标在已经打开的窗口间(　　)。要关闭一个窗口可单击窗口右上角的(　　)按钮或(　　)击任务栏上对应该窗口的按钮,在弹出的菜单中选择(　　)命令。

4. 要搜索本地文件(夹),可使用(　　)菜单中的(　　)。

5. 在 Windows 7 中支持长文件名,文件名中最多可达(　　)个字符。

6. 启动中文输入法,可同时按下(　　)键和(　　)键,要切换中文输入法,可同时按下(　　)键和(　　)键。

7. 在“计算机”中,要复制文件,先找到该文件并单击选中它,然后选择“编辑”菜单中的(　　)命令,再打开要放置文件的文件夹,选择(　　)菜单中的(　　)命令。

8. 要在桌面上创建文件(夹)的快捷方式,可用“计算机”或“资源管理器”窗口找到该对象,按住鼠标(　　)键将该对象拖到桌面上,并释放鼠标。

9. 在 Windows 7 系统中,如果遇到不能解决的问题,可以打开“Windows 帮助与支持”窗口,最快捷的操作是直接按(　　)键。

10. 在 Windows 7 中,从硬盘上删除的文件暂时存放在(　　)中,文件并没有真正从硬盘上删除;如果文件是从 U 盘里被删除的,则删除的文件(　　)送入回收站。

11. 启动 Windows 7 后,出现在屏幕上的整个区域称为(　　),在 Windows 7 中要设置个性化屏幕显示,可在(　　)中的(　　)视图模式中单击(　　)图标,也可右击(　　),然后选择快捷菜单中的(　　)命令。

12. Windows 7 的菜单项若以灰色字符显示,则表明此菜单项在当前运行环境下(　　)用;单选菜单项每次能并且只能选一项,旁边带有(　　)的表明此菜单项已经选定;复选菜单项可选中多项,旁边带有(　　)的表明此菜单项已经选定,此时正在(　　)。

13. 在“计算机”或“资源管理器”窗口中,要打开文档或启动程序,可(　　)该文档或程序的图标。

14. 要设置“计算机”或“资源管理器”窗口中文件和文件夹的显示顺序,可选择(　　)菜单中的(　　)命令。

15. 在 Windows“资源管理器”中,要将磁盘中的某文件复制到另一文件夹中,可直接按住(　　)键配合鼠标(　　)键将该文件拖动到目的文件夹。

16. 在 Windows 7 中,文件或文件夹的管理使用(　　)结构。

17. Windows 7 桌面墙纸排列方式有(　　)、(　　)、拉伸、平铺和居中。

18. 在 Windows 7 中,“剪贴板”是(　　)上的一块区域。

19. Windows 7 是美国微软公司为个人计算机开发的基于(　　)用户界面的操作系统。

20. 鼠标操作的常用方法有(　　)、单击、(　　)、指向和拖动。

21. 用 Windows7 的“记事本”所创建文件的默认的扩展名是(　　)。

22. 当某个应用程序不在响应用户的操作时,可以按(　　)快捷键,在弹出的界面中选择“启动任务管理器”命令,然后在“Windows 任务管理器”任务列表中选择所要关闭的应用程序,单击“结束任务”按钮退出该应用程序。

23. 用鼠标拖动方式在同一驱动器实现复制功能时,可以按住(　　)键实现。

24. 在 Windows 7 中,要将整个屏幕的内容复制到剪贴板,应使用(　　)键。

25. 默认状态下创建的用户账户属于(　　)账户。

三、判断题

(　　)1. 文件管理、存储管理和设备管理都是操作系统的功能。

(　　)2. Windows 7 是一种单用户、多任务、图形化的操作系统。

(　　)3. 图标也是一个窗口。

(　　)4. 在不同用户登录的情况下,每个用户可以有不同的桌面背景。

(　　)5. 在 Windows 7 状态下,若未隐藏任务栏,则任务栏永远显示在屏幕上。

(　　)6. 用【Delete】键删除的文件后还可以恢复。

(　　)7. 快捷方式被删除后,该应用程序就无法执行了。

(　　)8. Windows 7 中查找文件时,可根据文件的位置、内容、属性及修改日期进行查找。

(　　)9. 在 Windows 7 的许多应用程序中,文件菜单中的“保存”和“另存为”命令的功能相同。

(　　)10. 在 Windows 7 状态下,每启动一个应用程序都会出现一个窗口。

(　　)11. 在 Windows 7 中,若菜单命令后面带有省略号“…”,则表示该命令有若干子命令。

(　　)12. 菜单中带下画线的字母是快捷键,按住【Alt】键同时按下该字母,即可执行该项命令。

(　　)13. 在 Windows 7 中,设置屏幕保护程序的目的是减少耗电。

(　　)14. “计算机”和“资源管理器”中“查看”菜单的项目和功能相同。

(　　)15. 在“资源管理器”窗口中,不能打开“控制面板”窗口。

(　　)16. 在 Windows 7“资源管理器”窗口的文件夹窗口中,若文件夹图标前无任何符号,则表示该文件夹为空。

(　　)17. 剪贴板是在内存中开辟的一个临时存储区域,该存储区可以保存文件、文本、图形及屏幕信息等。

(　　)18. 磁盘格式化以后可以在“回收站”中找到被删除的内容。

(　　)19. 在 Windows 7 中只能安装一种输入法。

(　　)20. 执行 Windows 7 系统的“睡眠”命令可以降低功耗。

四、简答题

1. Windows 7 的主要功能和特点是什么?

2. Windows 7 基本运行环境是什么?安装过程时有几种安装类型可供用户选择?

3. 如何启动和退出 Windows 7?

4. Windows 7 桌面由哪几部分组成?其功能是什么?

5. Windows 7 的窗口和对话框由哪几部分组成?

6. 在 Windows 7 中运行应用程序有哪几种方式?常用的是什么方式?

7. 在 Windows 7 中有哪几种方法能够获得帮助信息?

8. Windows 7 的文件命名规则是什么?

9. “Windows 资源管理器”窗口由哪几部分组成?怎样使用“资源管理器”?

10. 如何选择多个连续及不连续文件?
11. 在 Windows 7“资源管理器”中如何建立、删除、复制和移动文件(夹)?
12. 如何使用 Windows 7“资源管理器”对磁盘进行格式化?
13. 回收站有哪些功能?
14. 什么是操作系统? 它在计算机中起什么作用?
15. 简要说明操作系统有哪几项功能。

第二部分 办公信息处理

第3章 Word 2016文字处理

第4章 Excel 2016电子表格

第5章 PowerPoint 2016演示文稿

第 3 章　Word 2016 文字处理

本章通过操作实例，详细讲解了 Word 2016 文档的基本操作，文档编辑、格式化、表格、图文混排的方法，以及文档打印和网络应用等功能。通过本章的学习，使读者熟练掌握 Word 2016 中文档编辑、格式化、表格、图文混排的方法。

知识体系

本章知识体系结构：

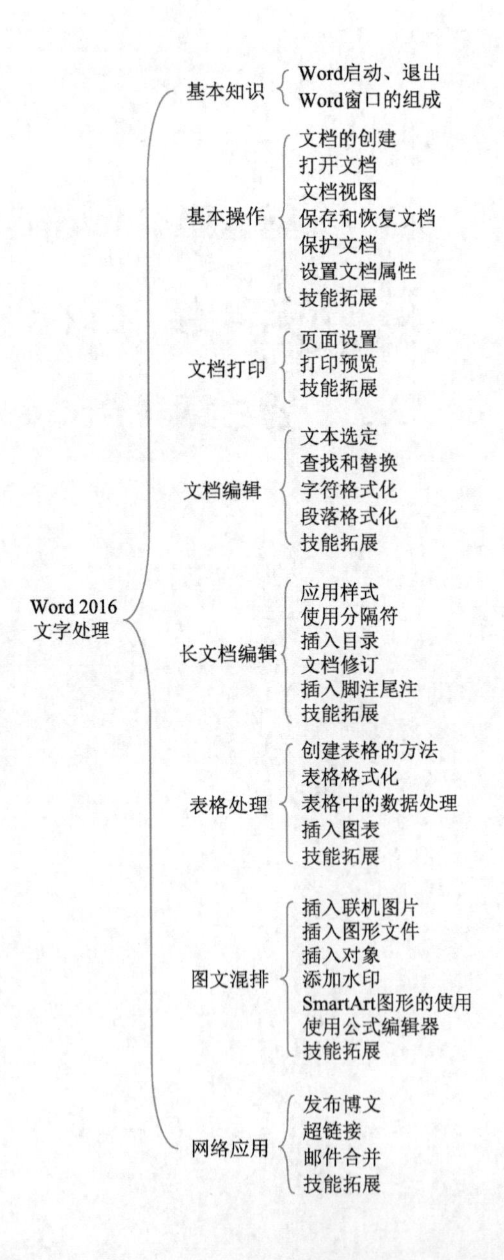

本章重点：文档的基本操作、文档编辑、文档排版、表格创建、表格编辑、表格中的数据处理、图文混排、网络应用。

本章难点：表格编辑、图文混排、网络应用。

学习纲要

3.1　Word 2016 基本知识

本节主要介绍 Word 2016 的启动、退出操作及窗口组成。

3.1.1　Word 2016 的启动和退出

1. Word 2016 的启动

1)利用“开始”菜单

$\xrightarrow{\text{单击}}$【开始】按钮 $\xrightarrow{\text{选择}}$ “所有程序”菜单 $\xrightarrow{\text{单击}}$ “Microsoft Office”图标 $\xrightarrow{\text{选择}}$ “Microsoft Office Word 2016”命令

2)利用桌面的快捷方式

双击桌面上的“Microsoft Office Word 2016”快捷图标。

3)通过文档打开

双击要打开的 Word 2016 文档，启动 Word 2016。

2. Word 2016 的退出

退出的常用方法如下：

- 单击 Word 2016 窗口标题栏右侧的【关闭】按钮。
- 选择【文件】按钮，在后台视图单击【关闭】按钮。

3.1.2　Word 2016 窗口

Word 2016 的窗口主要由后台视图、功能区、标题栏、状态栏及文档编辑区等部分组成。

Word 2016 的功能区是菜单和工具栏的主要替代控件，有选项卡、功能组及命令三个基本组件。在默认状态下功能区包含“文件”、“开始”、“插入”、“设计”、“布局”、“引用”、“邮件”、“审阅”和“视图”等选项卡。

除默认的选项卡外，Word 2016 的功能区还包括其他选项卡，但只有在操作需要时才会出现。当用户不需要查找选项卡时，可以通过右上角的【功能区显示选项】按钮，选择隐藏功能区或者显示功能区。

在每一功能组中，除包含【工具】图标按钮外，在组界面的右下角还增加了【对话框启动器】按钮，单击相应按钮，则会打开相应组的对话框。

3.2　Word 2016 基本操作

本节通过制作“派对邀请函”实例，主要介绍创建文档的方法、打开文档的方法、文档视图和显示比例、保存文档、保护文档及文档的属性设置等内容。

3.2.1　文档的创建

1. 创建空白文档的方法

(1)创建空白文档的方法。

$\xrightarrow{\text{单击}}$【文件】按钮 $\xrightarrow{\text{选择}}$ “新建”命令 $\xrightarrow{\text{单击}}$ “空白文档”选项

(2)按快捷键【Ctrl＋N】,即可打开一个新的空白文档窗口。

(3)使用"快速访问工具栏"创建文档。

$\xrightarrow{单击}$【文件】按钮 $\xrightarrow{选择}$"选项"命令 $\xrightarrow{单击}$ 快速访问工具栏选定 $\xrightarrow{添加}$【新建文件】按钮 $\xrightarrow{单击}$ 快速访问工具栏中的【新建】按钮

2. 使用模板创建文档的方法

(1)使用 Word 2016 中提供的模板创建文件。Word 2016 中有"特色""个人"两种模板类型。

$\xrightarrow{单击}$【文件】按钮 $\xrightarrow{选择}$"新建"命令 → ($\xrightarrow{单击}$ 特色 / $\xrightarrow{单击}$ 个人) → 选择所需模板类型 → 创建完成

(2)用户创建自定义 Word 2016 模板。Word 2016 允许用户创建自定义的 Word 2016 模板,以适合实际工作需要。

$\xrightarrow{编辑}$ 文档 $\xrightarrow{保存为}$ Word 模板 $\xrightarrow{添加}$"个人"模板

3.2.2 文档的打开

(1) $\xrightarrow{单击}$【文件】按钮 $\xrightarrow{选择}$"打开"命令 $\xrightarrow{打开}$"打开"窗口(或按【Ctrl+O】快捷键) $\xrightarrow{单击}$ ($\rightarrow$ 浏览 $\xrightarrow{打开}$"打开"话框 $\xrightarrow{双击}$ 所需文档 / $\rightarrow$ 最近 $\xrightarrow{单击}$ 所需文档)

(2) $\xrightarrow{双击}$【计算机】图标 $\xrightarrow{打开}$"资源管理器"窗口 $\xrightarrow{双击}$ 所需文档

3.2.3 文档视图

Word 2016 有页面视图、Web 版式视图、大纲视图、阅读版式视图、草稿视图。视图的切换可通过"视图"选项卡的"文档视图"组来切换,或者通过屏幕右下侧的视图及显示比例控制面板实现。显示比例可直接通过显示比例控制面板实现。

→ $\xrightarrow{选择}$"视图"选项卡 $\xrightarrow{选择}$"文档视图"组 $\xrightarrow{选择}$ 视图

→ $\xrightarrow{滑动}$ 水平滚动条左侧相应视图切换按钮

3.2.4 保存文档

1. 保存文档

$\xrightarrow{单击}$ ($\rightarrow$【文件】按钮 $\xrightarrow{选择}$"保存"命令 / $\rightarrow$ 快速访问工具栏中的【保存】按钮) $\xrightarrow{输入}$ 文件名 $\xrightarrow{单击}$【保存】按钮

2. 保存已有文档

(1)以原文件名保存。

→ $\xrightarrow{按}$【Ctrl＋S】快捷键

→ $\xrightarrow{单击}$【文件】按钮 $\xrightarrow{选择}$"保存"命令

→ $\xrightarrow{单击}$ 快速工具栏上的【保存】按钮

(2)另存文件。

$\xrightarrow{单击}$【文件】按钮 $\xrightarrow{选择}$"另存为"命令 $\xrightarrow{单击}$【浏览】按钮 $\xrightarrow{打开}$"另存为"对话框 $\xrightarrow{设置}$ 保存位置及文件名 $\xrightarrow{单击}$【保存】按钮

(3)自动保存。

$\xrightarrow{\text{单击}}$【文件】按钮 $\xrightarrow{\text{选择}}$“选项”命令 $\xrightarrow{\text{选择}}$“保存”命令 $\xrightarrow{\text{设定}}$ 保存时间 $\xrightarrow{\text{单击}}$【确定】按钮

3. 恢复未保存的文档

$\xrightarrow{\text{单击}}$【文件】按钮 $\xrightarrow{\text{选择}}$【打开】按钮 $\xrightarrow{\text{单击}}$【恢复未保存的文档】按钮 $\xrightarrow{\text{选择}}$ 未保存文件 $\xrightarrow{\text{单击}}$【打开】按钮

3.2.5　保护文档

$\xrightarrow{\text{打开}}$“另存为”对话框 $\xrightarrow{\text{单击}}$【工具】按钮 $\xrightarrow{\text{选择}}$ 常规选项命令 —
- $\xrightarrow{\text{设置}}$ 打开文件时的密码
- $\xrightarrow{\text{设置}}$ 修改文件时的密码

3.2.6　设置属性

配置文档属性可以通过后台视图的导航栏中的“信息”选项完成。

3.2.7　技能拓展

恢复受损文档：

在日常工作中，我们经常会遇到编辑过的文档无故受损、打不开的情况，解决方法如下。

(1)在后台视图的导航栏中选择“选项”命令，打开“Word 选项”对话框，在“高级”选项卡中的“常规”区域，勾选“打开时确认文件格式转换”复选框，然后单击【确定】按钮。

(2)在后台视图的导航栏中选择“打开”命令，在“打开”窗口中单击“浏览”命令，在弹出的“打开”对话框中，单击【所有 Word 文档】按钮，在下拉列表中选择“从任意文件还原文本”命令，然后选中已损坏的文档，单击【打开】按钮。

此时，Word 2016 会自动使用专门的文件恢复转换器来恢复损坏文档中的文本，打开后可将它保存为 Word 2016 格式或其他格式(例如文本格式或 HTML 格式)。

使用这样方法只能恢复文本的内容，无法恢复文档格式、图形、域、图形对象和其他非文本信息。

后台视图 $\xrightarrow{\text{选择}}$“选项”命令 $\xrightarrow{\text{打开}}$“Word 选项”对话框 $\xrightarrow{\text{选择}}$“高级”选项卡 $\xrightarrow{\text{勾选}}$“打开时确认文件转换” $\xrightarrow{\text{单击}}$【确定】按钮

后台视图 $\xrightarrow{\text{打开}}$“打开”对话框 $\xrightarrow{\text{弹出}}$ 所有 Word 文档下拉列表 $\xrightarrow{\text{单击}}$ 从任意文件还原文本 $\xrightarrow{\text{选择}}$ 损坏文件 $\xrightarrow{\text{单击}}$【打开】按钮

3.3　文档打印

本节通过打印“派对邀请函”实例，主要介绍页面设置及打印预览等内容。

3.3.1　页面设置

1. 页面设置

页面设置是指设置文档的总体版面布局以及选择纸张大小、上下左右边距、页眉页脚与边界的距离等内容。可以利用导航栏中的“打印”命令及“布局”选项卡“页面设置”功能组中的相应命令完成。

2. 设置页眉页脚

为了使整个文档具有一定的专业性，通常都需要为文档添加页眉、页脚或页码等修饰性元素。页眉和页脚可以包含页码，也可以包含标题、日期、时间、作者姓名、图形等。

(1)创建页眉和页脚。

$\xrightarrow{\text{单击}}$“插入”选项卡 $\xrightarrow{\text{选择}}$“页眉和页脚”组 $\xrightarrow{\text{单击}}$【页眉】按钮 $\xrightarrow{\text{选择}}$ 页眉下拉列表“编辑页眉”命令

(2)为首页和奇偶页添加不同的页眉页脚。

① $\xrightarrow{\text{单击}}$“页眉和页脚工具”选项卡 $\xrightarrow{\text{选择}}$“选项”组 —
- $\xrightarrow{\text{勾选}}$“首页不同”复选框
- $\xrightarrow{\text{勾选}}$“奇偶页不同”复选框

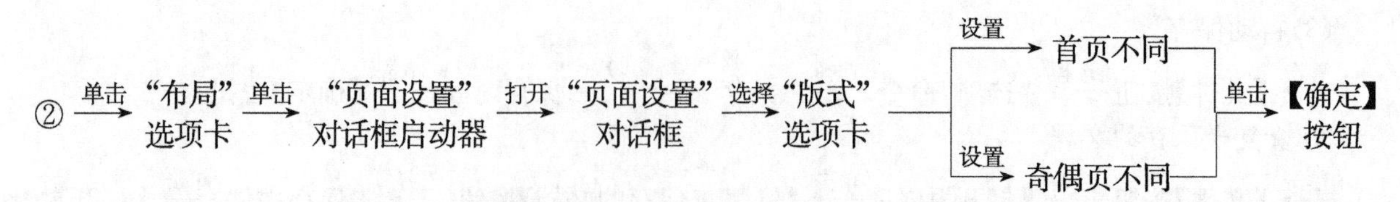

(3)删除页眉和页脚。首先进入页眉或页脚区,在选定要删除页眉或页脚的文字或图形后,按【Delete】键删除。

(4)去掉 Word 2016 页眉横线的方法。

双击→页眉页脚编辑区
- 选中→页眉 设置→正文样式
- 单击→“页面布局”选项卡 单击→【页面边框】按钮 打开→“边框和底纹”对话框 选择→“边框”选项卡 应用于→段落
- 右击→页眉 选择→快捷菜单“样式”命令 单击→清除格式

3.3.2 打印预览

单击→【文件】按钮 选择→“选项”命令 打开→“Word选项”对话框 选择→“快速访问工具栏”选项卡 单击→【常用命令】下拉按钮 选择→打印预览和打印 添加→自定义快速访问工具栏 单击→【确定】按钮

3.3.3 技能拓展

提高打印文档速度:

当打印文档耗时很长时,可以设置取消后台打印操作,来提高打印速度,方法如下。

(1)单击【文件】按钮,在导航栏中选择“选项”命令,打开“word 选项”对话框。

(2)选择“高级”选项卡,在“打印”区域,取消“后台打印”复选框的勾选。

单击→【文件】按钮 选择→“选项”命令 打开→“Word 选项”对话框 选择→“高级”选项卡 取消→后台打印

3.4 文档编辑

本节通过制作“会议通知”实例,主要介绍文档的格式化、查找和替换、字符格式化及段落格式化等内容。

3.4.1 文本选定

1. 鼠标选定

鼠标选定的方式有拖动选定和利用选定区。

2. 键盘选定

将插入点定位到要选定的文本起始位置,在按住【Shift】快捷键的同时,再按相应的光标移动键,便可将选定的范围扩展到相应的位置。

3. 组合选定

组合选定的方式有选定一句、选定连续区域、选定矩形区域、选定不连续区域及选定整个文档等。

3.4.2 查找和替换

1. 查找

选择→“开始”选项卡 选择→“查找”命令 输入→查找内容 单击→【查找下一处】按钮

2. 替换

选择→“开始”选项卡 选择→“替换”命令 输入→替换内容 单击→【替换】或【全部替换】按钮

3.4.3 字符格式化

1. 使用“开始”选项卡中的“字体”组

使用“开始”选项卡中的“字体”组的中的按钮可以快捷设置字体、字号、字形、字符缩放及颜色等。

2. 使用“字体”对话框

可通过“字体”组的对话框启动器和鼠标右键快捷菜单的“字体”命令设置。

3. 使用浮动工具栏

选中要编辑的文本，浮动工具栏就会出现所选文本的尾部。

4. 使用格式刷

选中设置好格式的文本，单击“开始”选项卡中“剪贴板”组上的 格式刷 按钮，当指针变成“刷”形状时，选中要设置格式的文本，完成格式设置。

当需要多次使用格式刷时，需双击格式刷按钮，完成操作后再单击格式刷按钮，将其关闭。

3.4.4 段落格式化

1. 设置段落间距、行间距

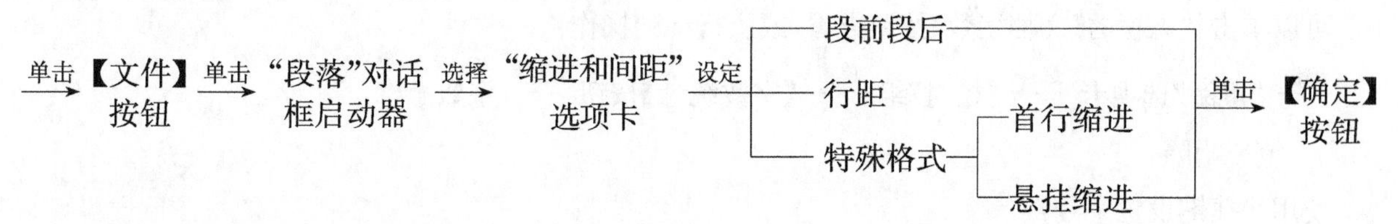

2. 段落缩进

“段落缩进”是指段落文字的边界相对于左、右页边距的距离。可通过标尺、“段落”对话框以及“开始”选项卡的“段落”组中的工具完成设置。

3. 段落的对齐方式

段落对齐方式包括左对齐、两端对齐、居中对齐、右对齐和分散对齐，Word 2016 默认的对齐格式是两端对齐。

4. 边框和底纹

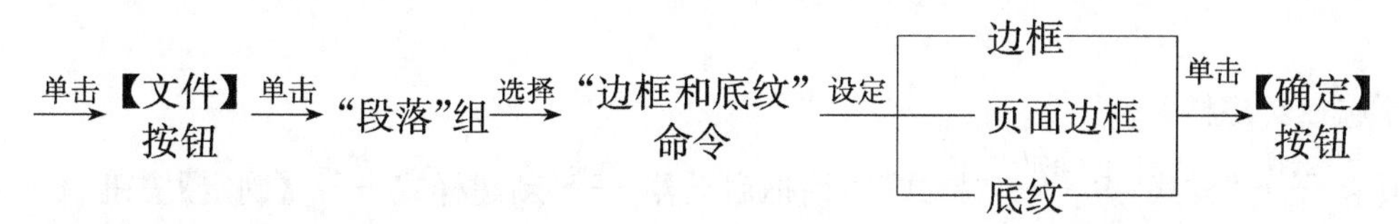

5. 项目符号和编号

$\xrightarrow{选定}$ 添加项目符号的段落 $\xrightarrow{单击}$ “开始”选项卡 $\xrightarrow{选择}$ “段落”组 $\xrightarrow{选择}$ “项目符号”命令 $\xrightarrow{选择}$ 所需要的项目符号 $\xrightarrow{单击}$ 【确定】按钮

6. 添加编号

$\xrightarrow{选定}$ 添加项目符号的段落 $\xrightarrow{单击}$ “开始”选项卡 $\xrightarrow{选择}$ “段落”组 $\xrightarrow{选择}$ “编号”命令 $\xrightarrow{选择}$ 所需要的编号 $\xrightarrow{单击}$ 【确定】按钮

7. 设置分栏格式

(1)创建分栏。

$\xrightarrow{单击}$ “布局”选项卡 $\xrightarrow{选择}$ “页面设置”组 $\xrightarrow{单击}$ 【分栏】下拉按钮 $\xrightarrow{选择}$
- 栏数
- “更多分栏”命令 $\xrightarrow{打开}$ “分栏”对话框 $\xrightarrow{设置}$ 分栏格式 $\xrightarrow{单击}$ 【确定】按钮

(2)删除分栏。

在“分栏”对话框中选择“一栏”命令即可删除分栏。

8. 设置首字下沉

$\xrightarrow{\text{选中}}$ 需设置的文字 $\xrightarrow{\text{选择}}$ “插入”选项卡 $\xrightarrow{\text{选择}}$ “文本”组 $\xrightarrow{\text{单击}}$【首字下沉】下拉按钮 $\xrightarrow{\text{设置}}$ 下沉方式、字体等 $\xrightarrow{\text{单击}}$【确定】按钮

9. 插入符号、特殊符号

$\xrightarrow{\text{单击}}$ “插入”选项卡 $\xrightarrow{\text{选择}}$ “按钮”组 $\xrightarrow{\text{单击}}$【符号】按钮 $\xrightarrow{\text{插入}}$ 符号或特殊符号 $\xrightarrow{\text{单击}}$【确定】按钮

10. 插入日期

$\xrightarrow{\text{单击}}$ “插入”选项卡 $\xrightarrow{\text{选择}}$ “文本”组 $\xrightarrow{\text{单击}}$【时间和日期】按钮 $\xrightarrow{\text{单击}}$ “时间和日期”对话框中【可用格式】按钮 $\xrightarrow{\text{选择}}$ 合适时间、日期格式 $\xrightarrow{\text{勾选}}$ 自动更新 $\xrightarrow{\text{单击}}$【确定】按钮

11. 多窗口、多文档编辑

$\xrightarrow{\text{打开}}$ 两个或两个以上文档 $\xrightarrow{\text{单击}}$ 当前窗口“视图”选项卡 $\xrightarrow{\text{选择}}$ “窗口”组 $\xrightarrow{\text{单击}}$【并排查看】按钮 $\xrightarrow{\text{选择}}$ 文档 $\xrightarrow{\text{单击}}$【确定】按钮 $\xrightarrow{\text{单击}}$ 另一个文档【同步滚动】按钮

12. 统计文档字数

可以单击状态栏的【文档字数】按钮查看，或执行下列操作：

$\xrightarrow{\text{单击}}$ “审阅”选项卡 $\xrightarrow{\text{选择}}$ “校对”组 $\xrightarrow{\text{单击}}$【字数统计】按钮 $\xrightarrow{\text{查看}}$ 字数

3.4.5 技能拓展

使用快捷键设置字号：

当需要设置的文本字号有特殊要求时，可使用快捷键来完成。操作如下：选中需更改字号的文字，按【Ctrl＋Shift＋＜】快捷键可快速减小字号；按【Ctrl＋Shift＋＞】快捷键可快速增大字号。

3.5 长文档编辑

本节通过制作“IT 行业市场调查报告”实例，主要介绍应用样式、插入分隔符、插入目录、文档修订及插入脚注尾注等操作方法。

3.5.1 应用样式

1. 使用“样式”导航栏新建样式

$\xrightarrow{\text{单击}}$ “开始”选项卡 $\xrightarrow{\text{选择}}$ “样式”组 $\xrightarrow{\text{单击}}$ “样式”对话框启动器 $\xrightarrow{\text{设定}}$ 新建样式 $\xrightarrow{\text{单击}}$【确定】按钮

2. 更改样式

可以通过“样式”导航窗格更改已有样式。单击“开始”选项卡“样式”组的对话框启动器，打开“样式”导航窗格。鼠标指针悬停在要更改的已有样式上，单击其下拉按钮，在下拉列表中选择“修改”命令，打开“修改样式”对话框，对该样式的段落、字体等进行更改。

3. 导入和导出样式

$\xrightarrow{\text{单击}}$【开始】按钮 $\xrightarrow{\text{单击}}$ “样式”对话框启动器 $\xrightarrow{\text{单击}}$ 管理器样式 $\xrightarrow{\text{单击}}$【导入导出】按钮 $\xrightarrow{\text{选择}}$ “样式”选项卡 $\xrightarrow{\text{单击}}$ 左边栏目【关闭】按钮 $\xrightarrow{\text{单击}}$ 打开文件 $\xrightarrow{\text{单击}}$ 文件类型 $\xrightarrow{\text{选择}}$ Word/Word 97-2003 类型的文档 $\xrightarrow{\text{单击}}$ 打开 $\xrightarrow{\text{返回}}$ 管理器样式 $\xrightarrow{\text{单击}}$ 右边栏目【关闭】按钮 $\xrightarrow{\text{单击}}$ 打开文件 $\xrightarrow{\text{接收}}$ 文档 $\xrightarrow{\text{复制}}$ 左边栏目样式列表 $\xrightarrow{\text{单击}}$【关闭文件】按钮

3.5.2 插入分隔符

文档中为了分别设置不同部分的格式和版式，可以用分隔符将文档分为若干节，每个节可以有不同的页边距、页眉页脚、纸张大小等页面设置。分隔符分为分页符和分节符。

1. 分页符

1)插入分页符

(1)—单击→“插入”选项卡—选择→“页面”组—单击→【分页】按钮—单击→【确定】按钮

(2)定位分页插入点—单击→“布局”选项卡—选择→“页面设置”组—单击→【分隔符】按钮—选择→“分页符”命令—单击→【确定】按钮

(3)通过【Ctrl+Enter】快捷键开始新的一页。

2)插入分栏符

定位分页插入点—单击→“布局”选项卡—选择→“页面设置”组—单击→【分隔符】下拉按钮—选择→“分栏符”命令—单击→【确定】按钮

3)自动换行符

定位要换行位置—单击→“布局”选项卡—选择→“页面设置”组—单击→【分隔符】下拉按钮—单击→“自动换行”命令—单击→【确定】按钮

2. 分节符

节是文档的一部分。插入分节符之前,Word 2016将整篇文档视为一节。在需要改变行号、分栏数或页面页脚、页边距等特性时,需要创建新的节。

3.5.3 插入目录

为文档插入目录可以使用户更加方便地浏览文档内容,通常情况下,目录会出现在文档的第二页。

1. 插入目录

—单击→“引用”选项卡—选择→“目录”组—单击→【目录】下拉按钮—选择→“自定义目录”命令—设定→目录样式—单击→【确定】按钮

2. 更新目录

选中需更新的目录—单击→“引用”选项卡—选择→“目录”组—单击→【更新目录】按钮—选择→“更新整个目录”命令 / “只更新页码”命令—单击→【确定】按钮

3. 删除目录

当作者需要删除目录时,只需要单击【目录】下拉列表中的【删除目录】按钮即可。

3.5.4 文档修订

1. 打开修订方法

可通过“审阅”选项卡“修订”组中的【修订】按钮打开修订,或者右击状态栏,单击【修订】按钮来打开或关闭。

如果当前文档的“修订”命令不可用,需要先关闭文档保护。单击“审阅”选项卡“保护”组【限制编辑】按钮,打开“限制编辑”导航栏。单击“保护文档”窗格底部的【停止保护】按钮。

2. 关闭修订方法

关闭修订功能不会删除任何已被跟踪的更改。要取消修订,单击“审阅”选项卡“修订”组【接受】和【拒绝】按钮。或者直接单击【修订】按钮结束。

3.5.5 插入脚注、尾注

—单击→“引用”选项卡—选择→“脚注”组—单击→【插入脚注】按钮 / 【插入尾注】按钮

3.5.6 技能拓展

快速套用样式:

通过给每个样式设置一个快捷键,我们可以轻松地一边编写文件一边应用样式,提高工作效率。

(1)在"开始"选项卡"样式"组,右击要应用的样式,在弹出的快捷菜单中选择"修改"命令。

(2)在打开的"修改样式"对话框中单击【格式】按钮,在【格式】按钮的级联菜单中选择"快捷键"命令。

(3)打开"自定义键盘"对话框,将鼠标指针定位于"请按新快捷键"编辑栏,为它设置一个快捷键后单击【指定】按钮即可。用同样的方法为其他样式设置好相应的快捷键。

3.6 表格处理

本节以制作"×××班级期末考试成绩单"实例,主要介绍了表格的创建、表格格式化、表格数据处理及插入图表等方法。

3.6.1 创建表格的方法

1. 使用表格网格创建

单击"插入"选项卡"表格"组【表格】按钮,按住鼠标左键拖动,在网格区选择行数和列数,然后松开鼠标左键即可。

2. 使用"插入表格"命令创建

$\xrightarrow{\text{定位}}$ 插入点 $\xrightarrow{\text{单击}}$ "插入"选项卡 $\xrightarrow{\text{选择}}$ "插入表格"命令 $\xrightarrow{\text{设置}}$ 行、列数 $\xrightarrow{\text{单击}}$【确定】按钮

3. 绘制表格

将光标定位在需要插入表格的位置,单击"插入"选项卡的【表格】下拉按钮,在列表项中选择"绘制表格"命令,将鼠标指针移动到文档中需要插入表格的定点处,按住鼠标左键拖动,到达合适位置后释放鼠标左键,即可绘制表格边框。

使用此方法可在表格边框内任意绘制表格的横线、竖线或斜线。如果要擦除单元格边框线,可单击"表格工具/设计"选项卡"绘图边框"组中的【擦除】按钮,按住鼠标左键拖动,经过要删除的线,即可完成删除操作。

4. 插入电子表格

定位要插入的位置 $\xrightarrow{\text{单击}}$ "插入"选项卡 $\xrightarrow{\text{单击}}$ "表格"下拉按钮 $\xrightarrow{\text{选择}}$ "Excel 电子表格"命令

5. 插入快速表格

定位要插入的位置 $\xrightarrow{\text{单击}}$ "插入"选项卡 $\xrightarrow{\text{单击}}$ "表格"下拉按钮 $\xrightarrow{\text{选择}}$ "快速表格"命令

6. 文本、表格相互转换

(1)文本转换成表格。

$\xrightarrow{\text{选定}}$ 要转换的文本 $\xrightarrow{\text{单击}}$ "插入"选项卡 $\xrightarrow{\text{选择}}$ "表格"命令 $\xrightarrow{\text{选择}}$ "文本转换成表格"命令 $\xrightarrow{\text{设置}}$ 行、列分隔符 $\xrightarrow{\text{单击}}$【确定】按钮

(2)表格转换成文本。

$\xrightarrow{\text{选定}}$ 要转换的表格 $\xrightarrow{\text{单击}}$ "表格工具/布局"选项卡 $\xrightarrow{\text{选择}}$ "数据"组 $\xrightarrow{\text{选择}}$ "转换为文本"命令 $\xrightarrow{\text{设置}}$ 行、列分隔符 $\xrightarrow{\text{单击}}$【确定】按钮

3.6.2 表格格式化

1. 选定表格

选定表格的方式有选定单元格、选定一行、选定一列、选定连续单元格区域及选定整个表格等。

2. 调整行高和列宽

(1)使用鼠标。

将鼠标指针放在标尺的行、列标志上,拖动行、列线到所需要的行高、列宽即可。

(2)使用菜单。

①选中要调整的行、列 $\xrightarrow{\text{单击}}$ "表格工具/布局"选项卡 $\xrightarrow{\text{选择}}$ "单元格大小"组 $\xrightarrow{\text{输入}}$ 高度、宽度

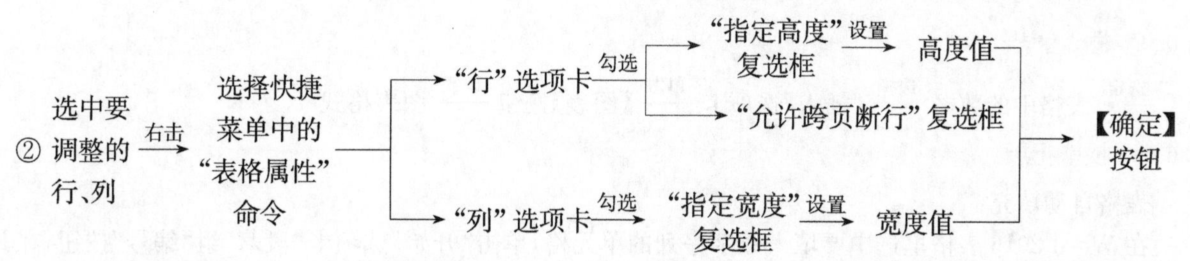

(3)自动调整表格。Word 2016 自动调整表格的方式有根据内容调整表格、根据窗口调整表格和固定列宽。

3. 插入单元格、行或列

(1)插入单元格。

定位插入点 —单击→ “表格工具/布局”选项卡 —单击→ “行和列”组对话框启动器 —打开→ “插入单元格”对话框 —选择→ 插入单元格

(2)插入行或列。

—定位→ 插入点 —单击→ “表格工具/布局”选项卡 —选择→ “行和列”组 —单击→ 插入行、列

—定位→ 插入点 —右击→ 快捷菜单 —选择→ “插入”命令 —选择→ 行(列)

4. 删除行或列

—选定→ 要删除的行或列 —单击→ “表格工具/布局”选项卡 —选择→ “删除”命令 —选择→ “删除行或列”命令

5. 合并单元格

—选定→ 要合并的区域 —单击→ “表格工具/布局”选项卡“合并”组 —单击→ 【合并单元格】按钮

—选定→ 要合并的区域 —右击→ 快捷菜单 —选择→ “合并单元格”命令

6. 拆分单元格

—选定位→ 单元格 —单击→ “表格工具/布局”选项卡“合并”组 —单击→ 【拆分单元格】按钮 —选择→ 拆分的行列数 —单击→ 【确定】按钮

—选定位→ 单元格 —右击→ 快捷菜单 —选择→ “拆分单元格”命令 —选择→ 拆分的行列数 —单击→ 【确定】按钮

7. 拆分表格

选中需拆分的表格 —单击→ “表格工具/布局”选项卡 —选择→ “合并”组 —单击→ 【拆分表格】按钮 —输入→ 行、列数 —单击→ 【确定】按钮

8. 修改表格样式

(1)表格自动套用格式。

选中表格 —单击→ “表格工具/设计”选项卡 —选择→ “表格样式”组 —选择→ 表格样式 —应用→ 表格样式

(2)修改表格样式。

选中表格 —单击→ “表格工具/设计”选项卡 —选择→ “表格样式”组 —单击→ 【表格样式】下拉按钮 —选择→ “修改表格样式”命令 —打开→ “修改样式”对话框 —设置→ 样式

选中表格 —单击→ “表格工具/设计”选项卡 —选择→ “表格样式”组 —单击→ 【表格样式】下拉按钮 —选择→ “新建表格样式”命令 —打开→ “根据样式设置创建新样式”对话框 —设置→ 样式

3.6.3 表格的数据处理

—定位→ 单元格 —选择→ “表格工具/布局”选项卡 —单击→ 【公式】按钮 —输入→ 计算公式 —单击→ 【确定】按钮

3.6.4 插入图表

$\xrightarrow{\text{选定}}$ 表格中的数据 $\xrightarrow{\text{选择}}$ “插入”选项卡 $\xrightarrow{\text{单击}}$【图表】按钮 $\xrightarrow{\text{设置}}$ 图表格式

3.6.5 技能拓展

表格自动填充：

在 Word 2016 表格里选中要填入数字序列的单元格，单击“开始”选项卡“段落”组“编号”按钮，在其下拉列表中单击“定义新编号格式”按钮，打开对话框。在“编号样式”窗口中选择一种序列样式，此时，“编号格式”栏内自动填入起始内容，单击【确定】按钮即可。

3.7 图文混排

本节通过制作“×××高校招生简章”实例，主要介绍了插入剪贴画、插入图形文件、插入对象、添加水印、插入 SmartArt 图形和使用公式编辑器的方法。

3.7.1 插入联机图片

$\xrightarrow{\text{单击}}$ “插入”选项卡 $\xrightarrow{\text{选择}}$ “联机图片”命令 $\xrightarrow{\text{打开}}$ “插入图片”对话框 $\xrightarrow{\text{搜索}}$ 图片或剪贴画 $\xrightarrow{\text{单击}}$【插入】按钮

3.7.2 插入图形文件

1. 插入方法

$\xrightarrow{\text{定位}}$ 插入点 $\xrightarrow{\text{单击}}$ “插入”选项卡 $\xrightarrow{\text{选择}}$ “图片”命令 $\xrightarrow{\text{打开}}$ “插入图片”对话框 $\xrightarrow{\text{选择}}$ 图片文件 $\xrightarrow{\text{单击}}$【插入】按钮

2. 设置格式

(1)调整图片大小。

①选中图片，将鼠标指针移至图片周围的控制点上，当鼠标指针变成双向箭头时，按住鼠标左键并拖动，当达到合适大小时释放鼠标即可快速调整图片大小。

② $\xrightarrow{\text{选定}}$ 图片 $\xrightarrow{\text{选择}}$ “图片工具/格式”选项卡 $\xrightarrow{\text{选择}}$ “大小”组 $\xrightarrow{\text{单击}}$【剪裁】按钮 $\xrightarrow{\text{拖动}}$ 句柄

③ $\xrightarrow{\text{选定}}$ 图片 $\xrightarrow{\text{选择}}$ “图片工具/格式”选项卡 $\xrightarrow{\text{单击}}$ “大小”组对话框启动器 $\xrightarrow{\text{选择}}$ “大小”选项卡 $\xrightarrow{\text{输入}}$ 数值 $\xrightarrow{\text{单击}}$【确定】按钮

(2)设置亮度和对比度。

选中图片 $\xrightarrow{\text{选择}}$ “图片工具/格式”选项卡 $\xrightarrow{\text{选择}}$ “调整”组 $\xrightarrow{\text{单击}}$【更正】按钮 $\xrightarrow{\text{单击}}$ 图片亮度和对比度

(3)压缩图片。

选中图片 $\xrightarrow{\text{选择}}$ “图片工具/格式”选项卡 $\xrightarrow{\text{选择}}$ “调整”组 $\xrightarrow{\text{单击}}$【压缩图片】按钮 $\xrightarrow{\text{单击}}$【确定】按钮

(4)重设图片。

选中图片 $\xrightarrow{\text{选择}}$ “图片工具/格式”选项卡 $\xrightarrow{\text{选择}}$ “调整”组 $\xrightarrow{\text{单击}}$【重设图片】按钮

(5)图片边框和颜色设置。

选中图片 $\xrightarrow{\text{选择}}$ “图片工具/格式”选项卡 $\xrightarrow{\text{选择}}$ “图片样式”组 $\xrightarrow{\text{单击}}$【图片边框】下拉按钮 $\xrightarrow{\text{设置}}$ 颜色、线型、粗细

选中图片 $\xrightarrow{\text{单击}}$ “图片工具/格式”选项卡 $\xrightarrow{\text{选择}}$ “调整”组 $\xrightarrow{\text{单击}}$【颜色】下拉按钮 $\xrightarrow{\text{选择}}$ 颜色

(6)图片版式。

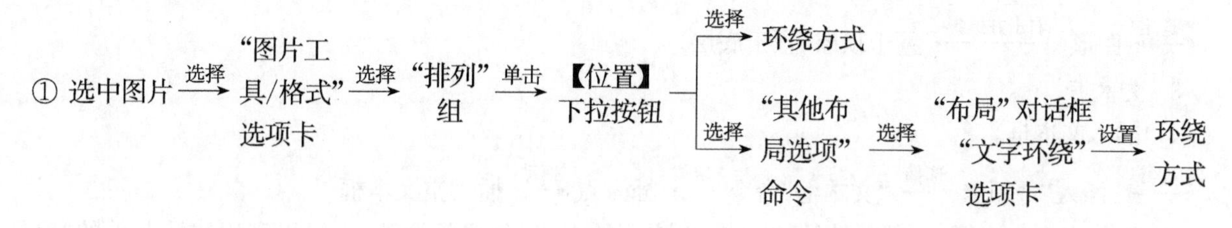

② 选中图片 —选择→ "图片工具/格式"选项卡 —选择→ "排列"组 —单击→【环绕文字】下拉按钮 —选择→ 环绕方式

【环绕文字】下拉按钮 —选择→ "其他布局选项"命令 —选择→ "布局"对话框"文字环绕"选项卡 —设置→ 环绕方式

③ 选中图片 —选择→ "图片工具/格式"选项卡 —选择→ "排列"组 —单击→【环绕文字】下拉按钮 —选择→ "编辑环绕顶点"命令 —应用→ 环绕形状

(7)设置透明色。

① 选中图片 —选择→ "图片工具/格式"选项卡 —选择→ "调整"组 —单击→【颜色】下拉按钮 —选择→ 设置透明色 —单击→ 图片需处理的位置

② 选中图片 —选择→ "图片工具/格式"选项卡 —选择→ "调整"组 —单击→【更正】下拉按钮 —选择→ "图片更正选项"命令 —选择→ 发光 —调节→ 透明度

(8)组合图形。

选中需组合的图形 —选择→ "图片工具/格式"选项卡 —选择→ "排列"组 —单击→【组合对象】按钮 —选择→ "组合"命令

(9)图片的艺术效果。

选中图片 —选择→ "图片工具/格式"选项卡 —选择→ "调整"组 —单击→【艺术效果】下拉按钮 —选择→ 艺术效果样式

【艺术效果】下拉按钮 —选择→ "艺术效果选项"命令 —选择→ "设置图片格式"对话框"效果"选项卡 —设置→ 艺术效果样式 —单击→【关闭】按钮

3.7.3 插入对象

1. 插入艺术字

定位插入位置 —选择→ "插入"选项卡 —选择→ "文本"组 —单击→【艺术字】下拉按钮 —插入→ 艺术字

2. 绘制图形

(1)绘制自选图形。

—选择→ "插入"选项卡"插图"组 —单击→【形状】下拉按钮 —选择→ 图形 —拖动绘制→ 图形尺寸

(2)在自选图形中添加文字。

—选定→ 图形 —右击并选择→ "添加文字"命令 —添加→ 文字

(3)图形的组合。

—按住→【Shift】(【Ctrl】)键 —同时选定→ 需组合的图形 —右击→ 需组合的某一个图形 —选择→ "组合"级联菜单中的"组合"命令

(4)图形的叠放次序。

$\xrightarrow{\text{选定}}$ 图形 $\xrightarrow{\text{右击并选择}}$ 置于顶层(置于底层)

3. 文本框

(1)插入文本框。

$\xrightarrow{\text{选择}}$"插入"选项卡 $\xrightarrow{\text{选择}}$"文本框"命令 $\xrightarrow{\text{定位}}$ 插入点 $\xrightarrow{\text{拖动}}$ 插入空文本框

(2)链接多个文本框。利用鼠标可以进行文本框的大小、位置等调整,也可以利用快捷菜单的"设置文本框格式"命令或"图片"工具栏,进行颜色和线条、大小、环绕等设置。还可以利用"图片"工具栏设置填充色、三维效果等。

$\xrightarrow{\text{建立}}$ 多个文本框 $\xrightarrow{\text{右击}}$ 任意文本框 $\xrightarrow{\text{单击}}$【创建文本链接】按钮 $\xrightarrow{\text{单击}}$ 要链接的空文本框

3.7.4 添加水印

1. 添加水印

选定文本 $\xrightarrow{\text{选择}}$"设计"选项卡 $\xrightarrow{\text{选择}}$"页面背景"组 $\xrightarrow{\text{单击}}$【水印】下拉按钮 $\xrightarrow{\text{应用}}$ 水印效果

2. 删除水印

可以通过【水印】下拉列表中的【删除水印】按钮完成。

3.7.5 SmartArt 图形的使用

1. 插入 SmartArt 图形

定位插入点 $\xrightarrow{\text{选择}}$"插入"选项卡 $\xrightarrow{\text{选择}}$"插图"组 $\xrightarrow{\text{单击}}$【SmartArt】按钮 $\xrightarrow{\text{选择}}$ SmartArt 样式 $\xrightarrow{\text{单击}}$【确定】按钮

2. 将图片转换为 SmartArt 图

选中需转换的图片 $\xrightarrow{\text{选择}}$"图片工具/格式"选项卡 $\xrightarrow{\text{选择}}$"图片样式"组 $\xrightarrow{\text{单击}}$【图片版式】下拉按钮 $\xrightarrow{\text{选择}}$ SmartArt 样式

3.7.6 使用公式编辑器

$\xrightarrow{\text{定位}}$ 插入点 $\xrightarrow{\text{选择}}$"插入"选项卡 $\xrightarrow{\text{选择}}$"文本"组 $\xrightarrow{\text{单击}}$【对象】$\xrightarrow{\text{选择}}$"新建"选项卡 $\xrightarrow{\text{选择}}$"Microsoft 公式 3.0"命令 $\xrightarrow{\text{单击}}$【确定】按钮 $\xrightarrow{\text{输入}}$ 公式

3.7.7 技能拓展

删除图片背景:

为了快速从图片中获得有用的内容,Word 2016 提供了删除图片背景功能,操作方法:

(1)选择 Word 文档中要去除背景的一张图片,然后单击"图片工具/格式"选项卡"调整"组中【删除背景】按钮。

(2)进入图片编辑状态,拖动矩形边框四周上的控制点,选定最终要保留的图片区域。

(3)单击"背景清除"选项卡"关闭"组中的【保留更改】按钮,或直接单击图片范围以外的区域,即可去除图片背景并保留矩形圈起的部分。

如果希望不删除图片背景并返回图片原始状态,单击"背景清除"选项卡"关闭"组中的【放弃所有更改】按钮。

如果希望更灵活地控制要去除背景而保留下来的图片区域,可以使用以下几个工具:

- 【标记要保留的区域】按钮:指定额外的要保留下来的图片区域。
- 【标记要删除的区域】按钮:指定额外的要删除的图片区域。
- 【删除标记】按钮:可以删除以上两种操作中标记的区域。

3.8 网络应用

本节通过制作发布"Word 2016 新功能介绍"博文实例，主要介绍了创建博客、发布博文、创建超链接、邮件合并等方法。

3.8.1 发布博文

$\xrightarrow{单击}$【文件】按钮 $\xrightarrow{单击}$"共享"按钮 $\xrightarrow{单击}$【发布至博客】按钮 $\xrightarrow{注册}$ 个人账户 $\xrightarrow{输入}$ 博客内容 $\xrightarrow{选择}$"博客文章"选项卡 $\xrightarrow{选择}$"博客"组 $\xrightarrow{单击}$

【发布】按钮 $\xrightarrow{选择}$ "发布"命令 / "发布到草稿"命令

3.8.2 超链接

1. 插入超链接

$\xrightarrow{选择}$ 要作为超链接显示的文本或图形 $\xrightarrow{单击}$"插入"选项卡 $\xrightarrow{单击}$【超链接】按钮 $\xrightarrow{设置}$ 链接目标的位置和名称 $\xrightarrow{单击}$【确定】按钮

2. 编辑超链接

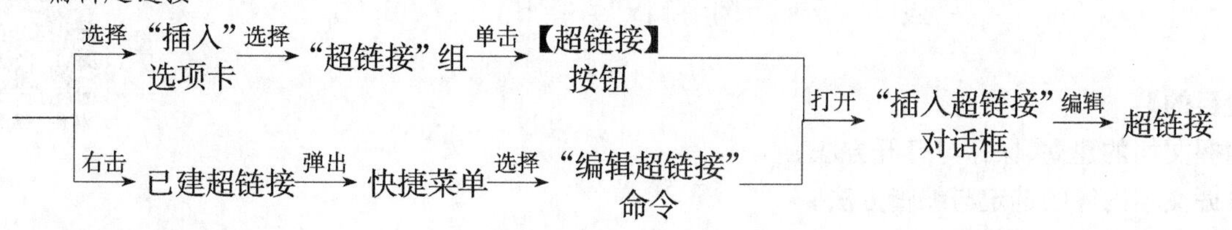

3. 删除超链接

(1)使用命令删除。

$\xrightarrow{单击}$【文件】按钮 $\xrightarrow{选择}$"选项"命令 $\xrightarrow{打开}$"Word 选项"对话框 $\xrightarrow{选择}$"校对"选项卡 $\xrightarrow{单击}$【自动更正】按钮 $\xrightarrow{选择}$ 键入时自动套用格式 $\xrightarrow{取消}$ Internet 及网络路径替换为超链接 $\xrightarrow{单击}$【确定】按钮 $\xrightarrow{返回}$"Word 选项"对话框 $\xrightarrow{单击}$【确定】按钮

(2)使用快捷键删除。

首先用【Ctrl＋A】快捷键全选文档内容，然后按【Ctrl＋Shift＋F9】快捷键取消超链接。

3.8.3 邮件合并

1. 邮件合并要素

(1)建立主文档。主文档是指包括需进行邮件合并文档中通用的内容，主文档的建立过程，即是普通 Word 文档的建立过程。

(2)准备数据源。一般情况下，使用邮件合并功能都基于已有相关数据源的基础上，如 Excel 表格、Outlook 联系人或者 Access 数据库，也可以创建一个新的数据表作为数据源。

(3)邮件合并形式。

单击"邮件"选项卡"完成"组中的"完成并合并"按钮，在下拉列表中的选项可以决定合并后文档的输出方式，合并完成的文档份数取决于数据表中记录的条数。

2. 邮件合并操作

$\xrightarrow{单击}$"邮件合并"选项卡 $\xrightarrow{选择}$"开始邮件合并"组 $\xrightarrow{单击}$【开始邮件合并】按钮 $\xrightarrow{选择}$"邮件合并分步向导"命令 $\xrightarrow{选择文档类型}$ 选中"信函"复选框

$\xrightarrow{单击}$ 下一步 $\xrightarrow{选择开始文档}$ 选中"使用当前文档"单选按钮 $\xrightarrow{单击}$ 下一步 $\xrightarrow{选择收件人}$ 选中"键入新列表"单选按钮 $\xrightarrow{选择}$"创建"命令 $\xrightarrow{打开}$

"新建地址列表"对话框 →单击→ 【确定】按钮 →打开→ "保存到通讯录"对话框 →命名并单击→ 【确定】按钮 →打开→ "邮件合并收件人"对话框 →单击→ 【确定】按钮

→单击→ 下一步 →选取目录→ 选择"地址块"命令 →打开→ 打开"插入地址块"对话框 →选取→ 指定地址元素 →单击→ 【确定】按钮 →添加→ 相关信息 →预览目录→

查看、排除、编辑、查找收件人信息 →单击→ 下一步 →选择→ 打印文档 / 编辑单个文档 / 发送电子邮件 — 完成合并

3.8.4 技能拓展

利用 Web 页整理图片：

当需要将一个文档中的所有图片单独整理出来放在一个文件夹时，我们可以将当前文档另存为"Web 页"，此时，在桌面上会显示出一个扩展名为". files"的文件夹，该文件夹中存放的就是原文档中所有的图片。使用此方法可以快速处理文档中图片的整理工作。

实验环节

实验 1　制作陈静仪同学的个人简历

制作个人简历

【实验目的】

(1)掌握文档的建立、保存与打开方法。

(2)掌握文本内容的选定与编辑方法。

(3)掌握文档的排版、页面设置方法。

(4)掌握表格的创建、格式化方法。

(5)掌握插入图形文件方法。

(6)掌握图文混排方法。

【实验内容】

(1)使用模板创建文档，并进行页面设置。

(2)插入封面模板并设置格式。

(3)输入具体内容，要求附带本人上学期的成绩单。

(4)选择图片素材，实现图文混排。

【实验步骤】

(1)单击"插入"选项卡"页面"组中的【封面】按钮，选择"瓷砖"样式。在封面上输入内容，并进行格式设置。

(2)将准备好的图片素材进行剪裁、设置版式及样式，与封面图片组合。

(3)单击【文件】按钮，在导航栏中选择"新建"命令，在"Office. com"区域选择个人简历样式，单击【下载】按钮。

(4)输入简历内容，并插入成绩单表格。在表格中插入表格可以使用"复制""粘贴"命令，在"粘贴"的时候，有四种粘贴方式，如图 3-1 所示。

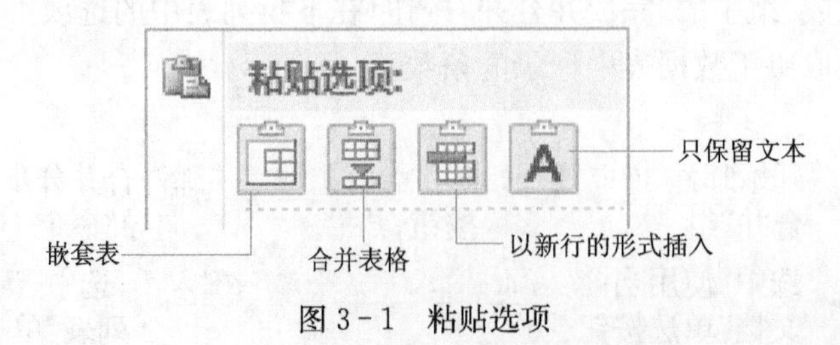

图 3-1　粘贴选项

①嵌套表:以嵌套的形式插入到表格中。

②合并表格:以合并的形式插入到表格中。

③以新行的形式插入:另起一行插入到表格中。

④只保留文本:去掉要插入表格的格式,以文本的形式插入到表格中。

【实验结果】

完成实验后的效果图如图3-2所示。

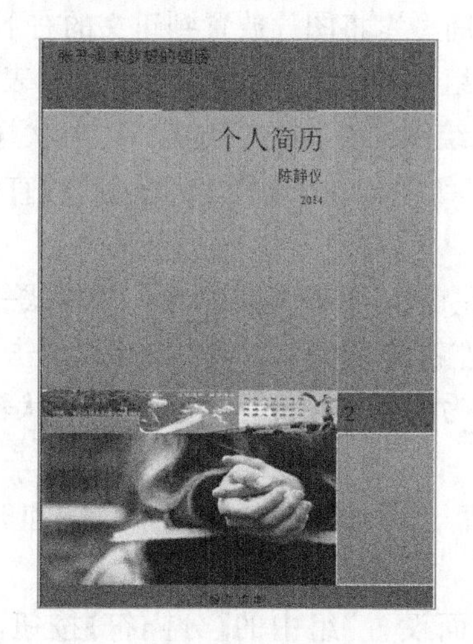

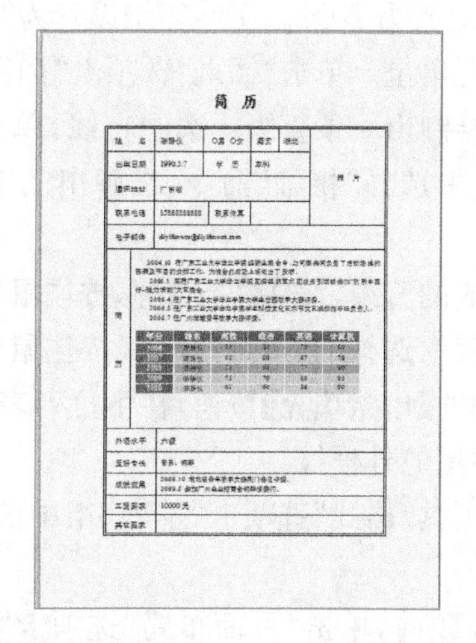

图3-2 实验1效果图

实验2 编辑“中国经济发展回顾”

【实验目的】

(1)掌握文档的建立、保存与打开方法。

(2)掌握页眉页脚的编辑方法。

(3)掌握文档的排版、页面设置方法。

(4)掌握表格的创建、格式化方法。

(5)掌握绘制图形的方法。

编辑“中国经济发展回顾”

【实验内容】

(1)打开素材文档,设置参数。标题:黑体小一号字,红色加粗,居中显示,单倍行距;副标题:宋体四号,左对齐,单倍行距;正文:仿宋小四号字,黑色,两端对齐,单倍行距;首行缩进2字符。

(2)插入页眉页脚,设置参数。页眉为“伟大复兴”,并在右侧插入一张龙的图片。页脚插入页码。

(3)使用分隔符,将第二页文字方向设置为“横向”。

(4)编辑表格,输入部分数据。

(5)绘制图形文件,与文本排版。

【实验步骤】

(1)打开素材文件。

(2)选中标题,单击“开始”选项卡,选择“字体”组,按要求分别设置字体、字号、颜色、加粗效果。选择“段落”组,设置对齐方式、行距。用同样的方法将副标题和正文内容进行编辑。

(3)单击“插入”选项卡“页眉和页脚”组中的【页眉】按钮,在下拉列表中选择“空白页眉”,输入页眉内容,将其左对齐。单击“页眉和页脚工具/设计”选项卡“插入”组中的【图片】按钮,将“素材1.png”插入到页眉中,调整大小。

(4)选中图片，单击“图片工具/格式”选项卡“排列”组中的【环绕文字】按钮，在下拉列表中选择“浮于文字上方”的环绕方式，将图片设置到文档的右上角。

(5)单击“页眉和页脚工具/设计”选项卡“页眉和页脚”组中的【页码】的列表中选择“页面底端”命令的普通数字，完成插入页码。

(6)单击“图片”选项卡“插图”组中的【图片】按钮，将“素材 2.jpg”插入到文档中。选中插入的图片，单击“图片工具/格式”选项卡“大小”组中的【高级板式:大小】按钮，打开“布局”对话框，取消锁定纵横比，将高度缩放为 25%，宽度缩放为 20%。文字环绕设置为“四周型”，将图片放置到正文的右下部。

(7)绘制直线和五角星。单击“插入”选项卡“插图”组中的【形状】按钮，在下拉列表中选择“直线”命令，按住鼠标左键拖动，绘制出一条直线。选中直线，单击“绘图工具/格式”选项卡“形状样式”组中的【形状轮廓】按钮，在下拉列表中选择“粗细”命令，在弹出的下一级菜单中，选择“2.25 磅”的直线，并将颜色设置为红色。

(8)选中设置完成的直线，按住【Ctrl】键，按住鼠标左键拖动，快速复制出一条格式一样的直线。

(9)在“形状”列表中选择“五角星”样式，按住鼠标左键拖动绘制。选中图形，单击“绘图工具/格式”选项卡“形状样式”组中的【形状填充】按钮，在下拉列表中为五角星填充“红色”，在“形状轮廓”列表中选择“无轮廓”命令，去掉五角星的外框线。

(10)单击“绘图工具/格式”选项卡“排列”组中的【组合对象】按钮，将两条直线和五角星按照要求组合成一张图片。

(11)在表格的标题前，单击“页面布局”选项卡“页面设置”组中的【分隔符】按钮，在下拉列表中选择“下一页”命令，此时，光标在第二页的页头。单击“纸张方向”命令，将纸张调整为“横向”，完成不同页插入。

(12)在第一列后插入两列。

(13)使用“表格工具/布局”选项卡中的“合并单元格”命令将表格中 A1、A2，B1、C1，D1、E1，F1、G1，H1、I1，J1、K1 分别进行合并单元格处理。

(14)设置斜线表头。选中表格，单击“表格工具/布局”选项卡“绘图”组中的【绘制表格】按钮，绘制斜线表头。

(15)补充表格数据，对表格内文字按要求进行格式设置。

【实验结果】

实验结果如图 3-3 所示。

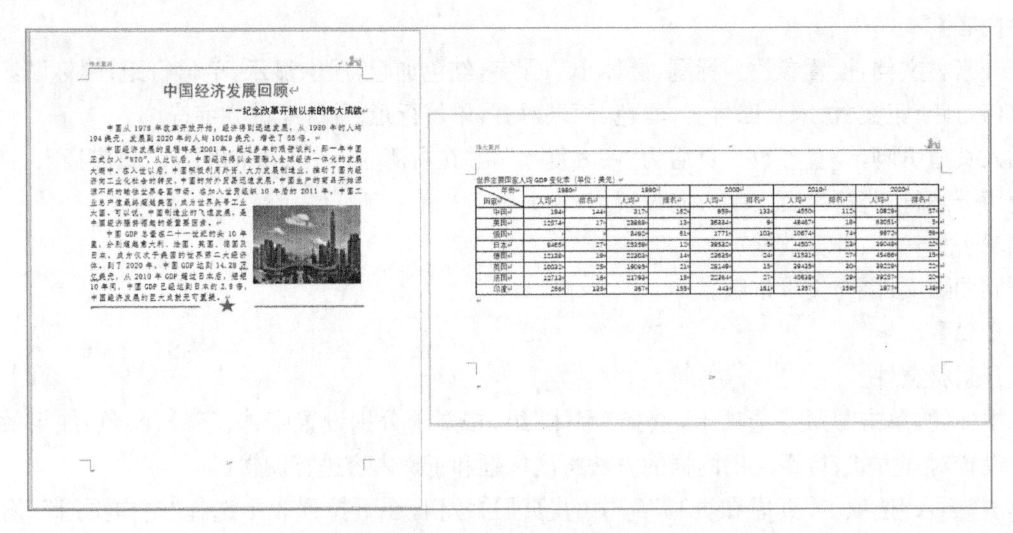

伟大复兴

中国经济发展回顾

——纪念改革开放以来的伟大成就

中国从 1978 年改革开放开始，经济得到迅速发展，从 1980 年的人均 194 美元，发展到 2020 年的人均 10829 美元，增长了 55 倍。

中国经济发展的里程碑是 2001 年，经过多年的艰苦谈判，那一年中国正式加入“WTO”，从此以后，中国经济得以全面融入全球经济一体化的发展大潮中。在入世以后，中国积极利用外资，大力发展制造业，推动了国内经济向工业化社会的转变，中国的对外贸易迅速发展，中国生产的商品开始源源不断的输往世界各国市场。在加入世贸组织 10 年后的 2011 年，中国工业总产值最终超越美国，成为世界头号工业大国，可以说，中国制造业的飞速发展，是中国经济腾飞崛起的重要原因。

中国 GDP 总量在二十一世纪的头 10 年里，分别超越意大利、法国、英国、德国及日本，成为仅次于美国的世界第二大经济体。到了 2020 年，中国 GDP 达到 14.28 万亿美元，从 2010 年 GDP 超过日本后，短短 10 年间，中国 GDP 已经达到日本的 2.8 倍，中国经济发展的巨大成就无可置疑。

伟大复兴

世界主要国家人均 GDP 变化表（单位：美元）

年份 / 国家	1980		1990		2000		2010		2020	
	人均	排名	人均	排名	人均	排名	人均	排名	人均	排名
中国	194	144	317	162	959	133	4550	112	10829	57
美国	12574	17	23888	13	36334	9	48467	18	63051	5
俄国			3492	81	1771	103	10674	74	9972	58
日本	9465	27	25259	12	38532	5	44507	22	39048	22
德国	12138	19	22303	14	23635	24	41531	27	45466	15
英国	10032	25	19095	21	28149	15	39435	20	39229	23
法国	12713	18	21793	19	22364	27	40638	29	39257	20
印度	266	125	367	155	443	161	1357	159	1877	148

图 3-3　实验 2 效果图

测试练习

习　题　3

一、选择题

1. 设置字符格式的操作为(　　)。

A.“开始”选项卡中的相关图标　　B.“视图”选项卡中的相关图标

C.“插入”选项卡中的相关图标　　D.“布局”选项卡中的相关图标

2. 在文档打印时,若“打印页码范围”中的内容是4-10、16、20、则表示能够打印(　　)。

A. 第4页,第10页,第16页,第20页　　B. 第4～10页,第16～20页

C. 第4～10页,第16页,第20页　　D. 第4页,第10页,第16～20页

3. 在使用Word 2016进行文字编辑时,下面叙述中(　　)是错误的。

A. Word 2016可将正在编辑的文档另存为一个纯文本(TXT)文件

B. 使用“文件”菜单中的“打开”命令可以打开一个已存在的Word文档

C. 打印预览时,打印机必须是已经开启的

D. Word 2016允许同时打开多个文档

4. 段落对齐的设置:两端对齐使用的快捷键是(　　);左对齐使用的快捷键是(　　);右对齐使用的快捷键是(　　);居中对齐使用的快捷键是(　　)。

A.【Ctrl+L】　B.【Ctrl+R】　C.【Ctrl+J】　D.【Ctrl+E】

5. 要删除单元格正确的是(　　)。

A. 选中要删除的单元格,按【Delete】键

B. 选中要删除的单元格,按【剪切】按钮

C. 选中要删除的单元格,使用【Shift+Delete】快捷键

D. 选中要删除的单元格,使用快捷菜单中的“删除单元格”命令

6. 在文档中每一页都要出现的相同的内容,此时所进行的设置都应放在(　　)中。

A. 文本　B. 图文框　C. 页眉页脚　D. 页码头

7. 能显示页眉和页脚的方式是(　　)。

A. 普通视图　　B. 页面视图

C. 大纲视图　　D. 全屏幕视图

8. 如果要在页眉区放置不同的内容,下列说法中错误的是(　　)。

A. 不可以这样做　　B. 使用页面设置中的首页不同

C. 使用页面设置中的奇偶页不同　　D. 分节处理

9. Word 2016在编辑一个文档完毕后,要想知道它打印后的结果,可使用(　　)功能。

A. 打印预览　B. 模拟打印　C. 提前打印　D. 屏幕打印

10. 如果文档中的内容在一页没满的情况下需要强制换页,则可采取的操作是(　　)。

A. 不可以这样做　　B. 插入分页符

C. 多按几次【Enter】键直到出现下一页　　D. 一直按空格键

11. 在操作过程中,如果对以前所做的工作不满意,可以(　　)。

A. 利用选项组中的“剪贴”命令　　B. 利用选项组中的“复制”命令

C. 利用选项组中的“撤销”命令　　D. 利用选项组中的“粘贴”命令

12. 在Word 2016中,要选定某个自然段,可以将鼠标指针移动到该段的选择区,(　　)即可。

A. 单击　B. 双击　C. 拖动　D. 手形

13. 将插入点定位于句子“飞流直下三千尺”中的“直”与“下”之间，按一下【Delete】键，则该句子(　　)

A. 变为“飞流下三千尺”　　B. 变为“飞流直三千尺”

C. 整句被删除　　D. 不变

14. 新建 Word 2016 文档的快捷键是(　　)

A.【Ctrl+N】　　B.【Ctrl+O】　　C.【Ctrl+C】　　D.【Ctrl+S】

15. 在 Word 2016 中，“字体”选项组中标有“B”字母按钮的作用是使选定对象(　　)。

A. 加粗　　B. 倾斜　　C. 加下画线　　D. 加波浪线

16. 在 Word 2016 中，“字体”选项组中标有“U”字母按钮的作用是使选定对象(　　)。

A. 加粗　　B. 倾斜　　C. 加下画线　　D. 加波浪线

17. 在 Word 2016 中，对选定的段落、表单元格及图形四周加的线条称为(　　)。

A. 底纹　　B. 文本框　　C. 边框　　D. 表格

18. 在 Word 2016 中，如果要调整行距，可以在(　　)组中设置。

A. 字体　　B. 制表符　　C. 段落　　D. 样式

19. 在 Word 2016 中，(　　)的作用是控制文档内容在页面中的位置。

A. 滚动条　　B. 标尺　　C. 控制框　　D. 最大化按钮

20. 图片的版式有(　　)种。

A. 3　　B. 4　　C. 5　　D. 6

21. 文本框有(　　)种排列方式。

A. 1　　B. 2　　C. 3　　D. 4

22. 下面对 Word 编辑功能的描述中，(　　)错误的。

A. Word 2016 可以开启多个文档编辑窗口

B. Word 2016 可以将多种格式的系统时期、时间插入到指点位置

C. Word 2016 可以插入多种类型的图形文件

D. 使用“开始”选项卡、剪贴板组中的【复制】按钮可将选中的对象复制到到插入点位置

23. 在 Word 2016 窗口的工作区中，闪烁的垂直条表示(　　)。

A. 鼠标位置　　B. 插入点　　C. 键盘位置　　D. 按钮位置

24. Word 2016 中，替换可以改变文字的(　　)。

A. 内容　　B. 字体格式　　C. 段落格式　　D. 以上都对

二、填空题

1. 启动 Word 2016 的方法是单击(　　)按钮，选择“所有程序”，单击“Microsoft Office”图表，在级联菜单中选择“Microsoft Office Word 2016”命令。

2. 第一次启动 Word 2016 后系统自动建立一空白文档名为(　　)。

3. 选定内容后，单击【剪切】按钮，则被并送到(　　)上。

4. 如输入时有错，可按(　　)键删除插入点右边的一个字符，按(　　)键删除插入点左边的一个字符，按(　　)键进行插入状态和改写状态切换。

5. 为了保存文档，需要对输入的文档给定文件名并存盘保存。其方法是选择(　　)菜单的(　　)命令。

6. 关闭文档常用的方法有以下三种：单击菜单栏右侧(　　)按钮；双击菜单栏左侧“窗口控制”图标；选择(　　)菜单下的“关闭”命令。

7. Word 2016 提供了几种不同的文档显示方式，称之为“视图”。包括“页面视图”、(　　)、“大纲视图”、(　　)、(　　)。

8. 当用户想对文档中的文本进行编辑和格式排版时，通常需要先将相应的文本选定，被选定的文本呈反白显示。选定文本有鼠标选定、(　　)选定和扩展选定，要取消选定的文本，只需将指针移到(　　)，单击或按方向键即可。

9. 将文档分左右两个版面的功能叫作(　　),将段落的第一个字放大突出显示的是(　　)功能。

10. 每段首行首字距页左边界的距离称为(　　),而从第二行开始,相对于第一行左侧的偏移量称为(　　)。

11. 字符格式的设置可以通过使用“开始”选项卡的(　　)组进行设置。

12. 在Word 2016中,可以很方便地为某段文字添加特殊的(　　)或进行编号,使文档更有层次感,易于阅读和理解。

13. 所谓(　　)就是将一段文本分成几栏,只有当前一栏填满后才移到下一栏,这种排版广泛应用于报纸、杂志等内容的编排,使版面更生动、更具有可读性。

14. 表格格式是通过“表格工具”的(　　)和(　　)进行设置的。

15. (　　)是将文字、表格、图形精确定位的有效工具。

16. 在打印文档之前,一般用户要对文档的总体版面进行设置,同时还要进行(　　)、页脚、页边距、纸型设置等文档排版工作,它将直接影响到文档的打印效果。

17. Word 2016表格由若干行、若干列组成,行和列交叉的地方称为(　　)。

18. 当执行了误操作后,可以单击(　　)按钮撤销当前操作,还可以从列表中执行多次撤销或恢复多次撤销的操作。

19. (　　)是指在邮件文档的固定内容中,合并与发送信息相关的一组通信资料,从而批量生成需要的邮件文档,提高工作效率。

20. 如果想让图片遮挡住部分文字,可以把图片的文字环绕方式设置为(　　)。

21. 如果几张图片相互遮挡时,想把最下面的图片放到最上边,可以将图片(　　)。

三、简答题

1. 简述Word 2016的功能。
2. 如何启动和退出Word 2016?
3. 简述Word 2016窗口组成。
4. 文档的显示方式有几种?其各自的适用情况是什么?
5. 如何插入艺术字?
6. 如何插入SmartArt图形并输入信息?
7. 如何进行分栏?
8. 如何在长文档中的第三页开始插入页码,并设置奇偶页页眉?
9. 如果要替换特殊符号,应如何操作?
10. 如何复制字符的格式?
11. 简述设置首字下沉的步骤。
12. 简述文本框的作用与建立文本框链接的步骤。
13. 如何使用项目符号和编号?
14. 简述表格的建立过程。
15. 如何由表格生成图表?
16. 表格和文字如何相互转换?
17. 如何为表格设置边框和底纹?
18. 如何进行表格的合并和拆分?
19. 如何将文本转换成表格?

第 4 章　Excel 2016 电子表格

本章介绍了 Excel 2016 的相关概念和操作方法，包括工作表的基本操作、函数和公式的使用方法以及数据管理、图表创建和工作表打印等方面的操作方法。通过本章的学习，使读者熟练掌握 Excel 2016 的基本操作方法，掌握数据和图表处理、数据管理和网络应用方法。

知识体系

本章知识体系结构：

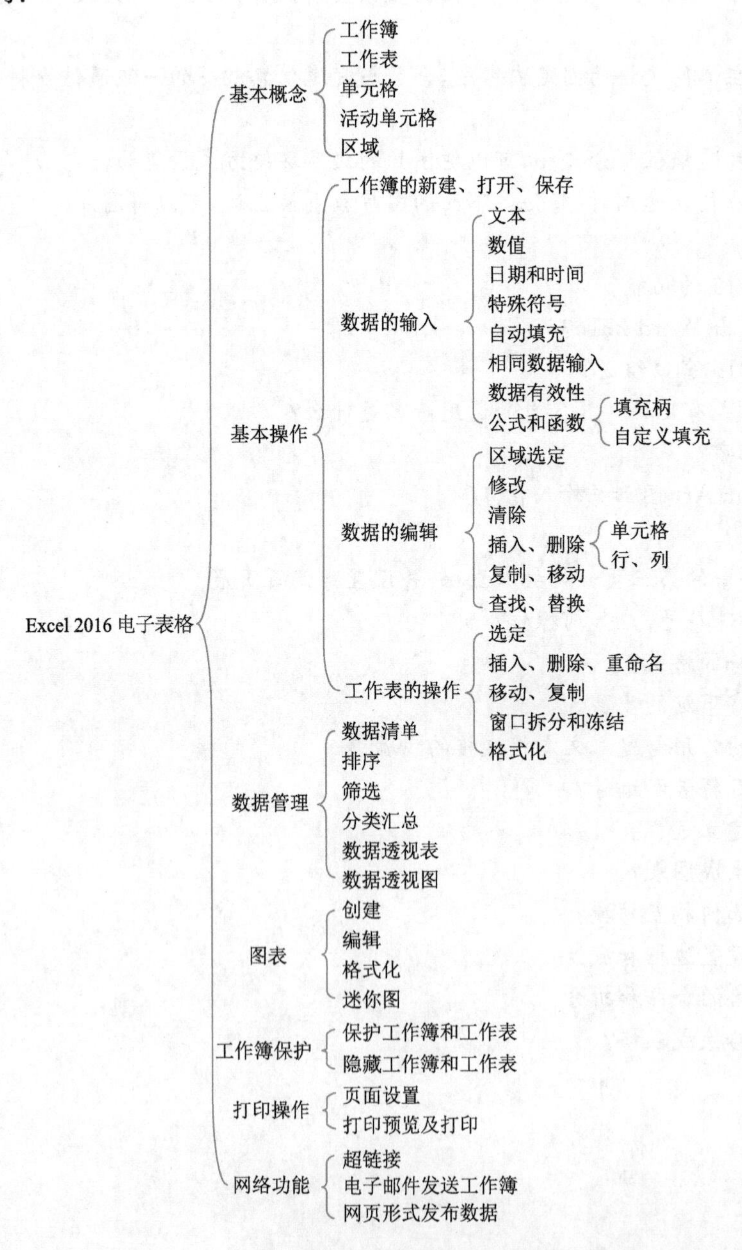

本章重点：工作簿、工作表、单元格、活动单元格、相对地址、绝对地址的基本概念，数据的输入，公式和函数的使用方法，数据管理，图表。

本章难点：公式和函数的使用方法、数据筛选、分类汇总及数据透视表。

学习纲要

4.1 Excel 2016 基本知识

本节主要介绍了 Excel 2016 的窗口组成及基本概念。

4.1.1 Excel 2016 窗口

启动 Excel 2016 后，即打开 Excel 2016 窗口。窗口是 Excel 的工作界面，主要由快速访问工具栏、工作区、工作表标签、名称框、编辑栏、工作区、单元格等组成。

4.1.2 基本概念

1. 工作簿

工作簿是一个 Excel 2016 建立的文件，其默认扩展名为“. xlsx”。

2. 工作表

工作簿中的每一张表称为一个工作表，工作表的名字在工作表标签上显示。每张工作表可由 1 048 576 行和 16 384 列组成。

3. 单元格

工作表中行、列交叉构成的小方格称作单元格，每个单元格都有其固定地址，单元格的地址通过列号和行号表示。

4. 活动单元格

单击某单元格时，单元格边框线变粗，此单元格即为活动单元格，活动单元格在当前工作表中有且仅有一个。

5. 区域

区域是指一组单元格，可以是连续的，也可以是非连续的。

4.2 Excel 2016 基本操作

本节通过制作“工资”工作簿实例，主要介绍了工作簿的创建与保存、数据的输入与编辑等内容。

4.2.1 工作簿的新建、保存与打开

1. 工作簿的建立

(1)启动 Excel 2016 时，系统自动生成一个名为“工作簿 1”的新工作簿。

(2) $\xrightarrow{\text{单击}}$【文件】按钮 $\xrightarrow{\text{选择}}$【新建】命令 $\xrightarrow{\text{单击}}$ { “空白工作簿”图标；“Office. com 模板”区域所需图标，在线选择模板 $\xrightarrow{\text{单击}}$【下载】按钮 }

2. 工作簿的打开

打开工作簿的方法如下：

(1) $\xrightarrow{\text{单击}}$【文件】按钮 $\xrightarrow{\text{选择}}$“打开”命令 $\xrightarrow{\text{选择}}$ 要打开的工作簿 $\xrightarrow{\text{单击}}$【打开】按钮

(2)单击快速访问栏中【打开】按钮，在弹出的“打开”对话框中选择要打开的工作簿，然后单击【打开】按钮。

(3)双击已建立的工作簿文件，打开工作簿。

3. 工作簿的保存

(1)保存工作簿。保存工作簿的方法如下：

- 单击【文件】按钮，在导航栏中选择“保存”命令。
- 单击快速访问工具栏中的【保存】按钮。

(2)另存为工作簿。

$\xrightarrow{\text{单击}}$【文件】按钮 $\xrightarrow{\text{选择}}$“另存为”命令 $\xrightarrow{\text{输入}}$ 文件名 $\xrightarrow{\text{单击}}$【保存】按钮

(3)自动保存工作簿。

$\xrightarrow{\text{单击}}$【文件】按钮 $\xrightarrow{\text{选择}}$“选项”命令 $\xrightarrow{\text{选择}}$“保存”选项卡 $\xrightarrow{\text{设置}}$ 保存自动恢复信息时间间隔 $\xrightarrow{\text{单击}}$【确定】按钮

4.2.2 单元格定位

在数据输入之前，首先需要定位单元格，使要输入数据的单元格成为活动单元格。

1. 直接定位

单击单元格或使用键盘上的方向键移动到欲定位的单元格。

2. 利用地址定位

在“名称框”中直接输入单元格地址，即可定位该单元格。

3. 使用菜单定位

$\xrightarrow{\text{单击}}$“开始”选项卡 $\xrightarrow{\text{单击}}$“编辑”组【查找和选择】按钮 $\xrightarrow{\text{选择}}$【转到】命令 $\xrightarrow{\text{设置}}$ 定位的单元格地址、条件 $\xrightarrow{\text{单击}}$【确定】按钮

4.2.3 数据输入

1. 输入文本

在 Excel 2016 中，文本可以是数字、空格和非数字字符及它们的组合。

2. 输入数值

数值数据除了数字 0～9 外，还包括＋、－、E、e、$、/、%等字符。

3. 输入日期和时间

输入日期，可用斜杠(/)或减号(－)分隔日期的年、月、日。

输入时间，按：“××时：××分”的格式。

4. 输入特殊符号

在 Excel 2016 中可以输入“℃”“☆”“‰”等特殊符号。

$\xrightarrow{\text{定位}}$ 单元格 $\xrightarrow{\text{单击}}$“插入”选项卡 $\xrightarrow{\text{单击}}$“符号”组【符号】按钮 $\xrightarrow{\text{选择}}$ 符号 $\xrightarrow{\text{单击}}$【插入】按钮 $\xrightarrow{\text{单击}}$【关闭】按钮

5. 自动填充数据

如果输入有规律的数据，可以考虑使用 Excel 2016 自动填充功能。

(1)使用填充柄。选中单元格右下角的填充句柄并拖动，以实现单元格数据的快速填充。

(2)产生序列。

$\xrightarrow{\text{定位}}$ 单元格 $\xrightarrow{\text{输入}}$ 初值 $\xrightarrow{\text{单击}}$“开始”选项卡 $\xrightarrow{\text{单击}}$“编辑”组【填充】按钮 $\xrightarrow{\text{选择}}$“系列”命令 $\xrightarrow{\text{设置}}$ 序列产生的位置、类型、步长值、终止值等项目 $\xrightarrow{\text{单击}}$【确定】按钮

(3)添加“自定义序列”。

$\xrightarrow{\text{单击}}$【文件】按钮 $\xrightarrow{\text{选择}}$“选项”命令 $\xrightarrow{\text{选择}}$“高级”选项卡 $\xrightarrow{\text{单击}}$【编辑自定义列表】按钮 $\xrightarrow{\text{输入}}$ 新的序列 $\xrightarrow{\text{单击}}$【添加】按钮 $\xrightarrow{\text{单击}}$【确定】按钮

6. 多个单元格相同数据的输入

$\xrightarrow{\text{按住}}$【Ctrl】键 $\xrightarrow{\text{单击}}$ 同数据单元格 $\xrightarrow{\text{定位}}$ 最后单元格 $\xrightarrow{\text{输入}}$ 数据 $\xrightarrow{\text{按}}$【Ctrl+Enter】键

7. 数据有效性

$\xrightarrow{\text{定位}}$ 单元格 $\xrightarrow{\text{单击}}$ “公式”选项卡 $\xrightarrow{\text{单击}}$ “数据”组【数据有效性】按钮 $\xrightarrow{\text{设置}}$ 相应的有效性 $\xrightarrow{\text{设置}}$【确定】按钮

4.2.4 数据编辑

1. 区域的选定

在 Excel 2016 中可以实现连续区域、不连续区域、行或列和全部单元格的选定。

2. 数据的修改

单击单元格使其成为活动单元格，然后在编辑栏中编辑修改单元格数据；或双击单元格，直接在单元格内进行编辑修改。

3. 数据的清除

选定欲删除内容的单元格或区域，单击“编辑”菜单，选择“清除”级联菜单下的“内容”命令，或用【Delete】、【Backspace】键。

注意：清除单元格数据只是对选定单元格区域中的内容加以清除，而不会影响表格的结构。

4. 单元格、行、列的插入或删除

在工作表中进行插入或删除单元格时，会发生相邻单元格的移动，即地址变化。

(1)单元格、行、列的插入。

$\xrightarrow{\text{选定}}$ 插入位置 $\xrightarrow{\text{单击}}$ “开始”选项卡 $\xrightarrow{\text{单击}}$ “单元格”组中的【插入】按钮 $\xrightarrow{\text{选择}}$ 插入方式 $\xrightarrow{\text{单击}}$【确定】按钮

(2)单元格、行、列、区域的删除。

$\xrightarrow{\text{选定}}$ 单元格、行、列、区域 $\xrightarrow{\text{单击}}$ “开始”选项卡 $\xrightarrow{\text{单击}}$ “单元格”组中的【删除】按钮 $\xrightarrow{\text{选择}}$ 删除方式 $\xrightarrow{\text{单击}}$【确定】按钮

删除活动单元格或单元格区域后，单元格及数据均消失，同行右侧的所有单元格(或区域)均左移，或同列下面的所有单元格均上移。

5. 数据的复制或移动

$\xrightarrow{\text{选择}}$ 区域 $\xrightarrow{\text{单击}}$ “开始”选项卡 $\xrightarrow{\text{单击}}$ “剪贴板”组【复制】(【剪切】)按钮 $\xrightarrow{\text{定位}}$ 插入点 $\xrightarrow{\text{单击}}$ “剪贴板”组 $\xrightarrow{\text{单击}}$【粘贴】按钮

6. 查找与替换

用查找功能可快速在表格中定位到要查找的内容，替换功能则可对表格中多处出现的同一内容进行修改，查找和替换功能可以交互使用。

(1)查找。

$\xrightarrow{\text{选定}}$ 查找区域 $\xrightarrow{\text{单击}}$ “开始”选项卡 $\xrightarrow{\text{单击}}$ “编辑”组【查找和选择】按钮 $\xrightarrow{\text{选择}}$ “查找”命令 $\xrightarrow{\text{输入}}$ 查找内容、搜索方式与搜索范围 $\xrightarrow{\text{单击}}$【查找下一个】按钮

(2)替换。

$\xrightarrow{\text{选定}}$ 替换区域 $\xrightarrow{\text{单击}}$ “开始”选项卡 $\xrightarrow{\text{单击}}$ “编辑”组【查找和选择】按钮 $\xrightarrow{\text{选择}}$ “替换”命令 $\xrightarrow{\text{输入}}$ 查找及替换内容 $\xrightarrow{\text{单击}}$【替换】按钮

4.2.5 技能拓展

利用填充柄进行格式设置：

例如，要设置表格区域中隔行背景相同(第1行和第2行已设置为不同的格式)，其操作方法如下：

(1)选择第1行和第2行数据单元格区域。

(2)拖动填充柄至数据区域底部,单击填充选项按钮,在下拉列表中选中“仅填充格式”单选按钮即可。

4.3 公式和函数

本节通过对“工资”工作簿中数据的计算与统计实例,主要介绍了公式和函数的基本概念和使用方法等内容。

4.3.1 公式

Excel 2016 中的公式以等号开头,使用运算符号将各种数据、函数、区域、地址连接起来,用于对工作表中的数据进行计算或文本进行比较操作的表达式。

1. 运算符

Excel 2016 公式中可使用的运算符号有算术运算符、比较运算符、连接运算符、引用运算符。如果在公式中同时包含了多个相同优先级的运算符,Excel 2016 将按照从左到右的顺序进行计算,若要更改运算的次序,就要使用“()”把需要优先运算的部分括起来。

2. 建立公式

公式可以在选定的单元格内直接输入,在输入公式之前输入“=”;也可以通过编辑栏输入,在输入公式之前输入“=”,或单击编辑栏中的“=”按钮,输入公式,按【Enter】键,或单击编辑栏中的“√”按钮结束输入。

3. 引用

引用的作用在于标识工作表上的单元格或单元格区域,并指明公式中所使用的数据的位置。引用分为相对引用、绝对引用和混合引用。

4.3.2 函数

函数语法为:函数名(参数 1,参数 2,参数 3,…)。

1. 函数的操作方法

$\xrightarrow{\text{选定}}$ 单元格 $\xrightarrow{\text{单击}}$ “公式”选项卡 $\xrightarrow{\text{单击}}$ 【插入函数】按钮 $\xrightarrow{\text{选择}}$ 函数类别、函数名 $\xrightarrow{\text{单击}}$ 【确定】按钮 $\xrightarrow{\text{输入}}$ 各参数的值 $\xrightarrow{\text{单击}}$ 【确定】按钮

2. Excel 2016 常用的函数

Excel2016 常用的函数有 SUM()、AVERAGE ()、MAX()、MIN()、COUNT()、ROUNT()、INT()、IF()、ABS()、RANK()、COUNTIF()、SUMIF()等。

4.3.3 技能拓展

用函数生成随机编号:

在 Excel 2016 中录入数据时,有时需要快速录入一定范围内的随机数,可以使用 RANDBETWEEN()函数。

函数格式:RANDBETWEEN(Bottom, Top),其中,Bottom 为产生随机数的最小值,Top 为产生随机数的最大值。如要产生 6 位的随机数,在单元格内输入公式“=RANDBETWEEN(100000,999999)”即可。

4.4 工作表操作

本节通过对“员工工资表”的操作实例,主要介绍了工作表的选定、基本操作,窗口拆分和冻结,以及格式化工作表等内容。

4.4.1 工作表选定

选定工作表的操作有选定一个工作表、选定多个相邻的工作表、选定多个不相邻的工作表。

1. 选定一个工作表

方法:单击要选择的工作表标签。

2. 选定多个相邻的工作表

方法:单击要选定的多个工作表中的第一个工作表,然后按住【Shift】键并单击要选定的最后一个工作表标签。

3. 选定多个不相邻的工作表

方法:按住【Ctrl】键并单击每一个要选定的工作表。

要取消对工作表的选定,只需要单击任意一个未选定的工作表标签或右击工作表标签,在弹出的快捷菜单中选择“取消组合工作表”命令即可。

4.4.2 工作表基本操作

1. 插入工作表

(1) $\xrightarrow{\text{单击}}$ 工作表标签 $\xrightarrow{\text{右击}}$ “插入”命令 $\xrightarrow{\text{选择}}$ “工作表”图标

(2) $\xrightarrow{\text{单击}}$ “开始”选项卡 $\xrightarrow{\text{单击}}$ “单元格”组【插入】按钮 $\xrightarrow{\text{选择}}$ “插入工作表”命令

2. 删除工作表

$\xrightarrow{\text{右击}}$ 欲删除的工作表标签 $\xrightarrow{\text{选择}}$ “删除”命令

或者

$\xrightarrow{\text{单击}}$ “开始”选项卡 $\xrightarrow{\text{单击}}$ “单元格”组【删除】按钮 $\xrightarrow{\text{选择}}$ “删除工作表”命令

3. 工作表重命名

(1) $\xrightarrow{\text{双击}}$ 工作表标签 $\xrightarrow{\text{输入}}$ 新工作表名

(2) $\xrightarrow{\text{右击}}$ 工作表标签 $\xrightarrow{\text{选择}}$ “重命名”命令 $\xrightarrow{\text{输入}}$ 新工作表名

(3) $\xrightarrow{\text{单击}}$ “开始”选项卡 $\xrightarrow{\text{单击}}$ “单元格”组【格式】按钮 $\xrightarrow{\text{选择}}$ 重命名工作表 $\xrightarrow{\text{输入}}$ 新工作表名

4. 工作表的移动和复制

(1)同一工作簿内的移动(或复制)。

①单击要移动(或复制)的工作表标签,沿着标签行水平拖动(或按住【Ctrl】键拖动)工作表标签到目标位置。

② $\xrightarrow{\text{右击}}$ 欲操作工作表标签 $\xrightarrow{\text{选择}}$ “移动或复制工作表”命令 $\xrightarrow{\text{选择}}$ 目的工作簿 $\xrightarrow{\text{定位}}$ 欲插入工作表位置 $\xrightarrow{\text{单击}}$【确定】按钮

(2)不同工作簿之间的移动或复制。

$\xrightarrow{\text{右击}}$ 欲操作的工作表标签 $\xrightarrow{\text{选择}}$ “移动或复制工作表”命令 $\xrightarrow{\text{设置}}$ 新位置及“建立副本”选项 $\xrightarrow{\text{单击}}$【确定】按钮

4.4.3 窗口拆分和冻结

1. 窗口的拆分

拆分有两种方法:

(1) $\xrightarrow{\text{选定}}$ 拆分位置 $\xrightarrow{\text{单击}}$ “视图”选项卡 $\xrightarrow{\text{单击}}$ “窗口”组中的【拆分】按钮

(2)拖动“水平分割条”可将窗口分成上下两个窗口,拖动“垂直分割条”可将窗口分为左右两个窗口。水平、垂直同时分割,最多可以拆分成4个窗口。

2. 窗口的冻结

$\xrightarrow{\text{选择}}$ 要冻结的窗口 $\xrightarrow{\text{单击}}$ “视图”选项卡 $\xrightarrow{\text{单击}}$ “窗口”组中的【冻结拆分窗口】按钮

• 如果冻结顶部水平窗格:选择冻结处的下一行。

• 如果冻结左侧垂直窗格:选择冻结处的右边一列。

• 如果冻结左上窗格:单击冻结区域外右下方的单元格。

4.4.4 格式化工作表

1. 字符格式化

$\xrightarrow{\text{右击}}$ 区域 $\xrightarrow{\text{选择}}$ “设置单元格格式”命令 $\xrightarrow{\text{选择}}$ “字体” 选项卡 $\xrightarrow{\text{设置}}$ 字符格式 $\xrightarrow{\text{单击}}$【确定】按钮

2. 数据格式的设置

$\xrightarrow{\text{右击}}$ 区域 $\xrightarrow{\text{选择}}$ “设置单元格格式”命令 $\xrightarrow{\text{单击}}$ “数字”选项卡 $\xrightarrow{\text{设置}}$ 数字 $\xrightarrow{\text{单击}}$【确定】按钮

如果设置完成后,单元格中显示的是“＃＃＃＃＃＃＃＃＃”,表明当前的宽度不够,此时应调整列宽到合适宽度即可正确显示。

3. 对齐方式

$\xrightarrow{\text{右击}}$ 区域 $\xrightarrow{\text{选择}}$ “设置单元格格式”命令 $\xrightarrow{\text{单击}}$ “对齐”选项卡 $\xrightarrow{\text{设置}}$ 对齐方式 $\xrightarrow{\text{单击}}$【确定】按钮

4. 边框的设置

$\xrightarrow{\text{右击}}$ 区域 $\xrightarrow{\text{选择}}$ “设置单元格格式”命令 $\xrightarrow{\text{单击}}$ “边框”选项卡 $\xrightarrow{\text{设置}}$ 边框样式 $\xrightarrow{\text{单击}}$【确定】按钮

5. 填充的设置

$\xrightarrow{\text{右击}}$ 区域 $\xrightarrow{\text{选择}}$【设置单元格格式】命令 $\xrightarrow{\text{单击}}$ “填充”选项卡 $\xrightarrow{\text{设置}}$ 颜色、图案 $\xrightarrow{\text{单击}}$【确定】按钮

6. 条件格式

$\xrightarrow{\text{单击}}$ “开始”选项卡 $\xrightarrow{\text{单击}}$ “样式”组【条件格式】按钮 $\xrightarrow{\text{选择}}$ 相应的命令 $\xrightarrow{\text{设置}}$ 相应条件的设置

4.5 数据管理

本节通过对“员工管理”工作表的数据管理操作,主要介绍了 Excel 2016 对数据进行排序、筛选、分类汇总以及创建数据透视表和数据透视图等内容。

4.5.1 数据清单

一个 Excel 数据清单是一种特殊的表格,是包含列标题的一组连续数据行的工作表。数据清单由两个部分构成,表结构和纯数据。

4.5.2 数据排序

1. 简单排序

$\xrightarrow{\text{选定}}$ 关键字所在的列 $\xrightarrow{\text{单击}}$ “数据”选项卡 $\xrightarrow{\text{单击}}$ “排序和筛选组”中【升序】或【降序】按钮

2. 复杂数据排序

$\xrightarrow{\text{选定}}$ 数据列表 $\xrightarrow{\text{单击}}$ “数据”选项卡 $\xrightarrow{\text{单击}}$ “排序和筛选”组【排序】按钮 $\xrightarrow{\text{设置}}$ 主、次关键字等 $\xrightarrow{\text{设置}}$ 升降方式 $\xrightarrow{\text{单击}}$【确定】按钮

4.5.3 数据筛选

1. 自动筛选

$\xrightarrow{\text{选定}}$ 数据列表 $\xrightarrow{\text{单击}}$ “数据”选项卡 $\xrightarrow{\text{单击}}$ “排序和筛选”组【筛选】按钮 $\xrightarrow{\text{设置}}$ 筛选方式 $\xrightarrow{\text{单击}}$【确定】按钮

2. 高级筛选

$\xrightarrow{\text{设定}}$ 筛选条件 $\xrightarrow{\text{单击}}$ “数据”选项卡 $\xrightarrow{\text{单击}}$ “排序和筛选”组【高级】按钮 $\xrightarrow{\text{设置}}$ 区域结果 $\xrightarrow{\text{单击}}$【确定】按钮

4.5.4 分类汇总

要注意的是在分类汇总前,首先必须对要分类的字段进行排序,否则分类无意义。

1. 简单汇总

$\xrightarrow{\text{选定}}$数据列表$\xrightarrow{\text{单击}}$“数据”选项卡$\xrightarrow{\text{单击}}$“分级显示”组【分类汇总】按钮$\xrightarrow{\text{设置}}$汇总方式等$\xrightarrow{\text{单击}}$【确定】按钮

2. 嵌套汇总

对同一字段进行多种方式的汇总，称为嵌套汇总。

4.5.5 数据透视表和数据透视图

1. 数据透视表

$\xrightarrow{\text{选定}}$数据区域$\xrightarrow{\text{单击}}$“插入”选项卡$\xrightarrow{\text{单击}}$“表格”组中的【数据透视表】按钮$\xrightarrow{\text{选择}}$要分析的数据和存储位置$\xrightarrow{\text{拖动字段}}$数据透视表显示位置、版式等$\xrightarrow{\text{单击}}$【关闭】按钮

2. 数据透视图

$\xrightarrow{\text{选定}}$数据区域$\xrightarrow{\text{单击}}$“插入”选项卡$\xrightarrow{\text{单击}}$“图表”组中的【数据透视图】按钮$\xrightarrow{\text{选择}}$【数据透视图】命令$\xrightarrow{\text{拖动}}$字段到相应的位置、图表类型$\xrightarrow{\text{单击}}$【关闭】按钮

4.5.6 技能拓展

自定义排序：

在对表格中的数据进行排序时，如果要按某个关键字中指定的内容顺序进行排列，可以使用自定义序列对数据进行排序，如将“职称”列按“教授”“副教授”“讲师”“助教”顺序进行排序，其操作步骤如下：

(1)选定要排序的数据区域。

(2)单击“数据”选项卡“排序和筛选”组中的【排序】按钮，打开“排序”对话框，在“列”窗格中的“主要关键字”下拉列表中选择“职称”，在“排序依据”窗格中的下拉列表中选择“数值”，在“次序”窗格中的下拉列表中选择“自定义序列”，弹出“自定义序列”对话框，在“输入序列”列表框中依次输入“教授”“副教授”“讲师”“助教”，单击【添加】按钮，单击【确定】按钮，再单击“排序”对话框的【确定】按钮即可。

4.6 图　　表

本节通过制作点折线图实例，主要介绍了图表的创建、编辑和格式化等内容。

4.6.1 图表类型

Excel 2016 提供了柱形图、条形图、折线图、饼图、股价图、散点图、面积图、曲面图、圆环图、雷达图、气泡图等基本图表类型，还新增了 Waterfall(瀑布流)、Histogram(柱状图)、Pareto、Box & Whisker、Treemap、Sunburst 图表类型。每种图表类型具有几种不同的变化(子图表类型)，创建图表时要根据数据的具体情况选择图表类型。

4.6.2 图表创建

$\xrightarrow{\text{选定}}$图表的数据源$\xrightarrow{\text{单击}}$“插入”选项卡$\xrightarrow{\text{单击}}$“图表”对话框启动器$\xrightarrow{\text{选择}}$图表类型$\xrightarrow{\text{单击}}$【确定】按钮

4.6.3 图表编辑

1. 图表区的操作

(1)图表区大小的设置。与 Word 中调整图片的大小方法相同。

(2)图表区对象的移动。选定操作对象，然后将鼠标指针指向该框的边缘，拖动到目标位置。或在“图表工具/设计”选项卡的“位置”组中，单击【移动图表】按钮，打开“移动图表”对话框，通过“选项”按钮选择图表所要放置的位置。

(3)图表区对象的删除。选定操作对象，直接按【Delete】键即可。

2. 图表类型的修改

$\xrightarrow{\text{选定}}$图表$\xrightarrow{\text{右击}}$图表区$\xrightarrow{\text{选择}}$“更改图表类型”命令$\xrightarrow{\text{设置}}$图表类型$\xrightarrow{\text{单击}}$【确定】按钮

3. 图表数据的修改

(1)向图表中添加数据。

$\xrightarrow{\text{单击}}$图表$\xrightarrow{\text{单击}}$“设计”选项卡$\xrightarrow{\text{单击}}$“数据”组【选择数据】按钮$\xrightarrow{\text{选择}}$数据源$\xrightarrow{\text{单击}}$【添加】按钮$\xrightarrow{\text{设置}}$数据系列$\xrightarrow{\text{单击}}$【关闭】按钮

(2)从图表中删除数据。要同时删除工作表和图表中的数据,只要删除工作表中的数据,图表将会自动更新。只从图表中删除数据,在图表上单击要删除的图表系列,按【Delete】键即可完成。

(3)改变行列方向

在“图表工具/设计”选项卡的“数据”组中,单击【切换行/列】按钮实现。

4.6.4 图表格式化

$\xrightarrow{\text{选定}}$图表对象$\xrightarrow{\text{右击}}$单个对象$\xrightarrow{\text{设置}}$对象的格式$\xrightarrow{\text{单击}}$【关闭】按钮

4.6.5 迷你图

$\xrightarrow{\text{选定}}$数据区域$\xrightarrow{\text{单击}}$“插入”选项卡$\xrightarrow{\text{单击}}$“迷你图”组图表类型按钮$\xrightarrow{\text{选择}}$图表类型显示位置$\xrightarrow{\text{单击}}$【关闭】按钮

4.6.6 技能拓展

设置图表中的系列填充为图片:

在修饰 Excel 2016 中的图表时,有时需要将图片作为某系列的填充,以丰富图表的效果,设置图片填充的步骤如下:

(1)选定图表中要填充的图片系列。

(2)单击“图表工具/格式”选项卡“形状样式”组中的【形状填充】下拉按钮,在下拉列表中选择“图片”命令,在打开的“插入图片”对话框中选择相应的图片文件。

(3)单击【插入】按钮,图表中的系列填充为图片。

4.7 保护工作簿数据

本节通过对“员工工资表”的数据隐藏和密码设置实例,主要介绍了对工作簿中的数据进行保护的方法。

4.7.1 保护工作簿和工作表

1. 保护工作簿

(1)设置打开、修改权限保护工作簿。

$\xrightarrow{\text{单击}}$【文件】按钮$\xrightarrow{\text{选择}}$“另存为”命令$\xrightarrow{\text{选择}}$“这台电脑”中的存储位置$\xrightarrow{\text{单击}}$【工具】按钮$\xrightarrow{\text{选择}}$“常规选项”命令$\xrightarrow{\text{设置}}$密码及相应保护$\xrightarrow{\text{单击}}$【确定】按钮

(2)设置加密文档。

$\xrightarrow{\text{单击}}$【文件】按钮$\xrightarrow{\text{选择}}$“信息”命令$\xrightarrow{\text{单击}}$【保护工作簿】按钮$\xrightarrow{\text{选择}}$“用密码进行加密”命令$\xrightarrow{\text{设置}}$密码$\xrightarrow{\text{单击}}$【确定】按钮

(3)保护工作簿的结构和窗口。

$\xrightarrow{\text{单击}}$“审阅”选项卡$\xrightarrow{\text{选择}}$【更改】组$\xrightarrow{\text{单击}}$【保护工作簿】按钮$\xrightarrow{\text{选择}}$相应密码设置$\xrightarrow{\text{单击}}$【确定】按钮

2. 保护工作表

$\xrightarrow{\text{单击}}$“审阅”选项卡$\xrightarrow{\text{选择}}$【更改】组$\xrightarrow{\text{单击}}$【保护工作表】按钮$\xrightarrow{\text{选择}}$相应密码设置$\xrightarrow{\text{单击}}$【确定】按钮

4.7.2 隐藏工作簿和工作表

1. 隐藏工作簿

$\xrightarrow{\text{单击}}$“视图”选项卡$\xrightarrow{\text{选择}}$“窗口”组$\xrightarrow{\text{选择}}$【隐藏】按钮

2. 隐藏工作表

$\xrightarrow{\text{选定}}$ 工作表标签 $\xrightarrow{\text{单击}}$“开始”选项卡 $\xrightarrow{\text{单击}}$“单元格”组【格式】按钮 $\xrightarrow{\text{选择}}$“隐藏和取消隐藏”选项 $\xrightarrow{\text{选择}}$“隐藏工作表”命令

3. 隐藏行或列

$\xrightarrow{\text{选定}}$ 行或列 $\xrightarrow{\text{单击}}$“开始”选项卡 $\xrightarrow{\text{单击}}$“单元格”组【格式】按钮 $\xrightarrow{\text{选择}}$“隐藏和取消隐藏”选项 $\xrightarrow{\text{选择}}$“隐藏工作行或列”命令

4.8 打印操作

本节通过对“员工工资表”打印操作实例，主要介绍了页面设置、打印预览、打印操作等内容。

4.8.1 页面设置

$\xrightarrow{\text{单击}}$“页面布局”选项卡 $\xrightarrow{\text{单击}}$“页面设置”组对话启动器 $\xrightarrow{\text{设置}}$ 页面、页眉/页脚等 $\xrightarrow{\text{单击}}$【确定】按钮

4.8.2 打印预览及打印

$\xrightarrow{\text{单击}}$【文件】按钮 $\xrightarrow{\text{选择}}$“打印”命令 $\xrightarrow{\text{设置}}$ 打印预览页码、份数等 $\xrightarrow{\text{单击}}$【确定】按钮

4.9 Excel 2016 网络应用

本节通过对“中国的超大工程”工作表的网络发布实例，主要介绍了 Excel 2016 的网络应用内容。

4.9.1 超链接

1. 创建超链接

$\xrightarrow{\text{选定}}$ 链接单元格 $\xrightarrow{\text{单击}}$“插入”选项卡 $\xrightarrow{\text{单击}}$“链接”组【链接】按钮 $\xrightarrow{\text{设置}}$ 链接目标位置和名称 $\xrightarrow{\text{单击}}$【确定】按钮

或

$\xrightarrow{\text{右击}}$ 链接单元格 $\xrightarrow{\text{选择}}$“链接”命令 $\xrightarrow{\text{设置}}$ 链接目标位置和名称 $\xrightarrow{\text{单击}}$【确定】按钮

2. 编辑超链接

$\xrightarrow{\text{单击}}$ 超链接对象 $\xrightarrow{\text{单击}}$“插入”选项卡 $\xrightarrow{\text{单击}}$“链接”组【链接】按钮 $\xrightarrow{\text{设置}}$ 链接目标位置和名称 $\xrightarrow{\text{单击}}$【确定】按钮

或

$\xrightarrow{\text{右击}}$ 超链接对象 $\xrightarrow{\text{选择}}$“编辑超链接”命令选项卡 $\xrightarrow{\text{设置}}$ 链接目标位置和名称 $\xrightarrow{\text{单击}}$【确定】按钮

3. 删除超链接

在已创建超链接的对象上右击，在弹出的快捷菜单中选择“删除”命令，即可以将已创建的超链接删除。要删除超链接以及表示超链接的文字，右击包含超链接的单元格，在弹出的快捷菜单中选择“清除内容”命令。

4.9.2 电子邮件发送工作簿

$\xrightarrow{\text{单击}}$【文件】按钮 $\xrightarrow{\text{选择}}$“保存并发送”命令 $\xrightarrow{\text{选择}}$“使用电子邮件发送”选项 $\xrightarrow{\text{单击}}$【作为附件发送】按钮 $\xrightarrow{\text{填写}}$ 邮件信息并发布

4.9.3 网页形式发布数据

$\xrightarrow{\text{单击}}$【文件】按钮 $\xrightarrow{\text{选择}}$“另存为”命令 $\xrightarrow{\text{选择}}$ 保存类型 $\xrightarrow{\text{选择}}$“单个文件网页”选项 $\xrightarrow{\text{单击}}$【发布】按钮

实验环节

实验1　工作表的基本操作和格式化

【实验目的】

(1)掌握工作簿、工作表的基本操作。

(2)掌握数据的输入、编辑。

(3)掌握公式和函数的使用。

(4)掌握工作表数据的格式化和条件格式。

【实验内容】

(1)工作簿的创建。建立图4-1所示成绩表,设标题为"期末成绩表",表列标题字段名依次为"学号""姓名""性别""专业""外语""计算机""数学""总成绩""平均分""备注",输入每个同学相应信息。

	A	B	C	D	E	F	G	H	I	J	K
1	期末成绩表										
2	学号	姓名	性别	专业	外语	计算机	数学	总成绩	平均分	名次	备注
3	001	程平	男	经济	80	87	90	257	85.7	3	优秀
4	002	王新欣	女	计算机	96	93	96	285	95.0	1	优秀
5	003	张小东	男	中文	70	65	76	211	70.3	14	
6	004	李乐	女	经济	55	86	75	216	72.0	12	
7	005	马天一	男	中文	63	71	75	209	69.7	15	
8	006	赵明清	男	经济	60	54	55	169	56.3	21	
9	007	冯苗	女	中文	80	65	78	223	74.3	9	
10	008	何飞	女	中文	95	84	65	244	81.3	4	
11	009	陈果	男	计算机	45	65	96	206	68.7	16	
12	010	吴艳	女	经济	89	82	63	234	78.0	5	
13	011	杨彤	男	中文	73	65	85	223	74.3	9	
14	012	杨丹	女	经济	55	36	81	172	57.3	20	
15	013	周小梅	女	中文	65	85	71	221	73.7	11	
16	014	赵成军	男	经济	69	63	74	206	68.7	16	
17	015	何波	男	计算机	75	66	72	213	71.0	13	
18	016	吴小兰	女	中文	63	53	72	188	62.7	19	
19	017	朱晓群	男	计算机	69	78	83	230	76.7	6	
20	018	毛一波	女	计算机	81	73	75	229	76.3	7	
21	019	范琳琳	女	中文	67	88	70	225	75.0	8	
22	020	黄军	男	计算机	81	93	86	260	86.7	2	优秀
23	021	李丁	女	经济	64	73	55	192	64.0	18	
24	平均成绩				71.2	72.6	75.9	219.7	73.2		
25	最高分				96	93	96	285	95.0		
26	最低分				45	36	55	169	56.3		

图4-1　实验1用表

(2)公式和函数的使用。用函数法计算出每位同学的"总成绩""平均分",计算各项目的"平均成绩""最高分""最低分",在"平均分"后新增一列,输入标题字段名为"名次",并用RANK()函数列出名次,用IF()函数按平均分进行总评(平均分在85分以上的为优秀,填入"备注"栏)。

(3)工作表数据的格式化。将标题设为华文楷体、22号,跨列居中;列标题中各字段名设为黑体,14号,垂直居中;数据内容为宋体,12号,居中对齐,"平均分"和"平均成绩"项保留一位小数,设置表格边框线。

(4)工作簿的保存。将工作簿保存为"学生成绩表.XLSX"。

(5)工作表的基本操作。打开"学生成绩表.XLSX"工作簿。将"期末成绩表"所在的工作表更名为"期末成绩表"。插入一个新的工作表,将其命名为"总成绩",将刚才工作表中"学号""姓名""总成绩""平均分""名次"字段复制到新表中。

(6)将期末成绩低于60分的单元格标识为“浅红色填充和深红色文本”。使用红色数据条标识平均分单元格(条件格式)。

【实验步骤】

1. 工作簿的创建

(1)启动Excel 2016,在Sheet1工作表中单击A1单元格,输入“期末成绩表”。

(2)分别单击A2、B2、C2、D2、E2、F2、G2、H2、I2、J2单元格,依次输入“学号”“姓名”“性别”“专业”“外语”“计算机”“数学”“总成绩”“平均分”“备注”。

(3)单击A3单元格,输入单引号(’)(英文半角)后输入001,将鼠标指针移到A3单元格的右下角,拖动填充柄,此时鼠标指针变为实心十字形,然后拖动至填充的最后一个单元格A23,完成编号栏内数据的填充。

(4)B3、C3…G3等单元格输入相应数据,然后输入B4、C4…G4数据,如此按行顺序输入其他数据。

(5)单击“备注”列任意单元格,右击,在弹出的快捷菜单中选择“插入”命令,打开“插入”对话框,选择“整列”选选按钮,单击【确定】按钮,插入一列,在相应的标题栏内输入“名次”标题名。

(6)在A24、A25、A26单元格内分别输入“平均成绩”“最高分”“最低分”。

2. 公式和函数的使用

(1)求总成绩。单击“总成绩”下的第一个单元格H3,单击“公式”选项卡的“函数库”组中的【插入函数】按钮,在打开的“插入函数”对话框,如图4-2所示。在函数名中选“SUM”(求和)函数,单击【确定】按钮,在打开的“函数参数”对话框中,选择计算区域E3到G3,单击【确定】按钮。或在H3单元格中输入公式“=E3+F3+G3”,然后按【Enter】键。单击H3单元格,并拖动其填充柄至H23单元格。

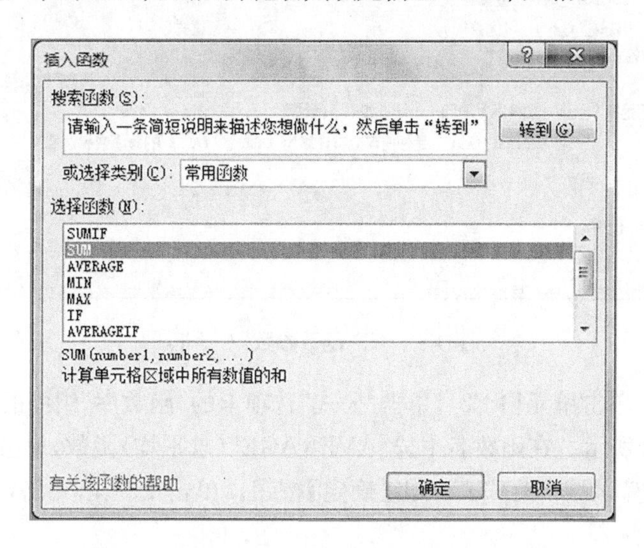

图4-2 “插入函数”对话框

(2)求平均分。单击“平均分”下的第一个单元格I3,单击“公式”选项卡的“函数库”组中的【插入函数】按钮,打开“插入函数”对话框,如图4-2所示。在函数名中选“AVERAGE”(求平均)函数,单击【确定】按钮,在打开的“函数参数”对话框中,选择计算区域E3到G3,单击【确定】按钮。或在I3单元格中输入公式“=(E3+F3+G3)/3”,然后按【Enter】键。单击I3单元格并拖动其填充柄至I23单元格。

(3)排名次。单击“名次”下的第一个单元格J3,单击“公式”选项卡的“函数库”组中的【插入函数】按钮,打开“插入函数”对话框,如图4-2所示。在函数名中选“RANK”(求位置排位)函数,单击【确定】按钮,在打开的“函数参数”对话框中,如图4-3所示,在“Number”文本框中选择(或输入)I3,在“Ref”文本框中输入“$I$3:$I$23”(要使用绝对地址),单击【确定】按钮。单击J3单元格,并拖动其填充柄至J23单元格。

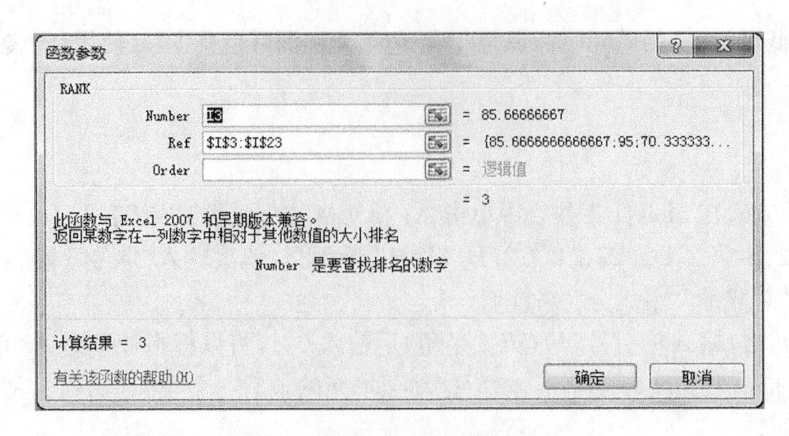

图 4-3 RANK“函数参数”对话框

(4)设置优秀。单击“备注”下的第一个单元格 K3,单击“公式”选项卡的“函数库”组中的【插入函数】按钮,打开“插入函数”对话框,如图 4-2 所示。在函数名中选“IF”(逻辑判断)函数,单击【确定】按钮,在打开的“函数参数”对话框中,如图 4-4 所示,在“Logical_test”文本框中输入条件 I3>=85,“value_if_true”文本框输入“优秀”,“value_if_false”文本框输入空格,单击【确定】按钮。单击 K3 单元格,并拖动其填充柄至 K23 单元格。

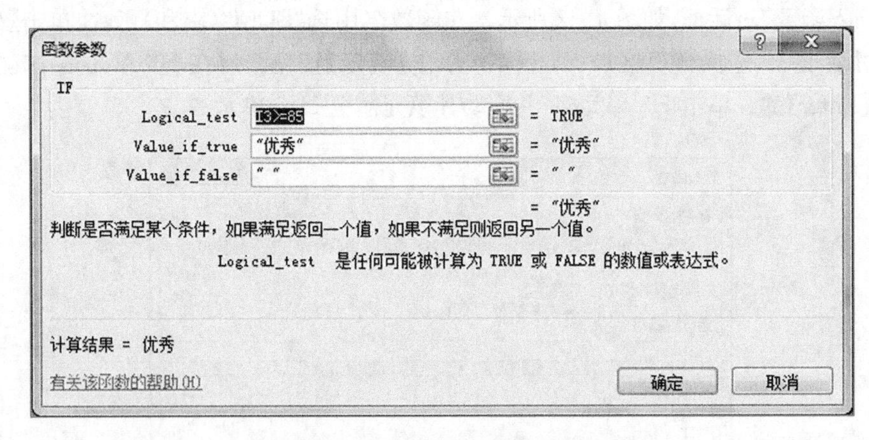

图 4-4 IF“函数参数”对话框

(5)求各科平均成绩。单击单元格 E24,单击“公式”选项卡的“函数库”组中的【插入函数】按钮,打开“插入函数”对话框,如图 4-2 所示。在函数名中选“AVERAGE”(求平均)函数,单击【确定】按钮,在打开的“函数参数”对话框中,选择计算区域 E3:E23,单击【确定】按钮。单击 E24 单元格,并拖动其填充柄至 I24 单元格。

(6)求最大值。单击单元格 E25,单击“公式”选项卡的“函数库”组中的【插入函数】按钮,打开“插入函数”对话框,如图 4-2 所示。在函数名中选“MAX”(求最大值)函数,单击【确定】按钮,在打开的“函数参数”对话框中,选择计算区域 E3:E23,单击【确定】按钮。单击 E25 单元格,并拖动其填充柄至 I25 单元格。

(7)求最小值。单击单元格 E26,单击“公式”选项卡的“函数库”组中的【插入函数】按钮,打开“插入函数”对话框,如图 4-2 所示。在函数名中选“MIN”(求最小值)函数,单击【确定】按钮,在打开的“函数参数”对话框中,选择计算区域 E3:E23,单击【确定】按钮。单击 E26 单元格,并拖动其填充柄至 I26 单元格。

3. 工作表的格式化

(1)设置标题格式。选定 A1:K1 单元格,单击“开始”选项卡“单元格”组中的【格式】按钮,在下拉列表中选择“设置单元格格式”命令。打开“设置单元格格式”对话框,如图 4-5 所示。

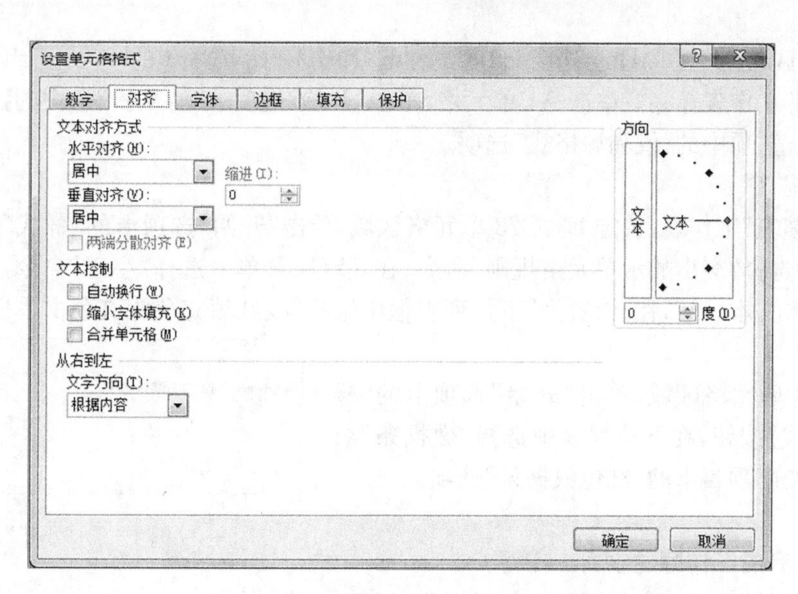

图4-5 “设置单元格格式”对话框

(2)单击“设置单元格格式”对话框中的“对齐”选项卡,选择“水平对齐”下拉列表中的“跨列居中”选项,选择“垂直对齐”下拉列表的“居中”选项。单击“设置单元格格式”对话框中的“字体”选项卡,在“字体”列表框内选择“华文楷体”,在“字号”列表框内选择“22”,单击【确定】按钮。

(3)设置列标题格式。选定列标题A2:K2单元格区域,单击“开始”选项卡的“对齐方式”组中的对话框启动器按钮,打开“设置单元格格式”对话框。单击“对齐”选项卡,单击“垂直对齐”下拉列表框的“居中”选项。单击“设置单元格格式”对话框中的“字体”选项卡,在“字体”列表框内选择“黑体”,在“字号”列表框内选择“14”,单击【确定】按钮。

(4)合并居中。选定A24:D24单元格区域,单击“开始”选项卡的“对齐方式”组中的【合并后居中】按钮。选定A25:D25单元格区域,单击“开始”选项卡的“对齐方式”组中的【合并后居中】按钮。选定A26:D26单元格区域,单击“开始”选项卡的“对齐方式”组中的【合并后居中】按钮。

(5)设置数据格式。选定A3:K26单元格区域,单击“开始”选项卡的“单元格”组中的【格式】按钮,弹出下拉列表,选择“设置单元格格式”命令,打开“设置单元格格式”对话框。单击“对齐”选项卡,选择“垂直对齐”下拉列表中的“居中”选项,选择“水平对齐”下拉列表中的“居中”选项。单击“设置单元格格式”对话框中的“字体”选项卡,在“字体”列表框内选择“宋体”,在“字号”列表框内选择“12”,单击【确定】按钮。

(6)设置小数位数。选定I3:I26单元格区域,按住【Ctrl】键选定E24:H24单元格区域,单击“开始”选项卡的“单元格”组中的【格式】按钮,在下拉列表中选择“设置单元格格式”命令,打开“设置单元格格式”对话框。单击“数字”选项卡中“分类”下的“数值”选项,在“小数位数”文本框中输入“1”。单击【确定】按钮。

(7)设置边框。选定A2:K26单元格区域,单击“开始”选项卡的“单元格”组中的【格式】按钮,在下拉列表中选择“设置单元格格式”命令,打开“设置单元格格式”对话框。单击“设置单元格格式”对话框中的“边框”选项卡,对表格的边框、线条、颜色进行设置。单击【确定】按钮。

4. 工作表的保存

单击【文件】按钮,在导航栏中选择“另存为”命令,打开“另存为”对话框,输入文件名“学生成绩表”。

5. 工作表的基本操作。

(1)单击【文件】按钮,在导航栏中选择“打开”命令,打开“打开”对话框,输入或选择“学生成绩表”,单击【确定】按钮。

(2)重命名工作表。双击Sheet1工作表标签,输入“期末成绩表”。

(3)复制并重命名。

①单击“开始”选项卡的“单元格”组中的【插入】按钮,在下拉列表中选择“插入工作表”命令。双击该工作表标签,输入“总成绩”。

②选定 A2:B23 区域,按住【Ctrl】键,选定 H2:J23 区域。单击“开始”选项卡的“剪贴板”组中的【复制】按钮。

③单击“总成绩”工作表标签。单击 A1 单元格,单击“开始”选项卡“剪贴板”组中的【粘贴】按钮,在下拉列表中选择“粘贴数值”项中的“值和源格式”选项。

6. 条件格式的应用

(1)在“期末成绩表”工作表,选定 E3:G23 单元格区域,单击“开始”选项卡的“样式”组中的【条件格式】按钮,在下拉列表中选择“突出显示单元格规则”命令,在其级联菜单中选择“小于”命令,在打开的“小于”对话框的文本框中输入文本“60”,在“设置为”下拉列表框中选择“浅红填充色深红色文本”选项,如图 4－6 所示,单击【确定】按钮。

(2)选定 I3:I23 单元格区域,单击“开始”选项卡的“样式”组中的【条件格式】按钮,在下拉列表中选择“数据条”级联菜单中的“实心填充”项目下的“红色数据条”选项。

图 4－6 “小于”对话框

【实验思考】

(1)如何使用已有的工作簿建立新工作簿?

(2)如何将平均成绩在前三名的同学字体设置为“红色,加粗倾斜”?

实验 2 数据管理

【实验目的】

(1)掌握数据列表的排序、筛选。

(2)掌握数据的分类汇总。

(3)掌握数据透视表的创建。

【实验内容】

(1)数据的基本操作。将数据 A2:J23 的数据复制到 Sheet2 中,并取消所做的条件格式设定。

(2)数据的排序。在工作表 Sheet2 中,按性别降序排序,性别相同再按专业升序排序,最后按总成绩的降序进行排序。

(3)数据的筛选。筛选出总成绩大于 245 分的所有记录。

(4)数据的分类汇总。按性别分别求出男、女同学总成绩最大值,并按性别人数计数;分 3 级显示汇总数据。

(5)数据透视图。以 Sheet2 中的数据为基础,建立图 4－7 所示的透视表和透视图,并加入“专业”的切片器。

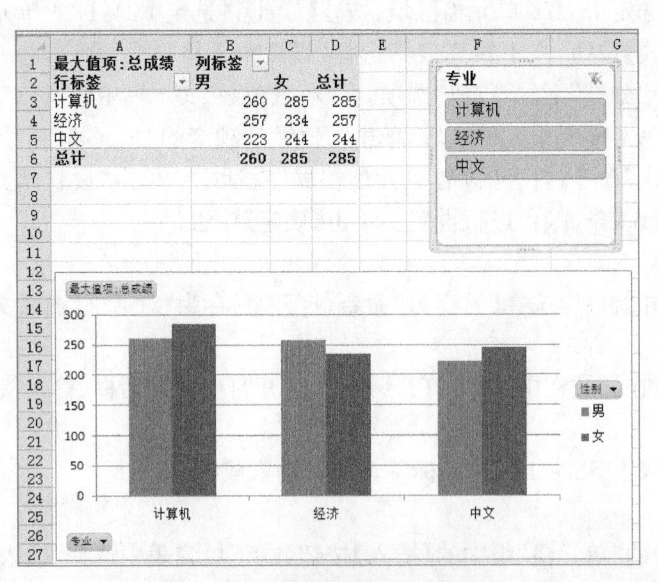

图 4－7 数据的透视表和透视图

【实验步骤】

1. 数据的基本操作

(1)单击【文件】按钮,在导航栏中选择"打开"命令,选择"期末成绩表",单击【打开】按钮。

(2)选定A2:J23单元格区域,单击"开始"选项卡的"剪贴板"组中的【复制】按钮,单击Sheet2标签,单击A2单元格,单击"开始"选项卡的"剪贴板"组中的【粘贴】按钮,在下拉列表中选择"粘贴数值"项中的"值和源格式"选项。

(3)单击sheet2工作表中A1单元格,单击"开始"选项卡的"样式"组中的【条件格式】按钮,在下拉列表中选择"清除规则"命令,在其级联菜单中选择"清除整个工作表的规则"命令。

2. 数据的排序

(1)单击工作表Sheet2数据区的任意数据单元格。

(2)单击"数据"选项卡的"排序和筛选"组中的【排序】按钮,打开"排序"对话框,如图4-8所示。在"列"窗格中的"主要关键字"下拉列表中选择"性别",在"排序依据"窗格中的下拉列表中选择"数值",在"次序"窗格中的下拉列表中选择"降序"。

(3)单击【添加条件】按钮,按上述操作设置"次要关键字"为"专业","次序"为"升序"。

(4)再单击【添加条件】按钮,按上述操作设置"次要关键字"为"总成绩","次序"为"降序"。

(5)单击【确定】按钮,得到排序结果。

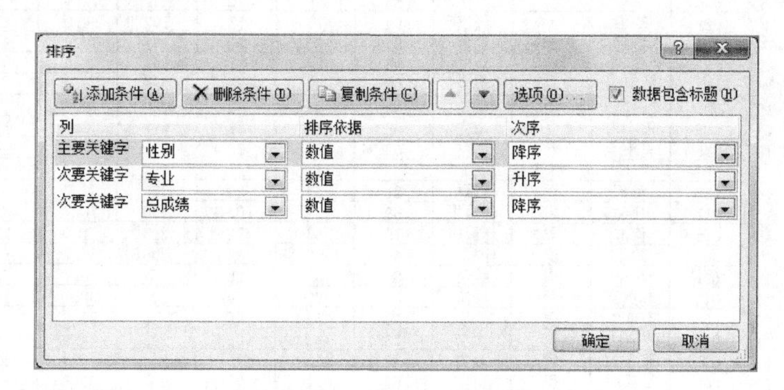

图4-8 "排序"对话框

3. 数据的筛选

(1)单击工作表Sheet2数据区的任意数据单元格,单击"数据"选项卡的"排序和筛选"组中的【筛选】按钮。

(2)单击"总成绩"右侧的下拉按钮,选择"数字筛选"命令,在级联菜单中选择"大于"命令,打开"自定义自动筛选方式"对话框,如图4-9所示。

(3)在"自定义自动筛选方式"对话框中,输入"总成绩"的筛选条件,在"大于"旁的文本框中输入"245",单击【确定】按钮。

4. 数据的分类汇总

(1)单击"性别"列中的任意单元格,在"数据"选项卡的"排序和筛选"组中,单击"排序"按钮,对"性别"字段排序。

(2)单击"数据"选项卡的"分级显示"组中的【分类汇总】按钮,打开"分类汇总"对话框,"分类字段"选择"性别","汇总方式"选择"最大值","选定汇总项"勾选"总成绩",如图4-10所示,单击【确定】按钮,如图4-11所示。

(3)在图4-11中,单击"数据"选项卡的"分级显示"组中的【分类汇总】按钮,打开"分类汇总"对话框,"分类字段"选择"性别","汇总方式"选择"计数","选定汇总项"勾选"性别",取消对"替换当前分类汇总"复选框的勾选,单击【确定】按钮,分类汇总结果如图4-12所示。

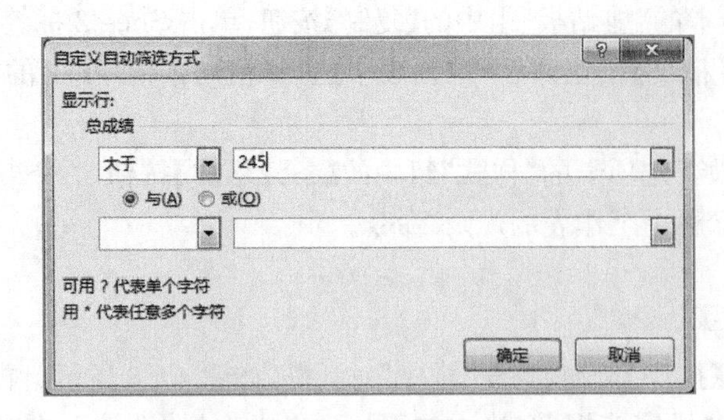

图 4－9 “自定义自动筛选方式”对话框

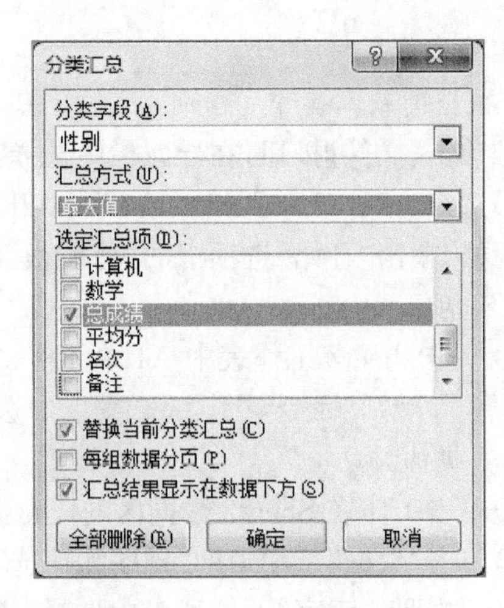

图 4－10 “分类汇总”对话框

	A	B	C	D	E	F	G	H	I	J
1	学号	姓名	性别	专业	外语	计算机	数学	总成绩	平均分	名次
2	002	王新欣	女	计算机	96	93	96	285	95.0	1
3	018	毛一波	女	计算机	81	73	75	229	76.3	7
4	010	吴艳	女	经济	89	82	63	234	78.0	5
5	004	李乐	女	经济	55	86	75	216	72.0	12
6	021	李丁	女	经济	64	73	55	192	64.0	18
7	012	杨丹	女	经济	55	36	81	172	57.3	20
8	008	何飞	女	中文	95	84	65	244	81.3	4
9	019	范琳琳	女	中文	67	88	70	225	75.0	8
10	007	冯苗	女	中文	80	65	78	223	74.3	9
11	013	周小梅	女	中文	65	85	71	221	73.7	11
12	016	吴小兰	女	中文	63	53	72	188	62.7	19
13			女 最大值					285		
14	020	黄军	男	计算机	81	93	86	260	86.7	2
15	017	朱晓群	男	计算机	69	78	83	230	76.7	6
16	015	何波	男	计算机	75	66	72	213	71.0	13
17	009	陈果	男	计算机	45	65	96	206	68.7	16
18	001	程平	男	经济	80	87	90	257	85.7	3
19	014	赵成军	男	经济	69	63	74	206	68.7	16
20	006	赵明清	男	经济	60	54	55	169	56.3	21
21	011	杨彤	男	中文	73	65	85	223	74.3	9
22	003	张小东	男	中文	70	65	76	211	70.3	14
23	005	马天一	男	中文	63	71	75	209	69.7	15
24			男 最大值					260		
25			总计最大值					285		
26										

图 4－11 按“性别”对“总成绩”的“最大值”分类汇总结果

	A	B	C	D	E	F	G	H	I	J
1	学号	姓名	性别	专业	外语	计算机	数学	总成绩	平均分	名次
2	002	王新欣	女	计算机	96	93	96	285	95.0	1
3	018	毛一波	女	计算机	81	73	75	229	76.3	7
4	010	吴艳	女	经济	89	82	63	234	78.0	5
5	004	李乐	女	经济	55	86	75	216	72.0	12
6	021	李丁	女	经济	64	73	55	192	64.0	18
7	012	杨丹	女	经济	55	36	81	172	57.3	20
8	008	何飞	女	中文	95	84	65	244	81.3	4
9	019	范琳琳	女	中文	67	88	70	225	75.0	8
10	007	冯苗	女	中文	80	65	78	223	74.3	9
11	013	周小梅	女	中文	65	85	71	221	73.7	11
12	016	吴小兰	女	中文	63	53	72	188	62.7	19
13		女 计数	11							
14			女 最大值					285		
15	020	黄军	男	计算机	81	93	86	260	86.7	2
16	017	朱晓群	男	计算机	69	78	83	230	76.7	6
17	015	何波	男	计算机	75	66	72	213	71.0	13
18	009	陈果	男	计算机	45	65	96	206	68.7	16
19	001	程平	男	经济	80	87	90	257	85.7	3
20	014	赵成军	男	经济	69	63	74	206	68.7	16
21	006	赵明清	男	经济	60	54	55	169	56.3	21
22	011	杨彤	男	中文	73	65	85	223	74.3	9
23	003	张小东	男	中文	70	65	76	211	70.3	14
24	005	马天一	男	中文	63	71	75	209	69.7	15
25		男 计数	10							
26			男 最大值					260		
27		总计数	22							
28			总计最大值					285		

图 4－12 按“性别”对“总成绩”的“最大值”和“性别”的人数分类汇总结果

5. 数据透视图

(1)单击数据区域任意单元格。

(2)单击“插入”选项卡的“图表”组中的【数据透视图】按钮，在下拉列表中选择“数据透视图和数据透视表”，打开“创建数据透视表”对话框，如图4-13所示。选择或输入要用于创建数据透视表的源数据区域，选择放置数据透视表的位置，选中“新工作表”单选按钮，单击【确定】按钮。生成“数据透视图字段”窗格，如图4-14所示。

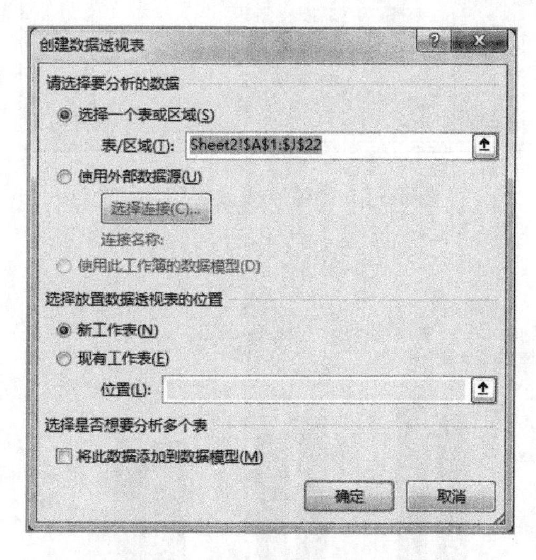

图4-13 “创建数据透视表”对话框

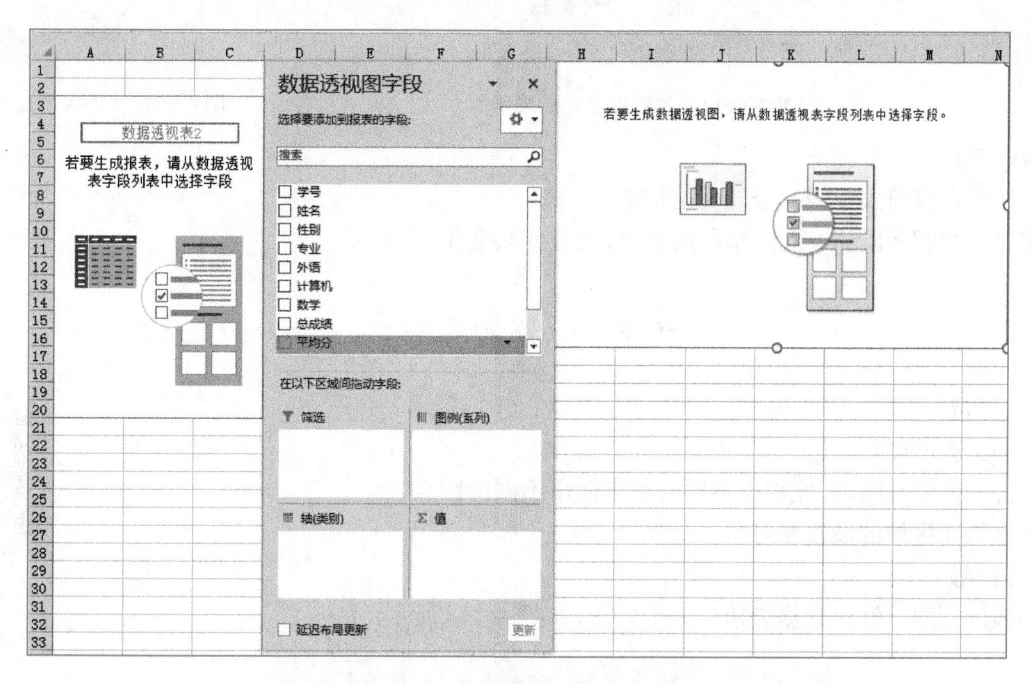

图4-14 “数据透视图字段”窗格

(3)将“专业”字段拖动到“轴(分类)”区域内，“性别”字段拖动到“图例(系列)”区域内，“总成绩”字段拖动到“值”区域内。单击“值”区域内中要改变的“总成绩”字段，在弹出的快捷菜单中选择“值字段设置”，打开“值字段设置”对话框，如图4-15所示。在“值字段汇总方式”选项内选择“最大值”项，单击【确定】按钮。结果如图4-16所示。

(4)单击图4-16中数据透视表中的任意数据单元格，单击“插入”选项卡的“筛选器”组中的【切片器】按钮，打开“插入切片器”对话框，如图4-17所示，选择“专业”复选框，单击【确定】按钮。

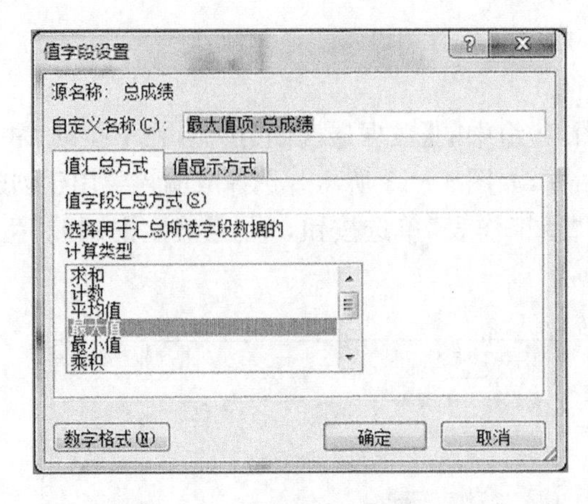

图 4-15 “值字段设置”对话框

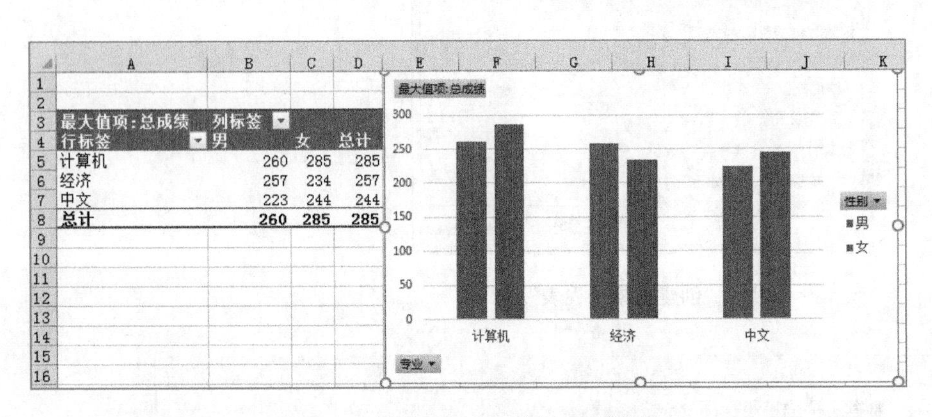

图 4-16 数据透视表和数据透视结果图

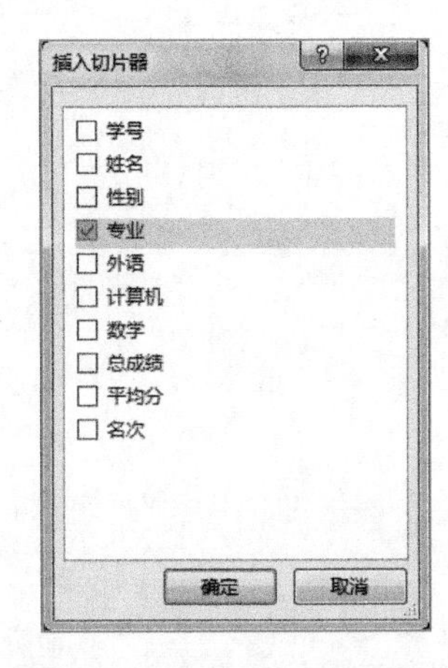

图 4-17 “插入切片器”对话框

【实验思考】

(1)如何筛选成绩大于260分的女生记录?

(2)交换“性别”字段和“专业”字段的位置,会有什么变化?

实验3 数据图表化

【实验目的】

(1)掌握图表的创建。

(2)掌握如何编辑图表,能根据不同的要求做出不同的图表。

(3)掌握打印区域的设置和打印。

【实验内容】

(1)图表的创建。针对数据表建立一个饼图,如图4-18所示。

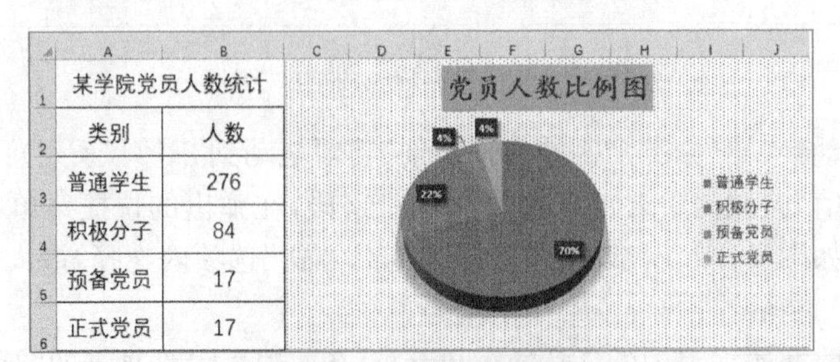

图 4-18 建立饼图

(2)图表的编辑。将生成的图表放置于C1:J6单元格区域内;设置图表样式,为"样式3";设置图表布局,为"布局6"。

(3)图表的格式化。图表标题为"党员人数比例图",字体设为"华文楷体",字号设置为"22",标题底纹为"蓝色,个性色5,淡色60%";将图表区底纹设置为"点线:10%"图案;绘图区底纹设置为"蓝色,个性色1,淡色40%"。

(4)页面设置。页边距为上、下各2 cm,左、右各1.5 cm。将此表进行页眉/页脚设置,页眉设为"党员人数统计表",3号黑体,居中。选择打印纸的大小为A4;打印范围为当前工作表,打印三份报表,打印预览满意后,进行打印输入。

【实验步骤】

1. 图表的创建

(1)打开已建立的数据表格,选定表格中创建图表的数据区域A2:B6。

(2)单击"插入"选项卡的"图表"组中的【饼图】按钮,在下拉列表中选择"三维饼图"中的"饼图",如图4-19所示。

2. 图表的编辑

(1)调整图表位置。用鼠标拖动图表区到C1单元格区域附近,再调整图表大小至C1:J6单元格区域。

(2)设置图表样式。单击"图表工具/设计"选项卡"图表样式"组中右侧的下拉按钮,打开整个"图表样式"库,单击选中【样式3】图标按钮。

(3)设置图表布局。单击"图表工具/设计"选项卡"图表布局"组中"快速布局"按钮,打开整个"图表布局"库,单击选中【布局6】图标按钮。

3. 图表的格式化

(1)修饰图表标题。选中图表标题,将"人数"改为"党员人数比例图",右击标题文字,选择"字体"命令,字体设为"华文楷体",字号设置为"22"。再右击,在弹出的快捷菜单中,选择"设置图表标题格式"命令,在打开的"设置图表标题格式"窗格中选择"填充"选项,如图4-20所示,选中"纯色填充"单选按钮,在"填充颜色"区域内单击"颜色"右侧的下拉按钮,在弹出的颜色列表中选择"蓝色,个性色5,淡色60%"。

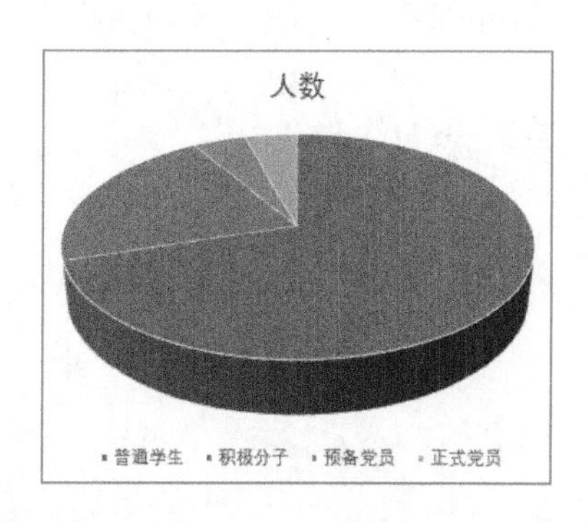

图4-19 图表创建

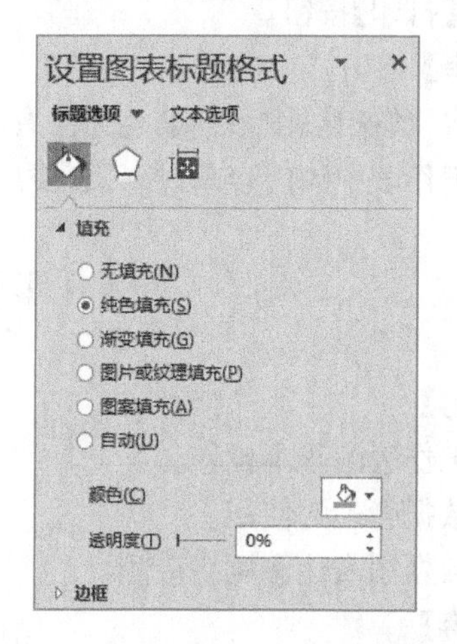

图4-20 "设置图表标题格式"窗格

(2)设置图表区底纹。双击图表区,在打开的"设置图表区格式"窗格中选择"填充"中的"图案填充",在下端显示的图案列表中选择"点线:10%"图案。

(3)设置绘图区底纹。双击绘图区域,在打开的"设置绘图区格式"窗格中选择"填充"中的"纯色填充",在"填充颜色"区域内单击"颜色"右侧的下拉按钮,在弹出的颜色列表中选择"蓝色,个性色1,淡色40%"。

4. 页面设置

(1)单击"页面布局"选项卡"页面设置"组中的对话框启动器按钮,弹出对话框,如图4-21所示。

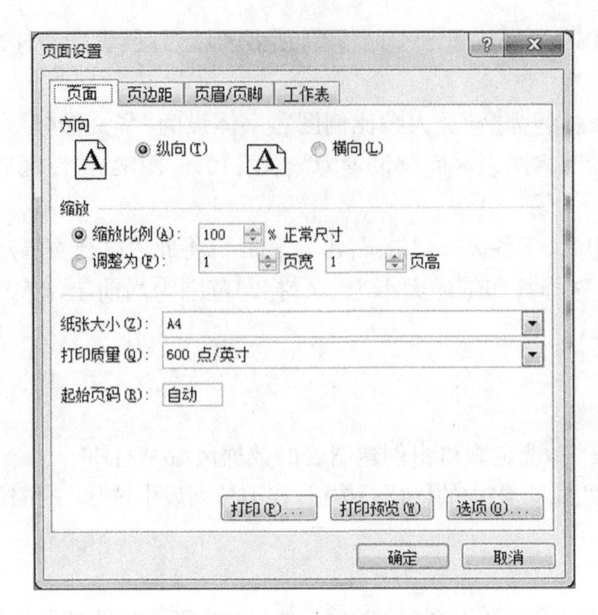

图 4-21 “页面设置”对话框

(2)单击“页边距”选项卡,调整页边距。

(3)单击“页眉/页脚”选项卡。

(4)单击【自定义页眉】按钮。

(5)输入“党员人数统计表”,单击【字体】按钮,进行相应设置。

(6)单击“页面”选项卡。

(7)“纸张大小”选择 A4。

(8)单击【开始】按钮,在导航栏中选择“打印”命令,打开“打印”窗口。

(9)在“设置”区域,选择“打印活动工作表”选项。在“份数”区域,数值框中输入 3。

(10)单击【打印】按钮。

【实验思考】

(1)如何将“预备党员”系列填充为已有的图片?

(2)如果工作表中的内容超过 1 页,要用 1 页打印下来如何处理?

实验 4 综合实验

【实验目的】

(1)巩固工作表的基本操作。

(2)巩固数据管理的使用。

(3)巩固数据图表化和网络应用。

【实验内容】

制作图 4-22 所示的图表,要求如下。

(1)将“中国部分城市 GDP 统计表”单元格设置为“标题”样式。列标题单元格设置为“蓝色,着色 1”样式。

(2)计算 GDP 增长比例,GDP 增长比例=(2020 年 GDP-2019 年 GDP)/2019 年 GDP。

(3)计算 2020 年人均 GDP,2020 年人均 GDP=2020 年 GDP/常驻人口。

(4)使用函数计算所统计城市 2020 年人均 GDP 的最高值、最低值和平均值。

(5)将 GDP 增长比例设置为百分比数据。将人均 GDP 设置为保留 2 位小数。

(6)按所在省份进行降序排序,若所在省份相同,按照城市名称升序排序。

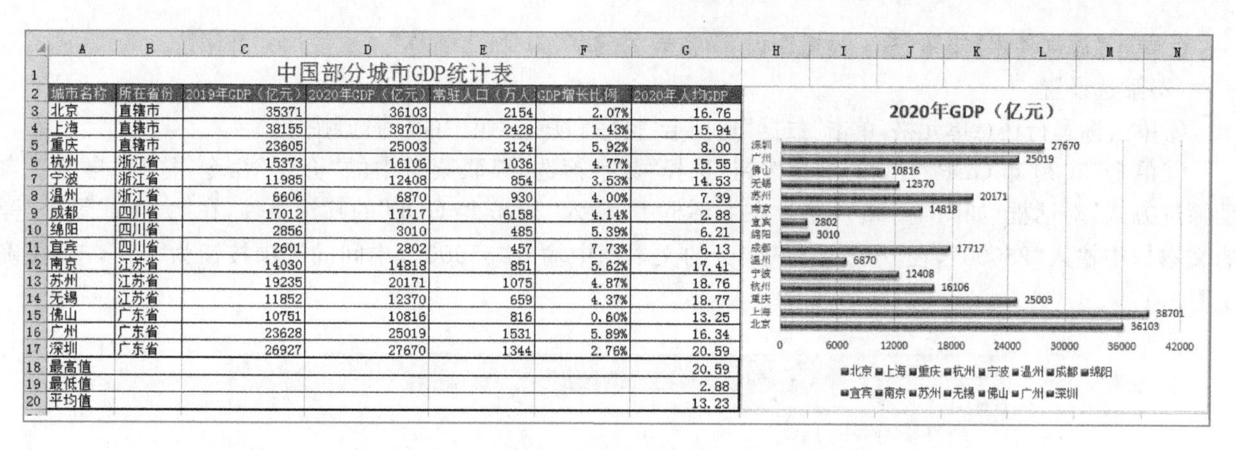

中国部分城市GDP统计表						
城市名称	所在省份	2019年GDP（亿元）	2020年GDP（亿元）	常驻人口（万人	GDP增长比例	2020年人均GDP
北京	直辖市	35371	36103	2154	2.07%	16.76
上海	直辖市	38155	38701	2428	1.43%	15.94
重庆	直辖市	23605	25003	3124	5.92%	8.00
杭州	浙江省	15373	16106	1036	4.77%	15.55
宁波	浙江省	11985	12408	854	3.53%	14.53
温州	浙江省	6606	6870	930	4.00%	7.39
成都	四川省	17012	17717	6158	4.14%	2.88
绵阳	四川省	2856	3010	485	5.39%	6.21
宜宾	四川省	2601	2802	457	7.73%	6.13
南京	江苏省	14030	14818	851	5.62%	17.41
苏州	江苏省	19235	20171	1075	4.87%	18.76
无锡	江苏省	11852	12370	659	4.37%	18.77
佛山	广东省	10751	10816	816	0.60%	13.25
广州	广东省	23628	25019	1531	5.89%	16.34
深圳	广东省	26927	27670	1344	2.76%	20.59
最高值						20.59
最低值						2.88
平均值						13.23

图 4－22　综合实验图表

(7)筛选出 2020 年 GDP 在 25 000 亿元至 35 000 亿元之间的记录。

(8)选择城市名称和 2020 年 GDP 数据(包括表头),为选择的数据创建二维条形图。

(9)创建的图表布局为“布局 4”,图表样式为“样式 13”。

(10)适当调整图表大小,并将其移动到工作表数据右侧,以高度对齐右侧数据为准。

(11)设置数据系列格式,填充为“渐变填充”,预设渐变为“中等渐变一个性色 4”。

(12)将“水平坐标轴”中的单位设置为“6000”。

(13)修改工作表名为“中国部分城市 GDP 统计图表”,保存工作簿名为“GDP 统计图表”。

(14)以网页形式发表该工作表,文件名为“中国部分城市 GDP 统计表(网页版)”。

【实验步骤】

1. 工作表的基本操作

(1)设置标题。启动 Excel 2016,在工作表 Sheet1 的 A1 单元格中输入标题。选定 A1:G1 单元格区域,单击“开始”选项卡“对齐方式”组中的【合并后居中】按钮。选定合并后的单元格,单击“开始”选项卡“样式”组中的【单元格样式】按钮,在下拉列表中选择“标题”样式。

(2)设置列标题。在 A2:G2 单元格区域中输入列标题。选定 A2:G2 单元格区域,在“开始”选项卡“样式”组中的【主题单元格样式】中选择“蓝色,着色 1”样式。

(3)依据公式 GDP 增长比例＝(2020 年 GDP－2019 年 GDP)/2019 年 GDP,计算 GDP 增长比例。单击 F3 单元格,输入“＝(D3－C3)/C3”,按【Enter】键确认。通过填充柄完成其他单元格的计算。

(4)依据 2020 年人均 GDP＝2020 年 GDP/常驻人口,计算 2020 年人均 GDP。单击 G3 单元格,输入“＝D3/E3”,按【Enter】键确认。通过填充柄完成其他单元格的计算。

(5)使用函数计算所有城市 2020 年人均 GDP 的最高值、最低值和平均值。单击 G18 单元格,选择“最大值”函数,修正参数区域,按【Enter】键确认。单击 G19 单元格,选择“最小值”函数,修正参数区域,按【Enter】键确认。单击 G20 单元格,选择“平均值”函数,修正参数区域,按【Enter】键确认。

(6)将 GDP 增长比例设置为百分比数据,将人均 GDP 设置为保留 2 位小数。选定 F3:F17 单元格区域,单击“开始”选项卡的“对齐方式”组中的对话框启动器按钮,打开“设置单元格格式”对话框。单击“数字”选项卡中“分类”下的“百分比”选项,在“小数位数”文本框中输入“2”。单击【确定】按钮。选定 G3:G17 单元格区域,单击“开始”选项卡的“对齐方式”组中的对话框启动器按钮,打开“设置单元格格式”对话框。单击“数字”选项卡中“分类”下的“数值”选项,在“小数位数”文本框中输入“2”。单击【确定】按钮。

2. 数据管理

(1)排序设置。

①选定 A2:G17 单元格区域。单击“数据”选项卡“排序和筛选”组中的【排序】按钮,打开“排序”对话框。在“列”窗格中的“主要关键字”下拉列表中选择“所在省份”,在“排序依据”窗格中的下拉列表中选择“单元格值”,在“次序”窗格中的下拉列表中选择“降序”。

②单击【添加条件】按钮,按上述操作设置“次要关键字”为“城市名称”,“次序”为“升序”。

(2)筛选设置。

①单击标题行任意单元格,单击“数据”选项卡“排序和筛选”组中的【筛选】按钮。

②单击“2020 年 GDP”右侧的下拉按钮,选择“数字筛选”级联菜单中的“介于”命令,打开“自定义自动筛选方式”对话框,如图 4 - 23 所示。在对话框中,输入“2020 年 GDP”的筛选条件,在“大于或等于”旁的文本框中输入“25000”,在“小于或等于”旁的文本框中输入“35000”,中间的选项按钮为“与”,单击【确定】按钮。

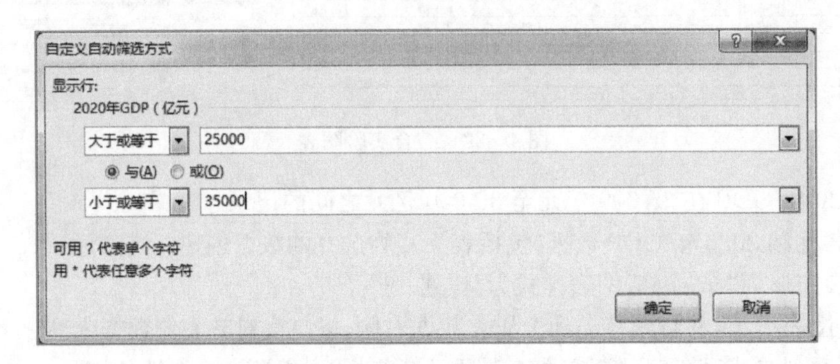

图 4 - 23 “自定义自动筛选方式”对话框

3. 数据图表化和网络应用

(1)数据图表化。选定 A2:A17 单元格区域,然后按住【Ctrl】键选定 D2:D17 单元格区域。单击“插入”选项卡的“图表”组中的【条形图】按钮,在下拉列表中选择“二维条形图”中的“簇状条形图”。

(2)图表的编辑。

①单击“图表工具/设计”选项卡的“图表样式”组中右侧的下拉按钮,打开整个“图表样式”库,单击选中【样式 13】图标按钮。

②单击“图表工具/设计”选项卡“图表布局”组中右侧的下拉按钮,打开整个“图表布局”库,单击选中【布局 4】图标按钮。

③单击图表区,将图表移动到 H2:N20 单元格区域附近,再通过调整图表的边框将图表放到 H2:N20 单元格区域。

(3)图表的格式化。

①双击数据系列对应的条形图,打开“设置数据系列格式”窗格,如图 4 - 24 所示。选择“填充”选项中的“渐变填充”单选按钮,单击“预设渐变”右侧的下拉按钮,选择“中等渐变一个性色 4”。

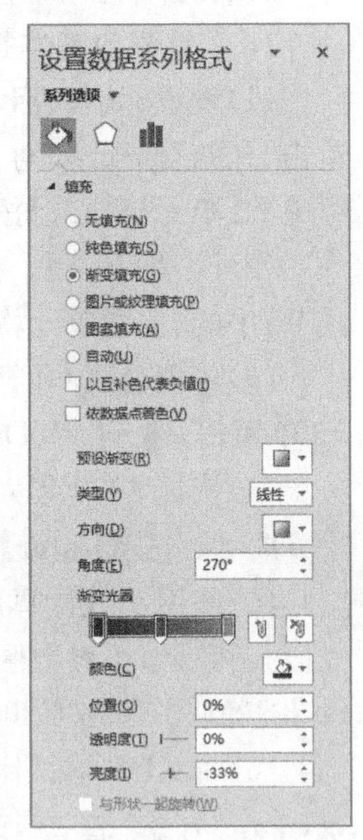

图 4 - 24 “设置数据系列格式”窗格

②双击水平坐标轴数值区,打开“设置坐标轴格式”窗格,修改“坐标轴选项”中的“单位”为“大”“6000”。

(4)网络应用。

①双击 Sheet1 工作表标签,输入“中国部分城市 GDP 统计图表”。单击【文件】按钮,在导航栏中选择“另存为”命令,打开“另存为”对话框。在“文件名”框中输入“GDP 统计图表”。

②单击【文件】按钮,在导航栏中单击“另存为”命令,打开“另存为”对话框。在对话框“保存类型”下拉列表中选择“单个文件网页”,在“文件名”框中输入“中国部分城市 GDP 统计表(网页版)”。

③单击【发布】按钮,打开“发布为网页”对话框。在对话框中,选择发布内容,最后单击【发布】按钮,发布完成后打开 IE 浏览器预览发布后的效果。

【实验思考】

(1)如何修改图表类型,如何选择图表数据,以呈现不同的效果?

(2)如何将“中国部分城市GDP统计表”超链接到其公司的主页上?

测试练习

习 题 4

一、选择题

1. 在默认情况下,创建的迷你图是不显示数据标记的,如要显示数据标记,则可以设置高点、低点、首点、负点和(　　)。

A. 标签　　B. 标点　　C. 标记　　D. 中点

2. Excel工作表中,D2:E4区域所包含的单元格个数是(　　)。

A. 5　　B. 6　　C. 7　　D. 8

3. 在Excel中,关于公式计算,以下(　　)说法是正确的。

A. 函数运算的结果可以是算术值,也可以是逻辑值

B. 比较运算的结果是一个数值

C. 算术运算的结果值最多有三种

D. 比较运算的结果值可以有三种

4. 在Excel中,假定单元格D3中保存的公式为“=C3+D3”,若把它复制到E4中,则E4中保存的公式为(　　)。

A. =B3+C3　　B. =B$4+C$4　　C. =C4+D4　　D. =C$3+D$3

5. 向Excel 2016工作表中自动填充数字的时候,按住(　　)键,填充的数字会依次递增,而不是简单的数据复制。

A. Ctrl　　B. Alt　　C. Shift　　D. 只拖动填充句柄

6. 在Excel 2016中,下列(　　)是输入正确的公式形式。

A. C2*E6+1　　B. D7+D3

C. AVERAGE(D1:B2)　　D. =9^2

7. 分类汇总是将数据清单中数据分门别类地进行统计处理,其中数据清单中必须包含(　　)。

A. 带有标题的列　　B. 数值型的关键字段　　C. 公式　　D. 单元格编号

8. 如果想要更改工作表的名称,可以通过下述操作实现:(　　)。

A. 单击工作表的标签,然后输入新的标签内容

B. 双击工作表的标签,然后输入新的标签内容

C. 在名称框中输入工作表的新名称

D. 在编辑栏中输入工作表的新名称

9. 在利用选择性粘贴时,源单元格中的数据与目标单元格中的数据不能进行(　　)操作。

A. 加减运算　　B. 乘除运算　　C. 乘方运算　　D. 无任何运算

10. 在Excel 2016中插入新的一行时,新插入的行总是在当前行的(　　)。

A. 上方　　B. 下方

C. 可以由用户选择插入位置　　D. 不同的版本插入位置不同

11. 在带有右斜线的单元格中输入文本时,要在斜线下方输入文本,应采用(　　)方式。

A. 左对齐　　B. 右对齐　　C. 垂直居中　　D. 靠下对齐

12. 在 Excel 2016 的单元格中可以包含以下(　　)类型的数据。

A. 中文、符号、英文　　B. 字符、数字、符号

C. 数值、货币、日期　　D. 整数、分数、小数

13. 要查询期末成绩表中各专业每门课的平均成绩,最适合的方法是(　　)。

A. 数据透视表　　B. 筛选　　C. 排序　　D. 建立图表

14. 如果单元格中的日期或时间型数据太长,该单元格右侧有数据而不能显示时,则在单元格内显示一组(　　)。

A. ?　　B. *　　C. ERROR!　　D. #

15. 选定第 2、3 行,执行“开始|单元格|插入|插入工作表行”命令后,插入(　　)行。

A. 1　　B. 2　　C. 4　　D. 提示错误信息

16. 单元格中的数据可以是(　　)。

A. 字符串　　B. 一组数字　　C. 一个图形　　D. A,B,C 都可

17. 在 Excel 2016 中,给当前单元格输入数值型数据时,默认为(　　)。

A. 右对齐　　B. 左对齐　　C. 居中　　D. 随机

18. Excel 2016 引用单元格时,列标前加“$”符号,而行号前不加,或者行号前加“$”符号,而列标前不加,这属于(　　)。

A. 相对引用　　B. 混合引用

C. 绝对引用　　D. 以上说法都不对

19. 下列关于排序操作的叙述中,正确的是(　　)

A. 排序时规定数值型字段按绝对值大小顺序排序

B. 一旦排序后就不能恢复原来的记录排列

C. 排序时规定逻辑值 FALSE 排在 TRUE 之前,空值始终排在最后

D. 排序时只能对数值型字段进行排序,对于字符型的字段不能进行排序

20. Excel 2016 中,日期型数据“2021 年 3 月 21 日”的正确输入形式是(　　)。

A. 2021-3-21　　B. 2021.3.21

C. 2021,3,21　　D. 2021:3:21

21. 绝对引用工作表中第 3 行第 6 列单元格的内容,引用形式应为(　　)。

A. F3　　B. $F3　　C. F$3　　D. $F$3

22. 在单元格中输入当前日期可以使用(　　)。

A. Ctrl+分号(;)　　B. Ctrl+Shift+分号(;)

C. Ctrl+冒号(:)　　D. Ctrl+Shift+冒号(:)

23. 在使用单条件排序过程中,用户可以自己设置排序的依据,在 Excel 2016 中,以下(　　)不能作为排序依据。

A. 公式　　B. 数值　　C. 单元格颜色　　D. 字体颜色

24. 在一个工作簿中,不能进行隐藏的是(　　)。

A. 工作表　　B. 行　　C. 列　　D. 一个单元格

25. Excel 2016 工作表中,(　　)是单元格的混合引用。

A. A8　　B. $A$8

C. A$8　　D. 以上都不是

26. 合并单元格时,如果多个单元格中有数据,则(　　)。

A. 保留所有数据　　B. 保留最右上角的数据

C. 保留最左上角的数据　　D. 保留最左下角的数据

27. 在 Excel 2016 中创建图表的操作中，系统出现描述信息“显示数据标签，并放置在数据点基础之内”，则说明当前选中的数据标签是(　　)。

A. 数据标签内外　　B. 轴内侧
C. 数据标签内　　D. 居中

28. 删除单元格与清除单元格操作(　　)。

A. 不一样　　B. 一样
C. 不确定　　D. 视单元格内容而定

29. 在 Excel 2016 的图表中，能反映出数据变化趋势的图表类型是(　　)。

A. 柱形图　　B. 饼图　　C. 气泡图　　D. 折线图

30. Excel 2016 的筛选功能包括(　　)和自动筛选。

A. 直接筛选　　B. 高级筛选
C. 简单筛选　　D. 间接筛选

二、填空题

1. Excel 2016 的主要功能是数据展示、数据处理、数据分析、(　　)。
2. 在 Excel 2016 中，如果想用鼠标选择不相邻的单元格区域，在使用鼠标的同时，需要按住(　　)键。
3. 选定一行最简单的方法是(　　)。
4. B1 单元格中有公式“=A1＊0.1”，将 B1 单元格的公式复制到 B2 单元格，则 B2 单元格的公式为(　　)。
5. Excel 2016 工作簿默认的扩展名是(　　)。
6. (　　)简单的说就是将符合条件的单元格或区域以不同的格式或样式突显出来。
7. Excel 2016 中公式必须以(　　)开头。
8. Excel 2016 中文本的默认对齐方式是(　　)。
9. Excel 2016 中数字的默认对齐方式是(　　)。
10. 分类汇总前必须对汇总字段进行(　　)。
11. 如果需要对大量的数据进行多种形式的快速汇总，最方便的方法是使用 Excel 的(　　)。
12. (　　)是适用于单元格的微型图表，是 Excel 的一种图表制作工具。
13. 在 Excel 2016 中，引用运算符中(　　)的作用是引用重叠部分的单元格。
14. 如果在工作表中已经填写了内容，现在需要在 A 列和 B 列之间插入 1 个空列，首先需要选取的列号是(　　)。
15. 在 Excel 2016 中，输入函数 AVERAGE(B5，A6:A8，C8)，那么进行计算的单元格个数为(　　)。

三、简答题

1. 简要说明 Excel 2016 中单元格、工作表、工作簿之间的关系。
2. Excel 2016 的主要特点体现在哪些方面？
3. 如何在工作表的连续单元格中快速输入数据序列？
4. 删除单元格和清除单元格有什么不同？
5. Excel 2016 的单元格中可以输入哪些类型的数据？
6. 如何复制由公式或是函数计算出来的数据？
7. “SUM(B3，C4，C6:E6，C8)”的含义是什么？
8. “IF(E10>=90，"优秀"，"良好")”的含义是什么？
9. 如何在单元格中输入“001”“身份证号码”“1/5”等特殊类型的数据？
10. 如何设置自定义序列？
11. 实现“排名”需要使用什么函数，地址格式有什么特点？
12. 为什么在单元格中有时会出现“＃＃＃＃”？

13. 如何实现多重排序？
14. 如何设置高级筛选？
15. 分类汇总的作用是什么？
16. 数据透视表的作用是什么？
17. 如何创建数据透视图？
18. 切片器的作用是什么？如何在数据透视表中插入切片器？
19. 如何制作迷你图？
20. Excel 2016 中如何在打印多页时每页都有行或列标题？

第 5 章　PowerPoint 2016 演示文稿

本章通过操作实例，详细讲解 PowerPoint 2016 的基本操作，以及演示文稿的编辑、放映、打印与发布等操作。通过本章学习，读者要熟练掌握演示文稿的创建、编辑、放映、打印及打包方法，设置演示文稿动画效果和网络应用的方法。

知识体系

本章知识体系结构：

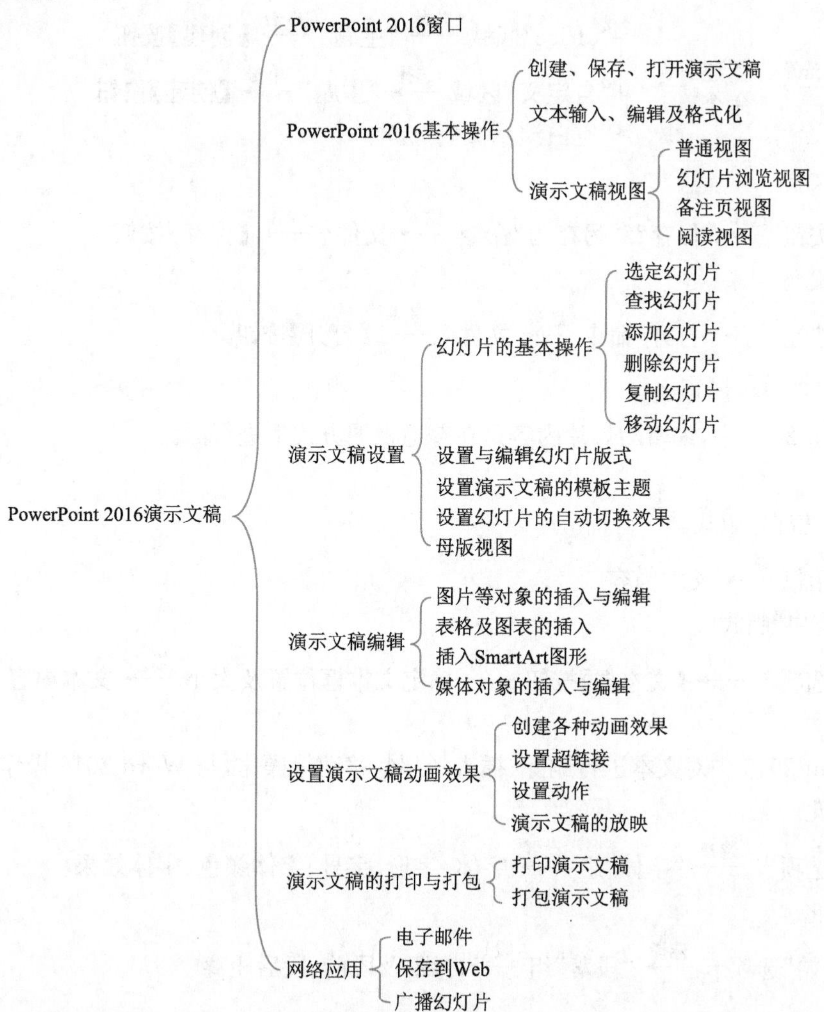

本章重点：演示文稿的创建、编辑、放映及打包方法，设置编辑幻灯片版式及设置演示文稿动画效果。

本章难点：设置编辑幻灯片版式、设置演示文稿动画效果。

学习纲要

5.1 PowerPoint 2016 窗口

本节主要介绍 PowerPoint 2016 窗口及组成。

PowerPoint 2016 窗口主要由【文件】按钮、功能选项卡、快速访问工具栏、功能区和工作区等组成。

5.2 PowerPoint 2016 基本操作

本节通过制作演示文稿实例，主要介绍演示文稿的创建、打开、保存方法，以及视图方式等内容。

5.2.1 创建、保存、打开演示文稿

在 PowerPoint 2016 中，最基本的工作单元是幻灯片。一个 PowerPoint 演示文稿由一张或多张幻灯片组成，幻灯片又由文本、图片、声音、表格等元素组成。

1. 新建演示文稿

$\xrightarrow{\text{单击}}$【文件】按钮 $\xrightarrow{\text{选择}}$“新建”命令 $\xrightarrow{\text{单击}}$
- “office”区域 $\xrightarrow{\text{选择}}$“主题” $\xrightarrow{\text{单击}}$【创建】按钮
- “自定义”区域 $\xrightarrow{\text{选择}}$“主题” $\xrightarrow{\text{单击}}$【创建】按钮
- “空白演示文稿”选项

2. 保存演示文稿

$\xrightarrow{\text{单击}}$【文件】按钮 $\xrightarrow{\text{选择}}$“保存”/“另存为”命令 $\xrightarrow{\text{输入}}$ 文件名 $\xrightarrow{\text{单击}}$【保存】按钮

3. 打开演示文稿

$\xrightarrow{\text{单击}}$【文件】按钮 $\xrightarrow{\text{选择}}$“打开”命令 $\xrightarrow{\text{选择}}$ 文件名 $\xrightarrow{\text{单击}}$【打开】按钮

5.2.2 文本输入、编辑及格式化

在 PowerPoint 2016 中，编辑幻灯片内容是在普通视图方式下进行的。

1. 文本输入

(1)若选择非“空白”版式。

$\xrightarrow{\text{单击}}$ 文本提示框 $\xrightarrow{\text{输入}}$ 文本内容

(2)若选择“空白”版式。

$\xrightarrow{\text{单击}}$“插入”选项卡 $\xrightarrow{\text{单击}}$【文本框】按钮 $\xrightarrow{\text{拖动}}$ 确定文本框位置及大小 $\xrightarrow{\text{输入}}$ 文本内容

2. 文本编辑

在 PowerPoint 2016 中对文本进行删除、插入、复制、移动等操作，与 Word 2016 操作方法类似。

3. 文本格式化

$\xrightarrow{\text{单击}}$“开始”选项卡 $\xrightarrow{\text{选择}}$“字体”组 $\xrightarrow{\text{设置}}$ 字体、字形、字号、字体颜色、字体效果

4. 段落格式化

(1) $\xrightarrow{\text{单击}}$“开始”选项卡 $\xrightarrow{\text{选择}}$“段落”组 $\xrightarrow{\text{设置}}$ 行距及段前、段后距离

(2) $\xrightarrow{\text{单击}}$“开始”选项卡 $\xrightarrow{\text{选择}}$“绘图”组 $\xrightarrow{\text{单击}}$【排列】按钮 $\xrightarrow{\text{设置}}$ 相应对齐方式

5. 增加或删除项目符号和编号

$\xrightarrow{\text{单击}}$“开始”选项卡$\xrightarrow{\text{选择}}$“段落”组$\xrightarrow{\text{设置}}$项目符号、编号

5.2.3　演示文稿视图

PowerPoint 2016提供了5种基本视图方式，即普通视图、大纲视图、幻灯片浏览视图、备注页视图和阅读视图。

1. 普通视图

编辑窗口中除幻灯片编辑窗格外，还包括了幻灯片、大纲、备注三种视图窗格。

2. 大纲视图

大纲视图含有大纲窗格、幻灯片缩图窗格和幻灯片备注页窗格。在大纲窗格中显示演示文稿的文本内容和组织结构，不显示图形、图像、图表等对象。

3. 幻灯片浏览视图

在窗口中可同时显示多张幻灯片，同时可以重新对幻灯片进行快速排序，还可以方便地增加或删除某些幻灯片。

4. 备注页视图

备注页视图的格局是整个页面的上方为幻灯片，页面的下方为备注页添加窗格，用来编辑备注内容。

5. 阅读视图

阅读视图可以通过大屏幕放映演示文稿，但又不会占用整个屏幕的放映方式。若要从阅读视图切换到其他视图模式，需要单击状态栏上的视图按钮，或直接按【Esc】键退出阅读视图模式。

(1) $\xrightarrow{\text{单击}}$“视图”选项卡$\xrightarrow{\text{选择}}$相应的视图方式命令

(2) $\xrightarrow{\text{单击}}$“视图切换”工具栏上的相应按钮

5.3　演示文稿设置

本节通过实例，主要介绍演示文稿的编辑、幻灯片的基本操作以及版式的更改等操作。

5.3.1　幻灯片的基本操作

在普通视图的幻灯片窗格和幻灯片浏览视图中可以进行幻灯片的选定、查找、添加、删除、移动和复制等操作。

1. 选择幻灯片

(1)选定单张幻灯片。

$\xrightarrow{\text{单击}}$相应幻灯片(或幻灯片编号)

(2)选中多张幻灯片。

① 选中多张不连续幻灯片：

$\xrightarrow{\text{按住}}$【Ctrl】键$\xrightarrow{\text{单击}}$相应幻灯片(或幻灯片编号)

② 选中多张连续幻灯片：

$\xrightarrow{\text{单击}}$欲选定的第一张幻灯片$\xrightarrow{\text{按住}}$【Shift】键$\xrightarrow{\text{单击}}$要选定的最后一张幻灯片

(3)选中全部幻灯片。

按【Ctrl＋A】快捷键，可选定全部幻灯片。

若要放弃被选定的幻灯片，单击幻灯片以外的任何空白区域即可。

2. 查找幻灯片

(1) $\xrightarrow{\text{单击}}$【下一张幻灯片】或【上一张幻灯片】按钮

(2)按【PgDn】键或【PgUp】键

(3) $\xrightarrow{\text{拖动}}$垂直滚动条的滑块

3. 新建幻灯片

$\xrightarrow{\text{定位}}$ 插入点 $\xrightarrow{\text{单击}}$ “插入”选项卡 $\xrightarrow{\text{单击}}$【新建幻灯片】按钮 $\xrightarrow{\text{选择}}$ 幻灯片版式

4. 删除幻灯片

(1) $\xrightarrow{\text{选定}}$ 幻灯片 $\xrightarrow{\text{选择}}$ “开始”选项卡 $\xrightarrow{\text{单击}}$【剪切】按钮

(2) $\xrightarrow{\text{选定}}$ 幻灯片 $\xrightarrow{\text{按}}$【Delete】键

5. 复制与移动幻灯片

$\xrightarrow{\text{选定}}$ 幻灯片 $\xrightarrow{\text{单击}}$ “开始”选项卡 $\xrightarrow{\text{单击}}$【复制】/【剪切】按钮 $\xrightarrow{\text{定位}}$ 插入点 $\xrightarrow{\text{单击}}$【粘贴】按钮

5.3.2 设置与编辑幻灯片版式

1. 设置幻灯片版式

在 PowerPoint 2016 中,幻灯片版式包括幻灯片上显示的全部内容,包括标题幻灯片、标题和内容、节标题等 11 种内置幻灯片版式。可以选择其中一种版式应用于当前幻灯片中。

2. 编辑幻灯片版式

(1)添加幻灯片编号。

$\xrightarrow{\text{单击}}$ “插入”选项卡 $\xrightarrow{\text{选择}}$ “文本”组 $\xrightarrow{\text{单击}}$【幻灯片编号】按钮 $\xrightarrow{\text{勾选}}$ “幻灯片编号”复选框 $\xrightarrow{\text{单击}}$【全部应用】按钮

(2)添加日期和时间。

$\xrightarrow{\text{单击}}$ “插入”选项卡 $\xrightarrow{\text{单击}}$ “文本”组 $\xrightarrow{\text{单击}}$【日期和时间】按钮 $\xrightarrow{\text{勾选}}$ “日期和时间”复选框 $\xrightarrow{\text{单击}}$【全部应用】按钮

5.3.3 设置演示文稿的模板主题

在演示文稿设计中除了设计幻灯片版式之外,还需要设计模板主题。设置主题的方法为选择需要使用的主题样式、更改主题颜色和更改主题效果。

1. 选择需要使用的主题样式

$\xrightarrow{\text{单击}}$ “设计”选项卡 $\xrightarrow{\text{选择}}$ “主题”组 $\xrightarrow{\text{选择}}$ 所需主题模板

2. 更改主题颜色

$\xrightarrow{\text{单击}}$ “设计”选项卡 $\xrightarrow{\text{选择}}$ “变体”组 $\xrightarrow{\text{单击}}$ 下拉按钮 $\xrightarrow{\text{单击}}$【颜色】按钮 $\xrightarrow{\text{单击}}$【自定义颜色】按钮 $\xrightarrow{\text{设置}}$ 颜色 $\xrightarrow{\text{单击}}$【保存】按钮

3. 更改主题效果

$\xrightarrow{\text{单击}}$ “设计”选项卡 $\xrightarrow{\text{选择}}$ “变体”组 $\xrightarrow{\text{单击}}$ 下拉按钮 $\xrightarrow{\text{单击}}$【效果】按钮

4. 自定义幻灯片背景

$\xrightarrow{\text{单击}}$ “设计”选项卡 $\xrightarrow{\text{选择}}$ “自定义”组 $\xrightarrow{\text{单击}}$【设置背景格式】按钮

5.3.4 设置幻灯片的自动切换效果

1. 添加切换效果

$\xrightarrow{\text{选定}}$ 幻灯片 $\xrightarrow{\text{单击}}$ “切换”选项卡 $\xrightarrow{\text{设置}}$ 效果、速度、换页方式等

2. 设置“效果选项”

单击【效果选项】按钮,弹出效果列表,在该列表中可以设置幻灯片切换效果的动态方向。

3. 设置“计时”组选项

在“切换”选项卡中“计时”组中包含 4 项操作。

(1)“声音”列表:在该列表中可以为幻灯片切换效果设置声音。

(2)“持续时间”选项:用来设置幻灯片切换的速度。

(3)【应用到全部】按钮:单击该按钮,可以将设置好的切换效果应用到整个演示文稿中的所有幻灯片。

(4)“换片方式”选项：用来设置如何触发幻灯片进行切换。

4. 预览切换效果

单击“切换”选项卡中【预览】按钮，可以预览当前幻灯片的切换效果。

5.3.5 母版视图

母版视图分为幻灯片母版视图、讲义母版视图和备注母版视图。

1. 幻灯片母版视图

$\xrightarrow{\text{单击}}$“视图”选项卡$\xrightarrow{\text{选择}}$“母版视图”组$\xrightarrow{\text{单击}}$【幻灯片母版】按钮$\xrightarrow{\text{编辑}}$母版$\xrightarrow{\text{单击}}$【关闭母版视图】按钮

2. 讲义母版视图

$\xrightarrow{\text{单击}}$“视图”选项卡$\xrightarrow{\text{选择}}$“母版视图”组$\xrightarrow{\text{单击}}$【讲义母版】按钮$\xrightarrow{\text{编辑}}$母版$\xrightarrow{\text{单击}}$【关闭母版视图】按钮

3. 备注母版视图

$\xrightarrow{\text{单击}}$“视图”选项卡$\xrightarrow{\text{选择}}$“母版视图”组$\xrightarrow{\text{单击}}$【备注母版】按钮$\xrightarrow{\text{编辑}}$母版$\xrightarrow{\text{单击}}$【关闭母版视图】按钮

5.4 演示文稿编辑

本节通过实例，主要介绍在演示文稿中插入图片、图形、艺术字、Word或Excel中的表格及图表的操作方法及编辑方法。

5.4.1 插入与编辑艺术字

$\xrightarrow{\text{单击}}$“插入”选项卡$\xrightarrow{\text{选择}}$“文本”组$\xrightarrow{\text{单击}}$【艺术字】按钮$\xrightarrow{\text{选择}}$艺术字样式$\xrightarrow{\text{单击}}$【确定】按钮

5.4.2 插入与编辑图片

1. 插入图片

$\xrightarrow{\text{单击}}$“插入”选项卡$\xrightarrow{\text{选择}}$“图像”组$\xrightarrow{\text{单击}}$【图片】按钮$\xrightarrow{\text{打开}}$“插入图片”对话框$\xrightarrow{\text{单击}}$【确定】按钮

2. 调整图片的大小

调整图片大小的操作方法如下：

(1)选中需要调整大小的图片，将鼠标指针放置在图片四周的尺寸控制点上，拖动鼠标调整图片大小。

(2)选中需要调整大小的图片，选择“图片工具/格式”选项卡，在“大小”组中设置图片的“高度”“宽度”，调整图片大小。

3. 裁剪图片

(1)直接进行裁剪。

(2)裁剪为特定形状。

(3)裁剪为通用纵横比。

4. 旋转图片

$\xrightarrow{\text{选中}}$对象图片$\xrightarrow{\text{单击}}$“图片工具/格式”选项卡$\xrightarrow{\text{选择}}$“排列”组$\xrightarrow{\text{单击}}$【旋转】按钮

5. 为图片设置艺术效果

(1)为图片设置样式。

(2)为图片设置颜色效果。

5.4.3 插入Excel中的表格

$\xrightarrow{\text{打开}}$Excel$\xrightarrow{\text{选择}}$表格、图表$\xrightarrow{\text{选择}}$“开始”选项卡$\xrightarrow{\text{单击}}$【复制】按钮$\xrightarrow{\text{单击}}$“PowerPoint”窗口$\xrightarrow{\text{选择}}$“开始”选项卡$\xrightarrow{\text{单击}}$【粘贴】按钮

5.4.4 插入SmartArt图形

SmartArt图形是信息和观点的可视表示形式，用户可以从多种不同布局中进行选择，从而快速轻松地

创建所需形式,以便有效地传达信息或观点。

$\xrightarrow{单击}$"插入"选项卡$\xrightarrow{单击}$【SmartArt】按钮$\xrightarrow{打开}$"选择 SmartArt 图形"对话框$\xrightarrow{选择}$需要的图形$\xrightarrow{单击}$【确定】按钮

5.4.5 插入与编辑音频

1. 插入音频

$\xrightarrow{单击}$"插入"选项卡$\xrightarrow{选择}$"媒体"组$\xrightarrow{选择}$相关选项$\xrightarrow{选择}$相应文件$\xrightarrow{单击}$【确定】按钮

2. 设置播放选项

在幻灯片中插入音频文件之后,用户可以通过"音频选项"对音频进行设置,使之符合用户的需求。操作步骤如下:

(1)在幻灯片中选择已经插入的音频文件的图标。

(2)选择"音频工具/播放"选项卡中的"音频选项"组。

(3)单击【音量】按钮,弹出音量下拉列表,设置音量。

(4)选择"开始"命令,在下拉列表中可以设置音频文件如何开始播放。

(5)"放映时隐藏"复选框:勾选该复选框,表示放映演示文稿时不显示音频图标。

(6)"循环播放,直到停止"复选框:勾选该复选框,表示直到演示文稿放映结束时,音频播放结束,否则循环播放。

(7)"播放完毕"复选框:勾选该复选框,可设置音频播放结束返回到开头,与"循环播放,直到停止"复选框同时勾选,可以设置音频文件循环播放。

3. 剪裁音频

(1)$\xrightarrow{选中}$音频文件图标$\xrightarrow{单击}$"音频工具/播放"选项卡$\xrightarrow{单击}$【剪裁音频】按钮$\xrightarrow{单击}$【确定】按钮

(2)可以在"开始时间"微调框和"结束时间"微调框中输入精确的值。单击【播放】按钮进行试听。如果达到用户要求,单击【确定】按钮。

4. 删除音频

$\xrightarrow{选中}$音频文件图标$\xrightarrow{按}$【Delete】键

5.4.6 插入与编辑视频

1. 插入视频

$\xrightarrow{单击}$"插入"选项卡$\xrightarrow{选择}$"媒体"组$\xrightarrow{选择}$相关选项$\xrightarrow{选择}$相应文件$\xrightarrow{单击}$【确定】按钮

2. 设置播放选项

用户可以对插入的视频文件进行设置,操作步骤如下:

$\xrightarrow{选中}$视频文件图标$\xrightarrow{单击}$"视频工具/播放"选项卡$\xrightarrow{选择}$"视频选项"组$\xrightarrow{设置}$播放选项

(1)【音量】按钮:用来设置视频的音量。

(2)"开始"选项:用来设置音频文件如何开始播放。

(3)"全屏播放"复选框:勾选该复选框用来设置视频文件屏播放。

(4)"未播放时隐藏"复选框:勾选该复选框表示未播放视频文件时隐藏视频图标。

(5)"循环播放,直到停止"复选框:勾选该复选框表示循环播放视频,直到视频播放结束。

(6)"播放完毕"复选框:勾选该复选框表示播放结束返回到开头。

3. 设置视频样式

$\xrightarrow{选中}$视频文件图标$\xrightarrow{选择}$"视频工具/播放"选项卡$\xrightarrow{选择}$"视频样式"组$\xrightarrow{设置}$视频样式

4. 删除视频

$\xrightarrow{选中}$视频文件图标$\xrightarrow{按}$【Delete】键

5.5 设置演示文稿动画效果

本节通过实例，主要介绍演示文稿的动画效果、切换效果以及超链接、动作按钮和幻灯片的放映等操作。

5.5.1 创建各类动画效果

1. 添加动画效果

$\xrightarrow{\text{选定}}$ 幻灯片 $\xrightarrow{\text{单击}}$ “动画”选项卡 $\xrightarrow{\text{选择}}$ “动画”组 $\xrightarrow{\text{选择}}$ 动画方案

2. 设置动画效果

在幻灯片中为某个对象添加动画效果后，可以在“动画窗格”设置动画的相关效果，如多个动画之间的相对顺序、动画效果的类型、动画效果的持续时间等。

1)设置效果选项

$\xrightarrow{\text{选定}}$ 对象 $\xrightarrow{\text{单击}}$ “动画”选项卡 $\xrightarrow{\text{选择}}$ “高级动画”组 $\xrightarrow{\text{单击}}$【效果选项】按钮

2)调整动画排序

调整动画顺序的操作方法有以下两种：

(1) $\xrightarrow{\text{单击}}$ “动画”选项卡 $\xrightarrow{\text{选择}}$ “高级动画”组 $\xrightarrow{\text{单击}}$【动画窗格】按钮

(2) $\xrightarrow{\text{单击}}$ “动画”选项卡 $\xrightarrow{\text{选择}}$ “计时”组 $\xrightarrow{\text{单击}}$【向前移动】或【向后移动】

3)设置动画时间

添加动画后，用户可以在“动画”选项卡中为动画效果指定开始时间、持续时间和延迟时间，具体操作方法是在“动画”选项卡“计时”组中进行设置。

(1)开始：用来设置动画效果何时开始运行。

(2)持续时间：用来设置动画效果持续的时间。

(3)延迟：用来设置动画效果延迟的时间。

4)复制动画效果

在 PowerPoint 2016 中，可以使用动画刷复制一个对象的动画效果，并将其应用到其他对象中。使用动画格式刷的操作步骤如下：

$\xrightarrow{\text{选择}}$ 已设置动画效果的对象 $\xrightarrow{\text{单击}}$ “动画”选项卡 $\xrightarrow{\text{选择}}$ “动画”组 $\xrightarrow{\text{单击}}$【动画刷】按钮 $\xrightarrow{\text{单击}}$ 动画应用对象

5)删除动画效果

删除动画效果的操作方法有以下几种：

(1) $\xrightarrow{\text{单击}}$ “动画”选项卡 $\xrightarrow{\text{选择}}$ “动画”组 $\xrightarrow{\text{单击}}$【其他选项】按钮 $\xrightarrow{\text{选择}}$ “无”命令

(2) $\xrightarrow{\text{单击}}$ “动画”选项卡 $\xrightarrow{\text{选择}}$ “高级动画”组 $\xrightarrow{\text{单击}}$【动画窗格】按钮 $\xrightarrow{\text{选择}}$ “删除”命令

(3)在幻灯片中，选择对象的动画编号按钮，然后按【Delete】键。

5.5.2 设置超链接

1. 插入超链接

$\xrightarrow{\text{选定}}$ 操作对象 $\xrightarrow{\text{单击}}$ “插入”选项卡 $\xrightarrow{\text{单击}}$【链接】按钮 $\xrightarrow{\text{设置}}$ 链接的位置 $\xrightarrow{\text{单击}}$【确定】按钮

2. 编辑超链接

$\xrightarrow{\text{右击}}$ 操作对象 $\xrightarrow{\text{选择}}$ “编辑链接” $\xrightarrow{\text{打开}}$ “编辑超链接”对话框 $\xrightarrow{\text{设置}}$ 链接选项 $\xrightarrow{\text{单击}}$【确定】按钮

3. 删除超链接

$\xrightarrow{\text{选定}}$ 操作对象 $\xrightarrow{\text{单击}}$ “插入”选项卡 $\xrightarrow{\text{单击}}$【链接】按钮 $\xrightarrow{\text{单击}}$【删除链接】按钮

5.5.3 设置动作

1. 绘制动作按钮

$\xrightarrow{\text{选定}}$ 幻灯片 $\xrightarrow{\text{单击}}$ “插入”选项卡 $\xrightarrow{\text{单击}}$【形状】按钮 $\xrightarrow{\text{选择}}$ “动作按钮”选项 $\xrightarrow{\text{单击}}$【动作】按钮 $\xrightarrow{\text{设置}}$ 链接的位置 $\xrightarrow{\text{单击}}$【确定】按钮

2. 为文本或图形添加鼠标单击动作

$\xrightarrow{\text{选定}}$ 对象 $\xrightarrow{\text{单击}}$ “插入”选项卡 $\xrightarrow{\text{单击}}$【形状】按钮 $\xrightarrow{\text{选择}}$ “动作按钮”选项 $\xrightarrow{\text{单击}}$【动作】按钮 $\xrightarrow{\text{设置}}$ 链接的位置 $\xrightarrow{\text{单击}}$【确定】按钮

3. 为文本或图形添加鼠标经过动作

$\xrightarrow{\text{选定}}$ 对象 $\xrightarrow{\text{单击}}$ “插入”选项卡 $\xrightarrow{\text{选择}}$ “链接”组 $\xrightarrow{\text{单击}}$【动作】按钮 $\xrightarrow{\text{打开}}$ “动作设置”对话框 $\xrightarrow{\text{单击}}$ “鼠标移过”选项卡 $\xrightarrow{\text{单击}}$【确定】按钮

5.5.4 演示文稿的放映

1. 从头开始放映

$\xrightarrow{\text{选定}}$ 幻灯片 $\xrightarrow{\text{单击}}$ “幻灯片放映”选项卡 $\xrightarrow{\text{单击}}$【从头开始】按钮

2. 从当前幻灯片开始放映

从当前幻灯片开始放映，有以下几种方法。

(1) $\xrightarrow{\text{选定}}$ 幻灯片 $\xrightarrow{\text{单击}}$ 状态栏中【幻灯片放映】按钮

(2)按【F5】键。

(3)在放映过程中，单击当前幻灯片或按【Enter】键、【N】键、空格键、【PgDn】键、【→】键或【↓】键，可以进入下一张幻灯片；按【P】键、【Back Space】键、【PgUp】键、【←】键或【↑】键，可以回到上一张幻灯片；按【Esc】键，可以中断幻灯片放映而回到放映前的视图状态。若再无其他幻灯片，则返回原来的视图状态。

3. 自定义多种放映方式

$\xrightarrow{\text{单击}}$ “幻灯片放映”选项卡 $\xrightarrow{\text{单击}}$【自定义幻灯片放映】按钮 $\xrightarrow{\text{设置}}$ 放映的方式 $\xrightarrow{\text{单击}}$【确定】按钮

在放映幻灯片过程中，PowerPoint 将在当前幻灯片的左下角显示菜单控制按钮，单击该按钮，或右击幻灯片，将弹出快捷菜单，该菜单中常用命令的功能如下：

(1)“上一张”和“下一张”命令：分别移到上一张或下一张幻灯片。

(2)“结束放映”命令：结束幻灯片的放映。

(3)“定位至幻灯片”命令：以级联菜单方式显示出当前演示文稿的幻灯片清单，供用户查阅或选定当前要放映的幻灯片。

(4)“指针选项”命令：选择本项后，将显示出包括以下命令的级联菜单：

①“永远隐藏”命令：把鼠标指针隐藏起来。

②“箭头”命令：使鼠标指针形状恢复为箭头形。

③“绘图笔”命令：使鼠标指针变成笔形，以供用户在幻灯片上画图或标注，例如为某个幻灯片对象加一个圆圈、画上一个箭头、加一些文字注解等。

(5)“屏幕”命令：选择本项后，将显示一个快捷菜单，用户可从中选择所需命令。

①“暂停”命令：暂停幻灯片放映。

②“黑屏”命令：用黑色屏幕替代当前幻灯片(以示处于中断状态)。

③“擦除笔迹”命令：清除已经画在幻灯片上的内容。

4. 放映时隐藏指定幻灯片

(1)隐藏幻灯片。

$\xrightarrow{\text{选定}}$ 幻灯片 $\xrightarrow{\text{单击}}$ “幻灯片放映”选项卡 $\xrightarrow{\text{单击}}$【隐藏幻灯片】按钮

被隐藏的幻灯片编号上将出现一个斜杠，标志该幻灯片被隐藏。

(2)取消隐藏幻灯片。

$\xrightarrow{\text{选定}}$幻灯片$\xrightarrow{\text{单击}}$“幻灯片放映”选项卡$\xrightarrow{\text{单击}}$【隐藏幻灯片】按钮

5. 设置显示分辨率

在 PowerPoint 2016 中，用户可以通过“幻灯片放映”选项卡“设置”组中的“设置幻灯片放映”命令设置需要的分辨率。

5.5.5 技能拓展

制作字幕动画效果：

在 PowerPoint 2016 中可以轻松实现电影字幕的播放效果。具体操作步骤如下。

(1)选择要添加字幕效果的幻灯片，设计其版式为“空白”。

(2)插入“横排文本框”。单击“插入”选项卡“文本”组中的【文本框】按钮，在弹出的下拉列表中选择“绘制横排文本框”选项，并绘制文本框。

(3)右击该文本框，在弹出的快捷菜单中选择“编辑文字”命令，输入以字幕形式出现的文本，并设置文本的格式。

(4)设置文本动画效果。选中文本框，单击“动画”选项卡“动画”组中【其他选项】按钮，在弹出的下拉列表中选择“更多退出效果”选项。

(5)打开“更改退出效果”对话框，并在其中选择“华丽型”区域的“字幕式”选项。

(6)单击【确定】按钮，完成电影字幕效果的制作。

(7)单击【预览】按钮，预览制作的动画效果。

5.6 演示文稿的打印与打包

本节通过实例，主要介绍演示文稿的打印、打包等操作。

5.6.1 打印演示文稿

$\xrightarrow{\text{单击}}$“文件”按钮$\xrightarrow{\text{选择}}$“打印”命令$\xrightarrow{\text{设置}}$幻灯片的种类、起始编号、打印方向等$\xrightarrow{\text{单击}}$【确定】按钮

5.6.2 打包演示文稿

$\xrightarrow{\text{单击}}$【文件】按钮$\xrightarrow{\text{选择}}$“导出”命令$\xrightarrow{\text{选择}}$“将演示文稿打包成 CD”命令$\xrightarrow{\text{选择}}$欲打包的演示文稿$\xrightarrow{\text{设置}}$打包后文件的存放位置和必要选项$\xrightarrow{\text{单击}}$【确定】按钮

5.6.3 技能拓展

要在打印幻灯片时做到节约纸张和打印耗材，可进行以下操作：

(1)打开需要打印的演示文稿。

(2)单击【文件】按钮，选择“打印”选项。

(3)在“打印”选项中设置“颜色”为“灰度”，该选项可以节约碳粉。

(4)单击“打印机属性”选项，打开“打印机属性”对话框，在其中选择“节省纸张”选项，并设置其他功能。单击【确定】按钮，完成操作。

5.7 网络应用

本节通过实例，主要介绍使用电子邮件发送、与人共享、联机演示等方式实现网络共享等操作。

5.7.1 使用电子邮件发送

$\xrightarrow{\text{单击}}$【文件】按钮$\xrightarrow{\text{选择}}$“共享”命令$\xrightarrow{\text{选择}}$“电子邮件”命令$\xrightarrow{\text{单击}}$【作为附件发送】$\xrightarrow{\text{单击}}$Outlook 客户端

$\xrightarrow{\text{单击}}$【发送】按钮

5.7.2　与人共享

$\xrightarrow{\text{单击}}$【文件】按钮 $\xrightarrow{\text{选择}}$“共享”命令 $\xrightarrow{\text{选择}}$“保存云”命令 $\xrightarrow{\text{单击}}$【登录】按钮 $\xrightarrow{\text{输入}}$ 电子邮件地址和密码 $\xrightarrow{\text{单击}}$【确定】按钮 $\xrightarrow{\text{选择}}$ OneDrive $\xrightarrow{\text{单击}}$【另存为】按钮

5.7.3　广播幻灯片

$\xrightarrow{\text{单击}}$【文件】按钮 $\xrightarrow{\text{选择}}$“共享”命令 $\xrightarrow{\text{选择}}$“联机演示”命令 $\xrightarrow{\text{单击}}$【链接演示】按钮

实验环节

实验1　演示文稿的创建与编辑

【实验目的】

(1)掌握 PowerPoint 2016 的启动、保存方法。

(2)掌握演示文稿创建的基本过程。

(3)掌握幻灯片的编辑和格式化方法。

演示文稿的创建与编辑

【实验内容】

(1)演示文稿的创建。创建有三张幻灯片的演示文稿，将结果以“自我介绍 .pptx”保存在计算机 D 盘中。

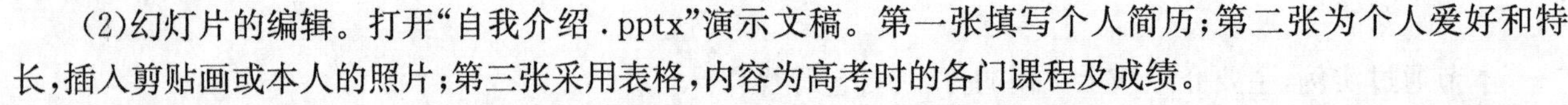

(2)幻灯片的编辑。打开“自我介绍 .pptx”演示文稿。第一张填写个人简历;第二张为个人爱好和特长，插入剪贴画或本人的照片;第三张采用表格，内容为高考时的各门课程及成绩。

(3)幻灯片的格式化。利用母版将标题设置为隶书、一号、加粗、加阴影。对第一张的文本设置为楷体、20 磅，并添加项目符号。第二张、第三张可根据自己的爱好自行设置文本格式，设置幻灯片的背景颜色。

【实验步骤】

1. 演示文稿的创建

(1)单击【文件】按钮，选择“新建”命令，选择“空白演示文稿”，单击【新建】按钮。

(2)单击【文件】按钮，选择“保存”命令，选择 D 盘，输入文件名“自我介绍 .pptx”。

(3)单击【确定】按钮。

2. 幻灯片的编辑

(1)单击【文件】按钮，选择“打开”命令，将“自我介绍 .pptx”演示文稿打开。

(2)在第一张幻灯片的编辑区输入相应的内容。

(3)单击【文件】按钮，选择“新建幻灯片”命令，插入第二、三张幻灯片。

(4)选定第二张幻灯片，单击“插入”选项卡“图像”组中的【剪贴画】按钮，插入剪贴画。单击“插入”选项卡“图像”组中的【图片】按钮，打开“插入图片”对话框，选择相应的图片即可。

3. 幻灯片的格式化

(1)单击“视图”选项卡“母版视图”组中的【幻灯片母版】按钮。

(2)选定标题文本框，单击“绘图工具/格式”选项卡，选择“字体”命令，进行相应设置。

(3)单击功能区中的【关闭母版视图】按钮。

(4)选定第一张幻灯片，单击正文文本区。

(5)选择“开始”选项卡中的“字体”组，进行相应设置。

(6)选定正文文本区。单击“开始”选项卡“段落”组中的【项目符号】和【编号】按钮,选择相应的项目符号和编号。

(7)单击“设计”选项卡“自定义”组中的【设置背景格式】按钮,进行相应设置。

【实验思考】

(1)怎样利用“样本模板”创建演示文稿?

(2)试用“主题样式”更换幻灯片的背景。

实验2 演示文稿的放映

【实验目的】

(1)掌握幻灯片的动画设置方法。

(2)掌握幻灯片的超链接设置方法。

(3)掌握幻灯片的放映方法。

【实验内容】

(1)设置动画效果。利用“动画”选项卡设置,将每个对象设置为不同的动画效果。其中第二张幻灯片中的“剪贴画”(或个人照片)第一个出现,文本在其后出现。利用“切换”选项卡设置幻灯片间的换页动画效果。

(2)设置动作按钮。在第一张幻灯片前插入一张幻灯片作为首页,在首页幻灯片上添加三个动作按钮,依次设置超链接,分别指向相应的“简历”“高考情况”“爱好”幻灯片;在每一张幻灯片上插入【第一张】按钮。

(3)插入声音。在“个人简历”幻灯片上插入一段音乐,并设置为“需要时单击播放音乐”。

(4)设置演示文稿的放映方式。设置不同的放映方式,观察放映效果。

【实验步骤】

打开实验1中完成的“自我介绍.pptx”演示文稿。

1. 设置动画效果

(1)选择幻灯片中的某一对象,选择“动画”选项卡。

(2)单击【添加效果】按钮,选择相应的动画效果。

(3)重复(1)、(2)步骤,对所有对象进行动画设置,单击【对动画重新排序】按钮,调整对象出现的顺序。

(4)选择“切换”选项卡,选择幻灯片切换效果、速度、声音、换片方式。

2. 设置动作按钮

(1)在第一张幻灯片前插入一张幻灯片,版式为“标题幻灯片”。

(2)单击“插入”选项卡的【形状】按钮,设置动作按钮。

(3)单击幻灯片中的适当位置,添加三个自定义动作按钮,并按“实验内容”的要求设置超链接。

(4)适当调整动作按钮的大小,并在动作按钮上添加相应的文本内容。

(5)单击“视图”选项卡“母版视图”组中的【幻灯片母版】按钮。

(6)单击“插入”选项卡中的【形状】按钮,选择“第一张”动作按钮。

(7)在母版幻灯片上的适当位置单击,添加“第一张”动作按钮。

(8)单击“幻灯片母版”选项卡中的【关闭母版视图】按钮。

3. 影片和声音的插入

(1)选定第二张幻灯片。

(2)单击“插入”选项卡“媒体”组中的【音频】按钮,在列表中选择“PC上的音频。”

(3)在“插入音频”对话框中,选定某一声音文件,单击【插入】按钮。

(4)单击【在单击时】按钮,选定声音播放方式。

4. 演示文稿的放映方式

单击“幻灯片放映”选项卡，选择“开始放映幻灯片”组中的某种播放方式，并进行相关的设置。

【实验思考】

(1)如何利用母版控制演示文稿中所有幻灯片的格式？

(2)添加自选图形代替实验内容(2)的动作按钮，设置超链接。

实验 3　演示文稿综合实例

【实验目的】

制作一个北斗导航简介的演示文稿，样例如图 5-1 所示。

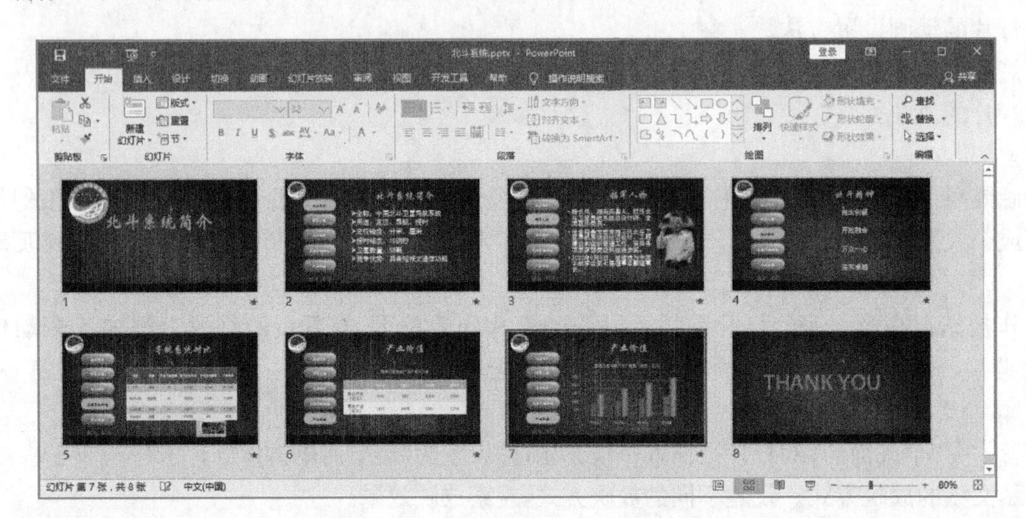

图 5-1　北斗系统简介演示文稿样例

【实验内容】

(1)收集素材，包括文本信息、图片、音频、视频及相关数据等。

(2)版面构思、精心设计整体演示文稿的结构。

(3)完成演示文稿设计。

【实验步骤】

1. 启动 PowerPoint 2016

启动 PowerPoint 2016 演示文稿。

2. 插入 7 张新幻灯片

单击“开始”选项卡“幻灯片”组中的【新建幻灯片】按钮或按【Ctrl+M】快捷键，插入新幻灯片。

3. 设计幻灯片主题模板

单击“主题”组中【其他选项】按钮，在列表中选择“浏览主题”，在素材文件夹选择“星空”，单击【应用】按钮。

4. 设计幻灯片母版

单击“视图”选项卡“母版视图”组中【幻灯片母版】按钮，进入母版编辑操作界面。

(1)插入图片：在幻灯片母版编辑界面中，选择“标题和内容”版式，将素材图片 1 插入该版式中，调整图片大小与位置。

(2)插入圆角矩形：在幻灯片母版编辑界面中，选择“标题和内容”版式，在该版式下单击“插入”选项卡“插图”组中的【形状】按钮，选择圆角矩形，在该母版中插入 5 个圆角矩形，并设置该圆角矩形的填充色。

(3)编辑文本：选择第 1 个圆角矩形，右击，在快捷菜单中选择“编辑文字”，然后在输入“北斗简介”。

依此方法分别在下面4个圆角矩形中输入“领军人物”“北斗精神”“导航系统对比”“产业价值”。

(4)插入两个动作按钮。单击“插入”选项卡“插图”组中的【形状】按钮,在列表中单击“动作按钮”区域中的【后退或前一项】和【前进或后一项】两个按钮。

(5)调整文本框:调整标题文本框和内容文本框的宽度。

(6)设计标题格式:华文行楷、44号、橙色,居中对齐。

(7)设置文本格式:设置文本样式为黑体、32号。

(8)退出母版:单击“幻灯片母版”选项卡中的【关闭母版视图】按钮。

5. 编辑第1张幻灯片

(1)插入图片:将素材图片1(任意图片)插入幻灯片中,调整图片大小与位置。将其置于底层。

(2)插入艺术字:插入艺术字,选择“填充:金色,主题色4;软棱台”,华文新魏,88号,橙色;艺术字文本效果为“透视:右上”效果。

(3)幻灯片切换效果设置为“蜂巢”。

6. 编辑第2张幻灯片

(1)编辑文本内容。

(2)插入一个圆角矩形,调整该矩形的大小与母版中的圆角矩形相同。编辑该图形的填充色为橙色,文字为“北斗简介”,文字颜色为黑色,并将其放置在第1个圆角矩形上面。

(3)幻灯片切换效果设置为“溶解”。

7. 编辑第3张幻灯片

(1)编辑文本内容。

(2)插入素材图片2,调整大小并裁剪,图片样式设置为“棱台形椭圆,黑色”。

(3)设计图片和文本框的动画效果:图片动画效果为“淡化”,文字动画效果为“擦除”,效果选项选择“自左侧”,动画效果都设置为单击时开始。

(4)插入一个圆角矩形,调整该矩形的大小与母版中的圆角矩形相同。编辑该图形的填充色为橙色,文字为“领军人物”,文字颜色为黑色,并将其放置在第2个圆角矩形上面。

(5)幻灯片切换效果设置为“剥离”。

8. 编辑第4张幻灯片

设置方法同第2页幻灯片。

(1)编辑文本内容。

(2)设置内容文本动画的动画为“缩小/放大”

(3)插入一个圆角矩形,调整该矩形的大小与母版中的圆角矩形相同。编辑该图形的填充色为橙色,文字为“北斗精神”,文字颜色为黑色,并将其放置在第3个圆角矩形上面。

(4)幻灯片切换效果设置为“涟漪”。

9. 编辑第5页幻灯片

(1)输入标题内容。

(2)插入表格,填写数据,调整表格格式。

(3)插入视频。将素材“视频1.wmv”视频文件插入到该幻灯片中。单击“插入”选项卡“媒体”组中的【视频】按钮。

(4)设置视频播放效果。选择视频,单击“视频格式/播放”选项卡“编辑”组中的【剪辑视频】按钮,将开始时间设置为00:05,结束时间设置为02:51.300。在“视频选项”组中选择“全屏播放”复选框和“未播放时隐藏”复选框

(5)插入一个圆角矩形,调整该矩形的大小与母版中的圆角矩形相同。编辑该图形的填充色为橙色,文字为“导航系统对比”,文字颜色为黑色,并将其放置在第4个圆角矩形上面。

(6)幻灯片切换效果设置为“闪耀”,持续时间1.5秒。

10. 编辑第6张幻灯片

(1)输入标题内容。

(2)插入3行5列的表格,输入数据,设置字体,修改字号,调整表格。

(3)上方插入文本框,输入内容。

(4)插入一个圆角矩形,调整该矩形的大小与母版中的圆角矩形相同。编辑该图形的填充色为橙色,文字为“产业价值”,文字颜色为黑色,并将其放置在第5个圆角矩形上面。

(5)幻灯片切换效果设置为“棋盘”。

11. 编辑第7张幻灯片

(1)输入标题内容。

(2)插入图表。单击“插入”选项卡“插图”组中的【图表】按钮,并选择“三维簇状柱形图”图表。编辑数据,生成图表,编辑图表。

(3)插入一个圆角矩形,调整该矩形的大小与母版中的圆角矩形相同。编辑该图形的填充色为橙色,文字为“产业价值”,文字颜色为黑色,并将其放置在第5个圆角矩形上面。

(4)幻灯片切换效果设置为“门”。

12. 编辑第8张幻灯片

(1)输入艺术字。

(2)幻灯片切换效果设置为“立方体”。

13. 保存演示文稿

选择“文件”→“保存”命令保存演示文稿。

测试练习

习 题 5

一、选择题

1. PowerPoint 2016 提供了(　　)种视图方式。

A. 4　　B. 5　　C. 6　　D. 3

2. 创建演示文稿的方法有(　　)。

A. 使用“自定义主题”　　B. 使用“office 主题”

C. 使用“空白演示文稿”　　D. 以上都可以

3. PowerPoint 2016 默认的扩展名为(　　)。

A. . xlsx　　B. . exe　　C. . pptx　　D. . docx

4. 在幻灯片上,可以插入(　　)。

A. 文本框　　B. 图片　　C. 艺术字　　D. 以上都可以

5. 单击【幻灯片放映】按钮,幻灯片按顺序在全屏幕上显示,单击(　　)键或【→】(或【↓】)键显示下一张。

A. 鼠标左　　B. 鼠标右　　C. 空格　　D. Alt

6. 在当前演示文稿中要新增一张幻灯片,采用(　　)方式。

A. 单击“开始”选项卡中的“新建”选项

B. 单击“开始”选项卡中的【复制】【粘贴】按钮

C. 单击“开始”选项卡中的【新建幻灯片】按钮

D. 单击“插入”选项卡中的【新建幻灯片】按钮

7. 下列说法正确的是(　　)。

A. 可以为一个演示文稿中的不同幻灯片设计不同模板

B. 只能为一个演示文稿中的所有幻灯片设计一个模板

C. 只能为一个演示文稿中的所有幻灯片设计一种版式

D. 只能为一个演示文稿中的所有幻灯片设计一种背景

8. 要使演示文稿中每张幻灯片的标题具有相同的字体格式、相同的图标,应通过(　　)快速地实现。

A. 单击“视图”选项卡中“母版视图”组中的【幻灯片母版】按钮

B. 选择“设计”选项卡中“主题”组中的主题选项

C. 选择“设计”选项卡中“背景”组中的“背景样式”选项

D. 选择“开始”选项卡中的“字体”

9. 在空白幻灯片中不可以直接插入(　　)。

A. 文本框　　B. 文字

C. 艺术字　　D. Word表格

10. 幻灯片内的动画效果,通过“动画”选项卡中的(　　)选项设置。

A. 添加动画　　B. 动画窗格

C. 动画预览　　D. 对动画重新排序

11. 在幻灯片中插入声音元素,幻灯片播放时(　　)。

A. 单击声音图标,才能开始播放

B. 只能在有声音图标的幻灯片中播放,不能跨幻灯片连续播放

C. 只能连续播放声音,中途不能停止

D. 可以按需要灵活设置声音元素的播放

12. 幻灯片母版设置可以起到的作用是(　　)。

A. 设置幻灯片的放映方式

B. 定义幻灯片的打印设置

C. 设置每页幻灯片的具体内容

D. 统一设置整套幻灯片的标志图片或多媒体元素

二、填空题

1. 普通视图包含3种窗格:(　　)窗格、(　　)窗格和(　　)窗格。

2. 利用(　　)制作的演示文稿具有固定的格式和背景图案;利用(　　)制作的演示文稿具有统一的背景图案。

3. 采用“空白”版式的幻灯片中输入文字内容,需要先选择“插入”选项卡中的(　　)按钮添加(　　)。

4. 在幻灯片上,插入图片的方法是选择“插入”选项卡中“图像”组中的(　　)按钮。

5. 选择“设计”选项卡中(　　)选项可以设置幻灯片的背景颜色和效果。

6. 添加(　　)按钮和创建(　　)都可以控制演示文稿的放映顺序。

7. 通过PowerPoint 2016将演示文稿共享可以通过(　　)、(　　)和(　　)三种方式。

8. 插入视频可以插入(　　)和PC上的视频。

9. 如果两个对象的动画相同,我们可以使用“高级动画”选项卡中的(　　)按钮将第一个对象的动画复制到第二个对象上。

10. 如果希望插入的声音开始的音量由小到大,可以设置(　　)时间。

三、简答题

1. 怎样输入和编辑文本?

2. 怎样插入图片、艺术字、添加自选图形?

3. 怎样插入声音、音乐、视频和动画?

4. 怎样利用母版控制演示文稿中所有幻灯片的格式?
5. 在演示文稿中怎样进行幻灯片的插入和删除操作?
6. 怎样添加动作按钮和创建超链接?
7. 怎样定义"自定义放映"?
8. 怎样启动和结束演示文稿的放映?
9. 怎样打印演示文稿?
10. 怎样打包演示文稿?

第三部分 计算机应用技术基础

第6章 计算机多媒体技术
第7章 数据通信技术基础
第8章 计算机网络与应用
第9章 软件技术基础
第10章 信息安全

第6章　计算机多媒体技术

本章介绍计算机多媒体技术的有关基本概念和基本原理，以及计算机多媒体技术处理信息的基本方法和常用的基本工具。通过本章学习，读者要重点掌握媒体、多媒体、多媒体技术的基本概念、特点和媒体分类形式；了解多媒体系统构成；掌握各种媒体素材处理技术，掌握媒体素材整理工具的使用方法。

知识体系

本章知识体系结构：

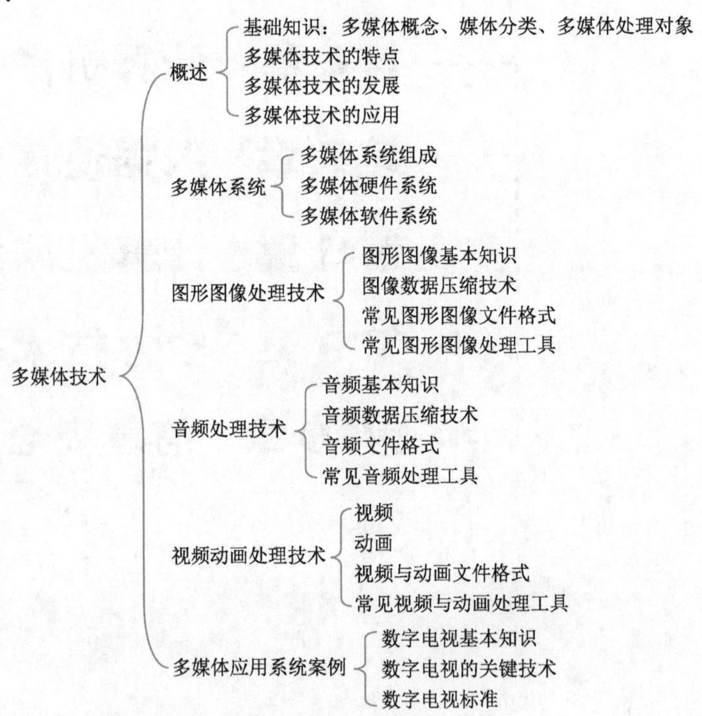

本章重点：媒体、多媒体、多媒体技术的基本概念和特点；媒体分类形式；多媒体系统构成；图形图像、音频、动画和视频媒体素材处理技术和制作工具的使用方法。

本章难点：图形图像、音频、动画和视频媒体素材的处理技术，使用制作工具的方法。

学习纲要

6.1　多媒体技术概述

本节主要介绍媒体、多媒体的基本概念，媒体分类形式，多媒体技术的概念和特点，多媒体技术的发展和应用等。

6.1.1 多媒体基础知识

1. 基本概念

媒体是信息表示和传播的载体。

多媒体是指多种媒体信息载体的表现形式和传递方式。

多媒体技术是通过计算机对文字、图像、图形、动画、音频、视频等多种信息进行综合处理、建立逻辑关系,使用户通过多种感官与计算机进行实时信息交互的技术。

2. 媒体类型

国际电信联盟(ITU)根据媒体的表现形式将其分为5大类,如表6-1所示。

表6-1 媒体类型

媒体类型	用途	表现形式	表现介质
感觉媒体	用于人类感知客观环境	听觉、视觉、触觉	文字、图形、图像、动画、语言、声音、音乐等
表示媒体	用于定义信息的表达特征	计算机处理信息格式	ASCII编码、图像编码、声音编码、视频编码等
显示媒体	用于表达信息	输入、输出信息	键盘、鼠标、扬声器、扫描仪、屏幕、打印机等
存储媒体	用于存储信息	保存、取出信息	硬盘、光盘、闪盘、光存储等
传输媒体	用于连续数据信息的传输	信息传输的网络介质	电缆、光缆、微波、红外线等

3. 多媒体技术主要处理对象

多媒体技术的主要处理对象有文本、图形、图像、动画、音频信息、视频信息等。

6.1.2 多媒体技术特点

多媒体技术的主要特点有数字化、集成性、多样性、交互性及实时性等。

6.1.3 多媒体技术的发展

多媒体技术的发展经历了启蒙、初期应用和标准化、蓬勃发展等阶段,正在向多重业务融合、网络化、多媒体终端应用设施部件化、智能化和嵌入化方向发展。

6.1.4 多媒体技术的应用

多媒体的应用已经遍及社会生活的各个领域,如教育、过程与智能模拟、咨询服务、通信、军事、金融等。

6.2 多媒体系统

本节主要介绍多媒体系统的组成、多媒体硬件系统和多媒体软件系统等。

6.2.1 多媒体系统组成

多媒体系统是指利用计算机技术和数字通信网络技术来处理和控制多媒体信息的系统。多媒体系统由多媒体硬件系统和多媒体软件系统两部分组成。

6.2.2 多媒体硬件系统

硬件系统包括计算机主要配置和各种外围设备,以及各种外围设备的控制接口卡(其中包括多媒体实时压缩和解压缩电路)。

1. 多媒体个人计算机硬件组成

多媒体个人计算机硬件系统除了需要较高配置的计算机主机硬件以外,通常还需要音频与视频处理设备、光盘驱动器、各种媒体输入与输出设备等。

1)音频卡

音频卡也叫声卡,是多媒体硬件系统中最基本的组成部分,是实现声波/数字信号相互转换的一种硬件。

按接口类型可将声卡分为板卡式、集成式和外置式。

2)视频卡

视频卡用于处理多媒体视频信息，通常又称视频采集卡。按用途分为广播级视频采集卡、专业级视频采集卡及民用级视频采集卡。

2. 多媒体个人计算机所需的硬件环境

硬件环境是决定多媒体个人计算机性能的重要因素，通常考虑以下几方面。

(1)符合 PCI 的显示适配器。

(2)大容量内存储器。

(3)高性能硬盘存储器。

(4)足够的可扩展能力。

6.2.3 多媒体软件系统

多媒体软件系统包括多媒体驱动软件、多媒体操作系统、多媒体数据处理软件、多媒体制作工具软件和多媒体应用软件。

1. 多媒体驱动软件

多媒体驱动软件完成设备的初始化，完成各种设备操作以及设备的关闭等，是多媒体计算机中直接和媒体硬件打交道的程序。

2. 多媒体操作系统

多媒体操作系统是指除具有一般操作系统的功能外，还具有综合使用各种媒体的能力，能灵活地调度多种媒体数据，并能进行相应的传输和处理，使各种媒体硬件协同工作。

3. 多媒体数据处理软件

多媒体数据处理软件是在多媒体操作系统之上开发的，帮助用户编辑和处理多种媒体数据的工具，如声音录制、编辑软件、图形图像处理软件、动画生成编辑软件等。

4. 多媒体制作工具

多媒体制作工具是在多媒体操作系统之上开发的帮助用户制作多媒体应用软件的工具。

5. 多媒体应用软件

多媒体应用软件是利用多媒体制作工具或计算机语言设计的多媒体产品，直接面向用户。

6.3 图形图像处理技术

本节主要讲述图形图像的基本知识、数据压缩技术以及图形图像文件存储格式，通过制作实例介绍 Photoshop 图形图像处理软件的使用方法。

6.3.1 图形图像基本知识

1. 位图图像

可以把位图看作在一个栅格网上的图案，即“点阵”图。位(bit)的两种状态 0、1 代表颜色的黑色和白色。如果把不同的“位”聚集成一个图案，黑白点就可以组成一幅位图。位图图像具有真实感强、可以进行像素编辑、打印效果好、文件较大、分辨率有限等特点。

1)像素

像素是位图图像的基本构成元素。在位图中，当每一个小“方块”中被填充了颜色时，它就能表达出图像信息，其中每个小“方块”称为像素。

2)颜色深度

在一个计算机系统中，表示一幅图像的一个像素的颜色所使用的二进制位数就称为颜色深度。根据量化的颜色深度不同，图像颜色有两种模式：二值图像，以及彩色图像与灰度图像。

2. 矢量图形

矢量图形是用数学公式对物体进行描述以建立图像。矢量图形最基本的特点是图形信息量少、具有高度的可编辑性、能快速打印和屏幕显示、缺乏表现力。

3. 颜色基础

1)色彩的表示

(1)三基色相加混色原理,即红(R)、绿(G)、蓝(B)按不同的比例调配形成不同的颜色。

由三基色进行相加混色的情况有:R+G=黄色;R+B=品红;G+B=青色;R+G+B=白色。

(2)CMYK相减混色原理。打印彩色图像时,通常使用CMYK相减混色原理,即通过三原色:青色(C)、品红色(M)、黄色(Y)相减混色来实现。

CMYK相减混色的情况有:Y−M=R;C−M=B;Y−C=G;Y−C−M=K。

(3)真彩色、伪彩色、调配色。在RGB色彩空间中,图像深度与色彩的映像关系,可以有真彩色、伪彩色、调配色三种。

①真彩色。真彩色是指图像中的每个像素值都分成R、G、B三个基色分量,每个基色分量直接决定基色的强度。

②伪彩色。伪彩色图像的每个像素值实际上是一个索引值或代码,该代码值作为颜色查找表中某一项的入口地址,根据该地址可查找出R、G、B的强度值。用这种方式产生的颜色本身是真实的,不过它不一定反映原图的颜色,故称伪彩色。

③调配色。调配色的获取是通过每个像素点的R、G、B分量分别作为单独的索引值进行变换,经过相应的颜色变换表找出各自的基色强度,用变换后的R、G、B强度值产生的颜色。

2)颜色模型

为了便于计算机处理颜色,人们建立了各种颜色模型。常见的有RGB、CMYK、HSB、Lab和HIS等颜色模型。

4. 分辨率

图像分辨率是组成一幅图像的像素密度的度量方法,图像分辨率的单位是dpi,其包括颜色分辨率、屏幕分辨率、显示分辨率和打印分辨率等。

5. 图像数据的容量

图像数据大小的计算公式为:

图像数据量=图像的总像素×图像深度/ 8

图像数据所占用的存储空间较大,因此,在处理图形图像时,应考虑好图像容量与效果的关系。

6.3.2 图像数据压缩技术

数据压缩是指在不丢失信息的前提下,缩减数据量以减少存储空间,提高其传输、存储和处理效率的一种技术方法,可分为有损压缩和无损压缩。图像压缩是数据压缩技术在数字图像上的应用,其目的是减少图像数据中的冗余信息,从而用更加高效的格式存储和传输数据。

1. 数据冗余

图像数据的数据量是相当大的,但这些数据量并不完全等于它们所携带的信息量,在信息论中,这些多余的数据就称为冗余。冗余是指信息存在各种性质的多余度。图像数据中存在的冗余主要有空间冗余、时间冗余、编码冗余、结构冗余、知识冗余、视觉冗余等。

2. 图像数据压缩方法

数据压缩处理一般由两个过程组成:一是编码过程,二是解码过程。针对冗余类型的不同,人们提出了各种各样的数据压缩方法。根据解码后的数据与原始数据是否完全一致来进行分类,数据压缩方法一般划分为可逆编码方法(无损压缩)和不可逆编码方法(有损压缩)。

目前,对于图像数据压缩,无损压缩技术主要有RLE编码、算术编码、词典编码和LZW压缩算法等;有损压缩技术主要有脉冲编码调制、小波变换编码、离散余弦变换编码等。

3. 图像数据压缩编码标准

目前,图像数据压缩编码标准主要有 JPEG、JPEG-2000 标准和 JPEG-LS 标准等。

6.3.3 常见图形图像文件格式

开发图形图像处理软件的厂商很多,由于在存储方式、存储技术及发展观点上的差异,导致图像文件格式的多样化,常见的图形图像文件格式主要有 BMP、JPG、GIF、TIFF、TGA 及 PNG 等。

6.3.4 常用图形图像处理工具

把自然的影像转换成数字化图像就是图像素材的获取过程,其实质是进行模/数转换。获得这些图形图像素材有两种办法:一种是用图形绘制软件进行创作;另一种就是利用扫描仪、数码照相机、互联网等途径收集原始图像,然后使用图像处理软件进行加工处理。

常用图形绘制软件包括 CorelDRAW、Freehand、Illustrator 等;常用的图像处理软件包括 Photoshop、Corel Photo Paint、Ulead PhotoImpact、Paint Shop 等。

6.4 音频处理技术

本节主要讲述音频的基本知识、音频数据压缩的各种国际标准以及常见音频文件存储格式,通过实例介绍 GoldWave 软件的使用方法。

6.4.1 音频的基本知识

1. 音频

人类所能听到的所有声音都称为音频,是一种具有振幅周期性(频率)的声波,其频率范围为 20 Hz～20 kHz。音频主要包括波形声音、语音和音乐等。

2. 数字音频

数字音频是指用一系列的数字来表示音频信号,即把模拟音频信号转换成有限个数字表示的离散序列,从而实现音频数字化。

音频信号的数字化包括采样、量化、形成文件等过程。

3. MIDI 音乐

MIDI 是乐器数字接口的缩写。MIDI 不记录声音的波形信息,而是说明音乐信息的一系列指令,如音符序列、节拍速度、音量大小,甚至可以指定音色,即 MIDI 通过描述声音产生了数字化的乐谱,是对声音的符号表示。由声卡上的合成器根据这个"乐谱"完成音乐合成,再通过扬声器播放出来。

6.4.2 音频数据压缩技术

1. 音频数据压缩方法

与数字图像压缩方法相似,音频压缩技术分为无损压缩和有损压缩两大类。按照语音的压缩编码方法可以分为波形编码、参数编码和混合编码等。

2. 音频压缩标准

音频信号可分为电话质量的语言、调幅广播质量的音频信号和高保真立体声信号(如调频广播信号、激光唱片音盘信号等)。数字音频压缩技术标准分为电话语音压缩、调幅广播语音压缩和调频广播及 CD 音质的宽带音频压缩等。

自 20 世纪 70 年代起,CCITT 和 ISO 已先后推出了一系列的语音编码技术标准。其中,CCITT 推出了 G 系列标准,ISO 推出了 H 系列标准。

6.4.3 常见音频文件格式

在多媒体声音处理技术中,最常见的音频存储格式有 WAVE、MIDI、MP3、MP4、RA、WMA 等。

6.4.4 常用音频处理工具

常用音频录制软件包括 RealPlayer、Advanced MP3 Sound Recorder v2.2.1、Audacity for Mac 2.0.3 等。

6.5 视频动画处理技术

本节主要讲述视频动画的基础知识,视频图像压缩的各种国际标准,以及视频动画文件的存储格式。

6.5.1 视频

视频信息是连续变化的影像,通常是指实际场景的动态演示,例如电影、电视,摄像资料等。视频信息的获取来自于数字摄像机、数字化的模拟摄像资料、视频素材库等。视频信息带有同期音频,画面信息量大,表现的场景复杂,常采用专门的软件对其进行加工和处理。

1. 视频图像

视频在多媒体应用系统中占有非常重要的地位,因为它本身可以由文本、图像、声音、动画中的一种或多种组合而成。利用其声音与画面的同步、表现力强的特点,能明显提高直观性和形象性。通常将连续地随着时间变化的一组图像称为视频图像,其中每一幅图像称为一帧(Frame)。视频用于电影时,采用 24 帧/s 的播放速率;用于电视时,采用 25 帧/秒的播放速率(PAL 制)。

2. 数字视频处理技术

各种制式的视频信号都是模拟信号,为了使计算机能够处理视频信息,必须将模拟信号转换为数字信号。数字视频处理的基本技术就是通过"模拟/数字"(A/D)信号的转换,也就是把图像上的每个像素信息按照一定的规律,编成二进制数码,即把视频模拟信号数字化,方便视频信息的存储和传输,有利于计算机进行分析处理。

3. 视频数据压缩技术

1)视频压缩原理

视频图像编码方法的基本思想是:第一帧和关键帧采用帧内编码方法进行压缩,而后续帧的编码根据相邻帧之间的相关性,只传输相邻帧之间的变化信息(帧差),帧差的传送采用运动估计和补偿的方法进行编码。如果视频图像只传输第一帧和关键帧的完整帧,而其他帧只传输帧差信息,就可以得到较高的压缩比。

2)视频压缩标准

由 ISO 和 ITU-T 制定的视频压缩编码标准有 H.261、H.263、H.264、MPEG-1、MPEG-2、MPEG-4、MPEG-7 和 MPEG-21 等。

6.5.2 动画

动画是利用了人类眼睛的视觉滞留效应。人在看物体时,物体在大脑视觉神经中的停留时间为 0.1～0.4 秒,每秒 10 个画面以上,可以形成连续影像。

1. 动画分类

从动画制作技术和手段的不同,可以将动画分为传统手工工艺的动画和现代计算机设计制作为主的计算机动画。计算机动画又分为二维动画和三维动画。

2. 数字动画的基本参数

数字动画的基本参数包括帧速度、画面大小、图像质量及数据量等。

6.5.3 视频与动画文件格式

在多媒体视频与动画处理技术中,最常见的存储格式有 AVI、MOV、MPEG、DAT、SWF、ASF、WMV 和 RM 等。

6.5.4 常用视频与动画处理工具

目前，比较流行的二维动画制作软件有 Animator Studio、Flash、AXA 2D 等，三维动画软件有 3ds max、Maya、Lightwave 3D 等。

6.6 多媒体应用系统案例

本节主要介绍数字电视基本知识、关键技术以及数字电视标准等。

6.6.1 数字电视基本知识

1. 数字电视

数字电视是指电视信号的采集、处理、发射、传输和接收过程中使用数字信号的电视系统或电视设备。

2. 数字电视分类

按数字电视信号传输途径，主要分为数字卫星电视广播系统、数字有线电视广播系统、数字地面电视广播系统等。

按数字电视信号清晰度的角度，主要分为高清晰度电视、标准清晰度电视、低清晰度电视，三者的区别主要在于图像质量和信号传输时所占信道带宽的不同。

6.6.2 数字电视关键技术

1. 数字电视的信源编/解码

信源编/解码技术包括视频图像编/解码技术及音频信号编/解码技术。国际上统一采用了 MPEG-2 标准进行数字电视信源的编解码。

2. 数字电视的传送复用

数字电视的传送复用从发送端信息的流向来看，复用器把音频、视频、辅助数据的码流通过一个打包器打包，然后复合成单路串行的传输比特流，送给信道编码及调制；接收端与此过程相反。在数字电视的传送复用标准方面，国际上统一采用 MPEG-2 标准。

3. 数字电视的信道编解码及调制解调

通常情况下，编码码流不能或不适合直接通过传输信道进行传输，必须经过某种处理，使之变成适合在规定信道中传输的形式。在通信原理上，这种处理称为信道编码与调制。

4. 软件平台(中间件)

软件平台的作用是使机顶盒的功能以 API 的形式提供给机顶盒生产厂家，以实现数字电视交互功能的标准化，同时使业务项目以应用程序的形式通过传输信道下载到用户机顶盒的数据减小到最低限度。

5. 条件接收

条件接收系统通过对播出的数字电视节目内容进行数字加扰，建立有效的收费体系，使已经付费的用户能正常接收订购的电视节目和增值业务，而未付费的用户则不能观看收费节目。

6.6.3 数字电视标准

数字电视标准是指数字电视采用的视频音频采样、压缩格式、传输方式和服务信息格式等的规定。数字电视涉及很多领域的标准，按照信号传输方式分为地面无线传输、有线传输、卫星传输、手持设备传输等体系。

地面无线传输标准有美国 ATSC 标准、欧洲 DVB 标准、日本 ISDB 标准、中国标准 DMB-T/H；有线传输标准有美国的 ATSC-C、欧洲的 DVB-C 标准，中国的有线电视网络一般采用的是欧洲标准；卫星传输标准有国际通用的 DVB-S、DVB-S2 标准，中国主要采用 DVB-S 标准；手持设备传输标准有国际通用标准 DVB-SH 及 MediaFLO、欧洲的 DVB-H 标准等，中国采用 T-MMB 标准。

实验环节

实验1　利用Photoshop CC制作特殊效果

【实验目的】

(1)熟悉Photoshop CC的窗口。

(2)掌握Photoshop CC渐变填充方法。

(3)掌握Photoshop CC图层操作方法。

(4)掌握Photoshop CC文字制作方法。

【实验内容】

(1)在Photoshop CS6中新建一个图片文件。

(2)对文字进行变形处理。

(3)使用模糊、锐化、海绵、橡皮擦、图章等工具的应用。

【实验步骤】

(1)新建背景文件。设置文件属性值为"800×800像素""RGB模式"。

(2)新建图层1。按【Ctrl+R】快捷键打开标尺,右击标尺将单位设置为"像素",在画布中心拖出两条参考线。

(3)绘制圆形。单击工具箱中的【椭圆选框】按钮,按【Shift】键绘制正圆,单击属性工具栏中的"颜色"编辑栏,为圆形填充黑色;新建图层2,用同样的方法,再绘制正圆并填充白色,如图6-1所示。

(4)单击工具箱中的【矩形选框】按钮,在打开的属性工具栏单击【从选区减去】按钮,效果如图6-2所示。

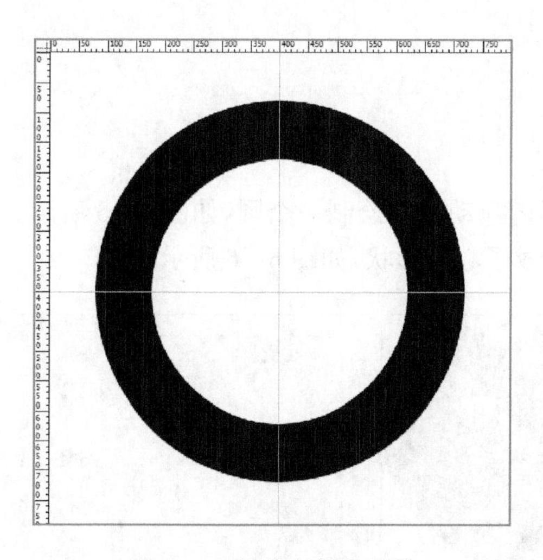

图6-1　填充白色的正圆

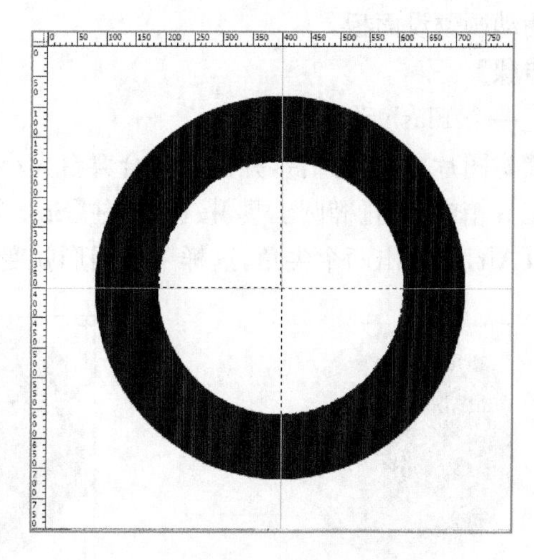

图6-2　减去后效果

(5)填充颜色。将前景色设置为蓝色(13、10、139),按【Alt+Delete】快捷键进行填充。

(6)描边。按住【Ctrl】键单击图层2,选择"编辑"菜单,选择"描边"命令并设置参数为"白色""内部""2像素"。

(7)将圆形选区转换为路径。选择"路径"面板,选择"将选区转换为路径"命令;单击工具箱中的【文字工具】按钮,输入路径文字"BMW",并使用"路径选择工具"对文字进行适当的调整,如图6-3所示。

(8)选择图层1,双击设置"斜面和浮雕"参数为"29",按住【Alt】快捷键将图层1效果施加到图层2上,最终效果如图6-4所示。

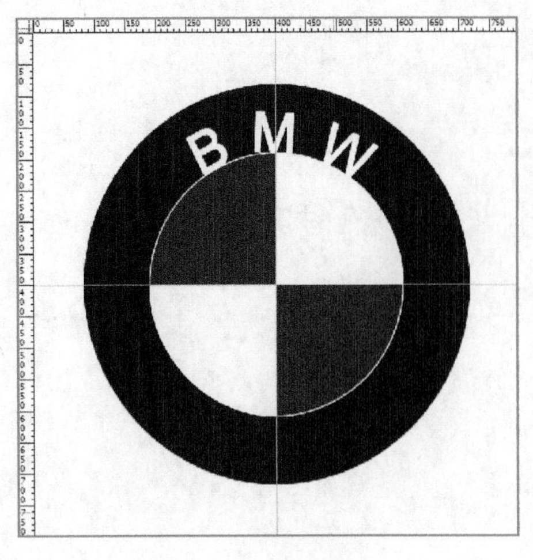

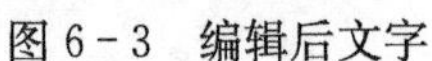
图 6-3 编辑后文字

图 6-4 效果图

实验 2 使用 Flash CC 制作“心动”动画

【实验目的】

(1)熟悉 Flash CC 的工作界面。

(2)掌握 Flash CC 椭圆工具的使用。

(3)掌握 Flash CC 动画预设面板的使用。

【实验内容】

(1)创建一个 Flash 文件。

(2)使用椭圆工具并填充渐变颜色。

(3)使用动画预设面板。

【实验步骤】

(1)新建一个 Flash 动画文档。

(2)将素材图片导入到舞台,并使其符合舞台大小。

(3)在工具箱中单击【椭圆工具】按钮,按住【Shift】键拖动鼠标绘制一个圆,如图 6-5 所示。单击【选择工具】,按住【Alt】键拖出两个尖角,这样一个圆形就变成了心的形状,如图 6-6 所示。

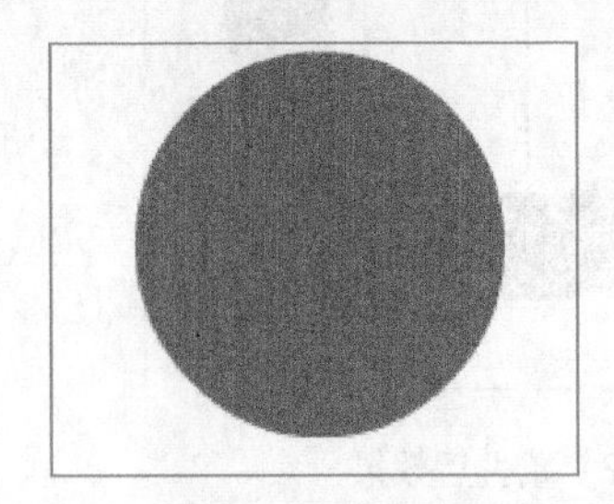

图 6-5 绘制圆形

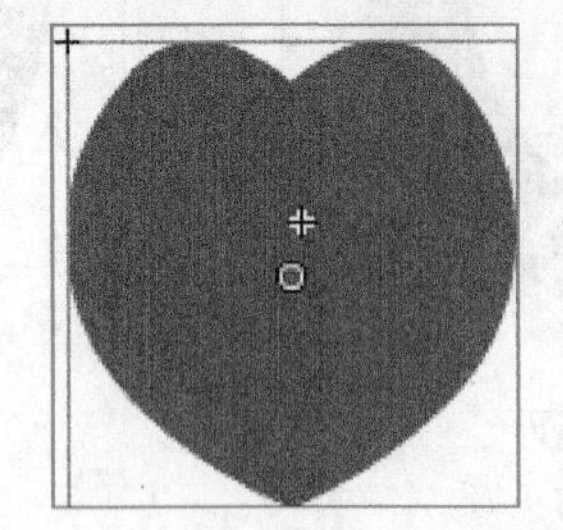

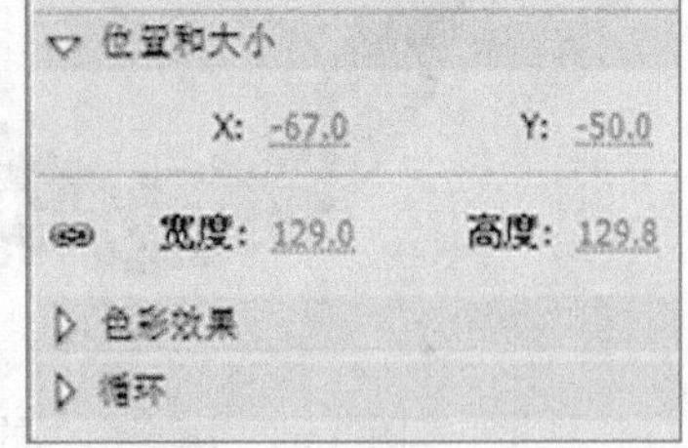

图 6-6 调整心形

(4)将绘制好的心形转换为元件,然后放置到背景中央的位置上,如图 6-7 所示。

(5)选择心形元件,在窗口中打开“动画预设”面板,在“默认预设”列表中选择“脉搏”命令,单击【应用】按钮,如图 6-8 所示。

(6)选中图层 1 的第 30 帧,按【F5】键添加关键帧。

(7)制作完成,按【Ctrl+Enter】快捷键测试动画。

图 6-7 将心形元件放置到背景中央

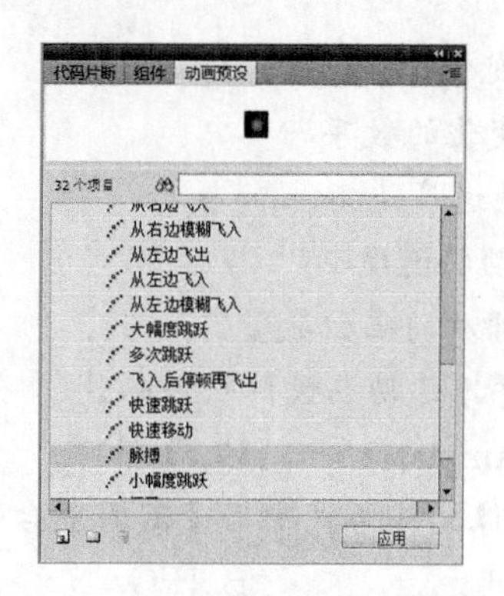

图 6-8 应用动画预设的“脉搏”效果

【实验效果图】

心动动画的效果图如图 6-9 所示。

图 6-9 心动动画的效果图

测试练习

习 题 6

一、选择题

1. 乐谱和条形码属于(　　)。

A. 存储媒体　　B. 表现媒体　　C. 表示媒体　　D. 感觉媒体

2. 光盘属于(　　)。

A. 存储媒体　　B. 表现媒体　　C. 表示媒体　　D. 感觉媒体

3. 键盘属于(　　)。

A. 存储媒体　　B. 表现媒体　　C. 表示媒体　　D. 感觉媒体

4. 文本属于(　　),而光纤属于(　　)。

A. 存储媒体　　B. 表示媒体　　C. 传输媒体　　D. 感觉媒体

5. (　　)是多媒体关键技术。

A. 信息数字化技术　　B. 信息的编码压缩

C. 硬件核心　　D. 超媒体超文本

6. 在计算机多媒体技术的特点中,(　　)是指处理多种信息载体的能力。

A. 多样性　　B. 集成性　　C. 交互性　　D. 实时性

7. 自然界的声音是(　　)信号,要使计算机能处理音频信号,必须将其离散化,这种转换过程即声音的数字化。

A. 连续变化的模拟　　B. 离散变化的模拟
C. 连续变化的数字　　D. 离散变化的数字

8. 动画的帧速度是指(　　)。
A. 帧移动的速度　　B. 每帧停留的时间
C. 一秒播放的画面数量　　D. 帧动画播放速度

9. 下列软件不是动画设计软件的是(　　)。
A. GIF Animator　　B. Flash　　C. 3ds Max　　D. GoldWave

10. 以下图像文件格式中用于不同平台资源交换格式的是(　　)。
A. BMP　　B. JPG　　C. GIF　　D. TIF

11. 以下音频文件格式中,属于音乐文件格式的是(　　)。
A. RA　　B. WAV　　C. MID　　D. MP3

二、填空题

1. (　　)是人与人之间实现信息交流的中介。
2. 原国际电报电话咨询委员会对媒体做如下分类:(　　)、(　　)、(　　)、(　　)和(　　)。
3. 多媒体技术的应用领域有(　　)、(　　)、(　　)等。
4. 多媒体信息交互是指(　　)与(　　)之间进行数据交换,媒体交换和控制权交换的一种特性。
5. MPC是(　　)。
6. 多媒体系统由(　　)和(　　)组成。
7. 常见的多媒体硬件设备有(　　)、(　　)、(　　)、(　　)等。
8. 常见的视频压缩标准有(　　)、(　　)和(　　)等。
9. 在不计压缩的情况下,数据量是指(　　)与(　　)的乘积。
10. 网页支持的图像文件类型主要有(　　)、(　　)和(　　),其中支持动画的是(　　)。
11. 在视频通信应用中,解决用户对视频质量要求和占用网络带宽要求之间矛盾的是(　　)。
12. 数字电视是指电视信号的(　　)、(　　)、(　　)、(　　)和接收过程中使用数字信号的电视系统或电视设备。

三、简答题

1. 什么是媒体?什么是多媒体技术?媒体的类型有哪些?
2. 多媒体技术涉及哪些技术?
3. 什么是多媒体技术的多样性?
4. 什么是MPC?简要说明多媒体计算机系统的构成。
5. 什么是颜色深度?256色的颜色深度是多少?
6. 简述相加混色原理。
7. 什么是分辨率?有哪些主要的分辨率?
8. CMYK颜色模型中为什么要引入黑色?
9. 常见的颜色模型有哪三类?它们的三基色是什么?
10. 常见图像数据压缩标准有哪些?
11. 写出常见的声音、图形图像、动画视频的文件格式。
12. 音频压缩技术按照语音的压缩编码方法分类,简述每种方法的特点。
13. 什么是MIDI?MIDI文件如何采集?
14. 二维动画和三维动画的主要区别是什么?
15. 什么是数字电视?有哪些标准?

第7章　数据通信技术基础

本章主要介绍数据通信基础知识、数据通信技术、常用的通信系统和即时通信工具等内容。通过本章学习，读者要掌握数据通信的基础知识，了解数据通信技术、常用的通信系统和即时通信工具。

知识体系

本章知识体系结构：

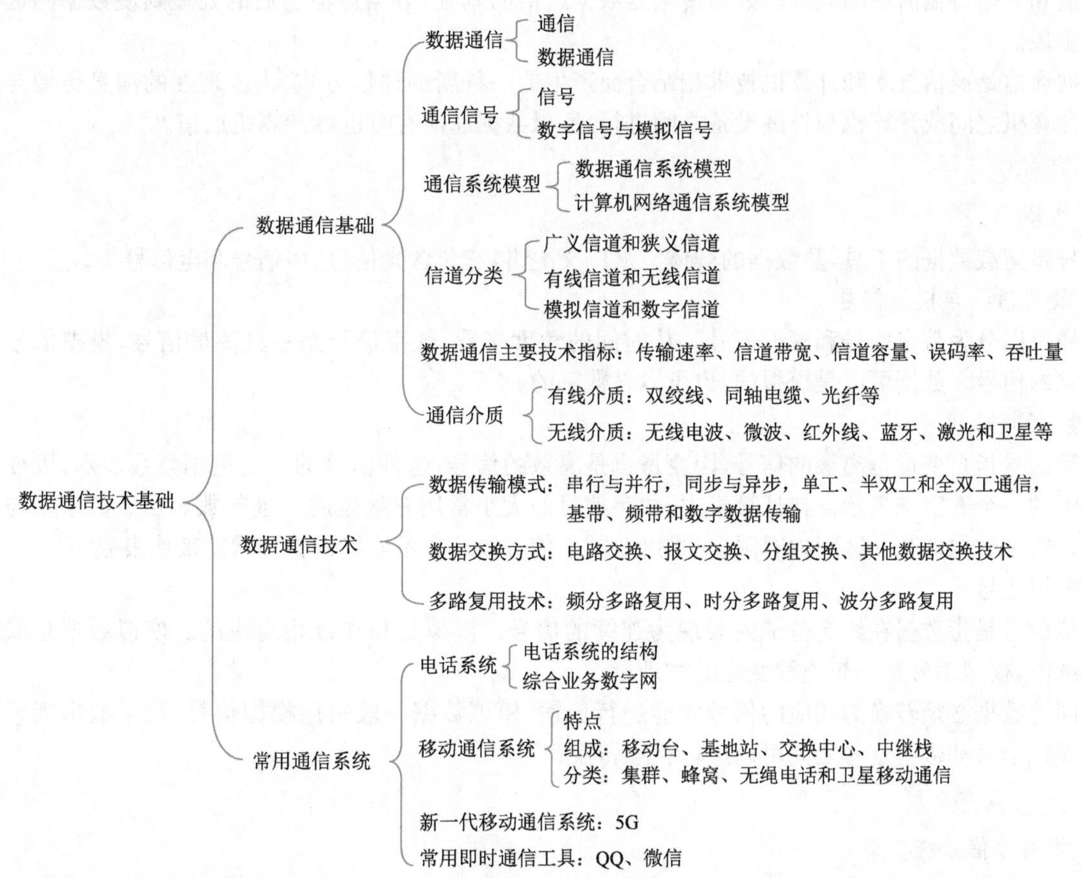

本章重点：信号、通信信道的基本概念；数据通信主要技术指标；通信介质及信道的分类；数据传输模式；数据交换方式；多路复用技术；常用通信系统。

本章难点：数据交换方式，多路复用技术。

学习纲要

7.1 数据通信基础

本节介绍数据通信的基本概念、数据与信号的关系、通信系统模型、信道分类、技术指标和通信介质等。

7.1.1 数据通信

1. 通信

通信是指人与人或人与自然之间通过某种行为或媒介进行的信息交流与传递。从广义上说，无论采用何种方法，使用何种媒介，只要将信息从一方传送到另一方，均可称为通信。通信的根本目的就是传递信息。

2. 数据通信

数据通信指依照通信协议、利用数据传输技术在两个功能单元之间传递数据信息。通信可以实现计算机之间、计算机与终端以及终端之间的数据信息传递。从数据通信的定义可知，数据通信包含两方面内容：数据传输和数据传输前后的处理。数据传输是数据通信的基础，数据传输前后的处理则使数据的远距离交互得以实现。

数据通信是通信技术和计算机技术相结合而产生的一种新的通信方式，由于现在的信息传输与交换大多是在计算机之间或计算机与外围设备之间进行，所以数据通信有时也称计算机通信。

7.1.2 通信信号

1. 信号

信号是运载数据的工具，是数据的载体。从广义上讲，它包含光信号、声信号和电信号等。

2. 数字信号与模拟信号

信号可以分为数字信号和模拟信号。从时间的角度来看，数字信号是一种离散信号，模拟信号是一组连续变化的信号。数据可以是模拟的，也可以是数字的。

1)数字信号

数字信号指自变量是离散的信号，因变量也是离散的信号，这种信号的自变量用整数表示，因变量用有限数字中的一个数字来表示。在计算机中，数字信号的大小常用有限位的二进制数表示。数字是与离散相对应的。数字数据取某一区间内有限个离散值，数字信号取几个不连续的物理状态来代表数字。

2)模拟信号

模拟信号是指数据在给定范围内表现为连续的信号。模拟是与连续相对应的。模拟数据是取某一区间的连续值，模拟信号是一个连续变化的物理量。

不同的数据必须转换为相应的信号才能进行传输，模拟数据一般采用模拟信号，数字数据则采用数字信号。模拟信号和数字信号之间可以进行相互转换。

7.1.3 通信系统模型

1. 数据通信系统模型

数据通信系统是指以计算机为中心，用通信线路与分布于异地数据终端设备连接起来，执行数据通信的系统。现代通信系统虽然种类繁多，但根据其信息特点，可以概括成一个基本的通信模型，见主教材图 7-3 所示。

2. 计算机网络通信系统模型

从计算机网络技术的组成部分来看，一个完整的数据通信系统一般有数据终端设备、通信控制器、通信信道、信号变换器等组成部分，见主教材图 7-4。

7.1.4 信道分类

信道可按不同的方式来分类。从概念上可分为广义信道和狭义信道；按传输媒体可分为有线信道和无线信道；按允许通过的信号类型分为模拟信道和数字信道等。

7.1.5　数据通信主要技术指标

数据通信的主要技术指标有传输速率（信号速率、调制速率）、信道带宽、信道容量、误码率、吞吐量等。

7.1.6　通信介质

通信介质（传输介质）即网络通信的线路，是网络中传输信息的载体，常用的传输介质分为有线传输介质和无线传输介质两大类。有线介质有双绞线、同轴电缆和光纤等，无线介质有无线电波、微波、红外线、蓝牙、激光和卫星通信等。

7.2　数据通信技术

本节主要介绍数据通信的基本技术，包括数据传输模式、数据交换方式、多路复用技术等。

7.2.1　数据传输模式

数据传输模式是指数据在通信信道上传送所采取的方式。

按数据代码传输的顺序可分为并行传输和串行传输；按数据传输的同步方式可分为同步传输和异步传输；按数据传输的流向可分为单工、半双工和全双工数据传输；按被传输的数据信号特点可分为基带传输、频带传输和数字数据传输。

1. 串行和并行传输

1)串行传输

串行传输是构成字符的二进制代码在一条信道上以位为单位，按时间顺序逐位传输的方式。其是数据传输采用的主要传输方式，也是计算机通信采取的一种主要方式。

2)并行传输

并行传输是构成字符的二进制代码在并行信道上同时传输的方式。其不适于做较长距离的通信，常用于计算机内部或在同一系统内设备间的通信。

2. 同步与异步传输

1)同步传输

同步传输是一种以数据块为单位的数据传输方式，该方式下数据块与数据块之间的时间间隔是固定的，必须严格地规定它们的时间关系。该方式必须在收、发双方建立精确的位定时信号，以便正确区分每位数据信号。

数据传输的同步方式一般分为字符同步和位同步，字符同步通常是识别每一个字符或一帧数据的开始和结束；位同步则识别每一位的开始和结束。

同步传输方式适用于同一个时钟协调通信双方，传输速率较高。

2)异步传输

异步传输又称起止式传输。发送者可以在任何时候发送数据，只要被发送的数据已经是可以发送的状态即可。接收者则只要数据到达，就可以接收数据。它在每一个被传输的字符的前、后各增加一位起始位、一位停止位，用起始位和停止位来指示被传输字符的开始和结束；在接收端，去除起、止位，中间就是被传输的字符。

3. 单工、半双工和全双工通信

1)单工通信

单工通信是指数据信号沿一个方向传输，发送方只能发送不能接收，接收方只能接收而不能发送，任何时候都不能改变信号传送方向。无线电广播和电视信号传播都是单工通信。

2)半双工通信

半双工通信是指信号可以沿两个方向传送，但同一时刻一个信道只允许单方向传送，即两个方向的传输只能交替进行,而不能同时进行。如对讲机就是采用半双工通信。

3)全双工通信

全双工通信是指数据可以同时沿相反的两个方向作双向传输,全双工通信需要两条信道,一条用来接收信息,一条用来发送信息,因此其通信效率很高。例如:电话是全双工通信,双方可以同时讲话;计算机与计算机通信也可以是全双工通信。

4. 基带传输、频带传输和数字数据传输

1)基带传输

基带传输指由数据终端设备送出的二进制 1 或 0 的电信号直接送到电路的传输方式。基带信号未经调制,可以经过波形变换进行驱动后直接传输。基带传输多用在短距离的数据传输中,如近程计算机间数据通信或局域网中用双绞线或同轴电缆为介质的数据传输。

2)频带传输

采用调制方法把基带信号调制到信道带宽范围内进行传输,接收端通过解调方法再还原出基带信号的方式称为频带传输。这种方式可实现远距离的数据通信,例如利用电话网可实现全国或全球范围内的数据通信。

3)数字数据传输

数字数据传输是利用数字信道传输数据信号的一种方式。例如,利用脉冲编码调制数字电话通路,是一种很好的传输方式。

7.2.2 数据交换方式

交换方式是指计算机之间、计算机与终端之间和各终端之间交换信息时所用信息格式和交换装置的方式。根据交换装置和信息处理方法的不同,常用的交换方式有电路交换、报文交换和分组交换三种。

1. 电路交换

电路交换(Circuit Switching)方式,是通过网络中的结点在两个站之间建立一条专用的通信线路,是两个站之间一个实际的物理连接。电话系统就是最普通的电路交换实例。

2. 报文交换

报文交换方式,是源站在发送报文时,将目的地址添加到报文中,然后报文在网络中从一个结点传至另一个结点。例如,话音、传真、终端与主机之间的会话业务等。

3. 分组交换

分组交换仍采用存储转发传输方式,但将一个长报文先分割为若干较短的分组,然后把这些分组(携带源、目的地址和编号信息)逐个发送出去,在分组交换网中,有数据报方式和虚电路方式两种常用的处理数据的方法。

4. 其他数据交换技术

随着通信技术和计算机网络技术的发展,出现了高数据交换技术,如利用数字语音插空技术、帧中继、异步传输模式以及新的模拟一数字转换器技术等。

7.2.3 多路复用技术

多路复用是指把许多个单个信号在一个信道上同时传输的技术。多路复用一般可分为频分多路复用、时分多路复用和波分多路复用三种基本形式。

7.3 常用通信系统

本节介绍常用的电话系统、移动通信系统、新一代通信系统和常用即时通信工具等。

7.3.1 电话系统

1. 电话系统的结构

电话系统的结构见主教材图 7-19。

2. 综合业务数字网

综合业务数字网(ISDN)是以综合数字网(IDN)为基础发展起来的,它是支持语音和非语音等各类业务的综合业务通信网络。ISDN具有通信业务的综合化、高可靠性和高质量的通信、使用方便等特点。

7.3.2　移动通信系统

现代移动通信集中了无线通信、有线通信、网络技术、计算机技术等许多成果,在人们的生活中得到了广泛的应用,在任何地方与任何人都能及时沟通联系、交流信息,弥补了固定通信的不足。

1. 移动通信的特点

与有线通信方式和固定无线通信方式相比,移动通信的特点为:电波传播环境复杂;干扰和噪声的影响大;处于运动状态下的移动台工作环境恶劣;控制系统复杂;组网方式灵活多样;用户终端设备要求高;要求有效的管理和控制。

2. 移动通信系统的组成

移动通信系统一般由移动台、基地站、移动业务交换中心以及与公用电话网相连接的中继线构成,见主教材图7-20。

3. 移动通信系统的分类

移动通信的种类繁多。按使用要求和工作场合不同,可以分为集群移动通信、蜂窝移动通信、无绳电话系统和卫星移动通信系统等。

7.3.3　新一代移动通信系统

新一代移动通信是第五代移动通信,外语缩写为5G,是4G之后的延伸。5G采取数字全IP技术,支持分组交换,整合了新型无线接入技术和现有无线接入技术(WLAN,4G、3G、2G等),通过集成多种技术来满足不同的需求,是一个真正意义上的融合网络。

5G在容量、传输速率、可接入性和可靠性方面相比4G有着很大的优势,实现真正意义的融合性网络。

7.3.4　常用即时通信工具

目前常用即时通信工具有QQ、微信等。

测试练习

习　题　7

一、填空题

1. (　　)是依照通信协议,利用数据传输技术在两个功能单元之间传递数据信息。

2. (　　)是客观事物属性和相互联系特性的表征,是对现实世界事物存在方式或运动状态的某种认识。

3. (　　)一般可理解为"信息的数字化形式",在计算机网络系统中,数据通常理解为在网络中存储、处理和传输的二进制数字编码。

4. (　　)简单地说是携带信息的传输介质,具有确定的物理描述。

5. 信号可分为(　　)信号和(　　)信号,从时间域来看,(　　)信号是一种离散信号,(　　)信号是一种连续变化信号。

6. 任何一个通信系统都可以看作由(　　)、(　　)和(　　)三大部分组成。

7. (　　)是数据传输速率,是指在有效的带宽上,单位时间内所传输的二进制代码的有效位数,可用每秒比特数单位表示。

8.（　　）是一种调制速率，是指数字信号经过调制后的速率，即调制后的模拟信号每秒变化的次数，其单位为波特。

9.（　　）是指物理信道的频带宽度，即信道允许的最高频率和最低频率之差，单位为赫兹。

10.（　　）是指物理信道上能够传输数据的最大能力。

11.（　　）是指二进制编码在数据传输中被传错的概率，也称出错率。

12.（　　）是指数值上大于或等于信道在单位时间内传输的总的数据量，单位也是 bit/s。

13.（　　）是数据以串行方式在一条信道上传输。

14.（　　）是将数据以成组的方式在两条以上的并行信道上同时传输。

15.（　　）就是接收端按发送端发送的每个码元的起止时间及重复频率来接收数据，并且要校准自己的时钟，以便与发送端的发送取得一致，实现同步接收。

16. 在（　　）传输中，发送端可以在任意时刻发送字符，字符之间的间隔时间可以任意变化。

17.（　　）是指通信双方传送的数据是一个方向，不能反向传送。

18.（　　）是指通信双方传送的数据可以双向传输，但不能同时进行，若要改变数据的传输方向，需要利用开关进行切换。

19.（　　）是指通信双方可以同时双向传输。

20. 根据交换装置和信息处理方法的不同，常用的交换方式有三种：（　　）、（　　）和（　　）。

21. 电路交换的通信过程分为（　　）、（　　）、（　　）连接三个阶段。

22.（　　）方式，就是源站在发送报文时，把目的地址添加到报文中，然后报文在网络中从一个结点传至另一个结点。在每个结点中，接收信息后暂时存储起来，待信道空闲时再转发到下一结点，这种工作方式叫（　　）方式。

23.（　　）吸取报文交换的优点，仍然采取“存储—转发”方式，但不像报文交换以报文为单位交换，而是把报文裁成若干比较短的、规格化了的“分组”进行交换和传输。

24. 在分组交换网中，有两种常用的处理数据的方法：（　　）和（　　）。

25.（　　）是指在数据传输系统中，允许两个或多个数据源共享同一个公共传输介质，就像每一个数据源都有自己的信道一样。

26. 多路复用通常采用（　　）、（　　）和（　　）。

二、判断题

（　　）1. 单工通信是指信息只能单方向发送的工作方式 。

（　　）2. 数据通信的信道包括同步信道和异步信道。

（　　）3. 双工通信是指通信双方可同时进行收、发信息的工作方式。

（　　）4. 频率多路复用是将一条物理线路按时间分成一个个互不重叠的时间片，每个时间片常称为一帧，帧再分为若干时隙，轮换地为多个信号所使用。

（　　）5. 电路交换方式，就是通过网络中的结点在两个站之间建立一条专用的通信线路，是两个站之间一个实际的物理连接。

（　　）6. 数据通信系统中的 DCE 一律为调制解调器。

（　　）7. 数据通信系统中的传输信道为狭义信道。

（　　）8. 分组交换中虚电路方式是面向连接的，它与电路交换相同。

（　　）9. 异步传输比同步传输的传输效率低。

（　　）10. 基带传输的信道是电缆信道。

（　　）11. 基带数据传输系统中的基带形成滤波器，对应着一个物理设备。

（　　）12. 误码率与信噪比成正比。

（　　）13. 单边带调制的频带利用率是双边带调制的 2 倍。

（　　）14. 分组交换的传输时延大小介于电路交换与报文交换之间。

三、简答题

1. 什么是单工通信？什么是半双工通信？什么是双工通信？
2. 什么叫基带传输？
3. 常用的通信介质有哪些？
4. 什么是数据传输？其模式有哪些？
5. 数据通信模型由哪几部分构成？其各部分功能是什么？
6. 常用的数据交换方式有哪些？
7. 简述报文交换的主要优缺点。
8. 分组交换与报文交换相比，其优点有哪些？
9. 什么是多路复用技术？常用的多路复用技术都有什么？
10. 简述数据交换的必要性。
11. 简述利用公用电话网进行数据交换主要缺点。
12. 简述数据通信系统的主要性能指标。

第 8 章　计算机网络与应用

本章主要介绍计算机网络基础、局域网基本技术、互联网应用、无线传感器网、物联网及网页制作方法。通过本章学习，读者要掌握计算机网络相关概念、网络拓扑结构、互联网基础知识、常用服务和网页制作方法，了解局域网的软硬件组成和构建方法、无线传感器网络和物联网基础知识等。

知识体系

本章知识体系结构：

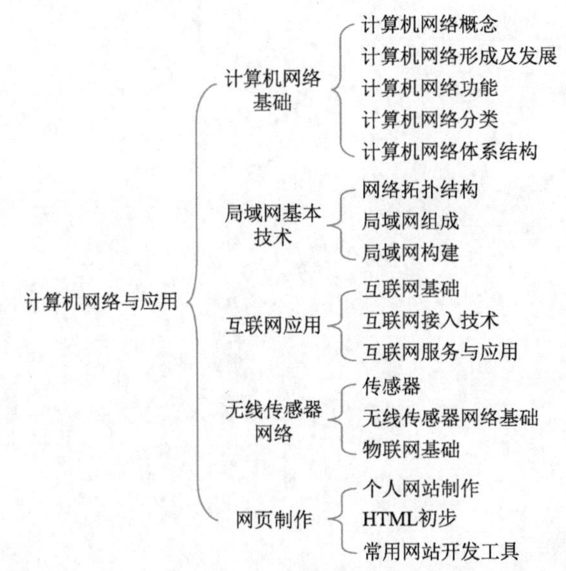

本章重点：计算机网络定义、功能、分类及组成；局域网的拓扑结构；互联网地址表示、提供的各种服务、IE 8.0的用法、常用传感器及应用、无线传感器网络的概念及应用、物联网的概念及应用、网页制作等。

本章难点：计算机网络体系结构、局域网的构建、TCP/IP 协议、IP 地址。

学习纲要

8.1　计算机网络基础

本节主要介绍计算机网络的基础知识，包括计算机网络的定义、发展、功能、分类及网络体系结构和网络通信协议。

8.1.1　计算机网络概念

计算机网络是指地理上分散的自主计算机通过通信线路和通信设备相互连接起来，在通信协议的控制下，进行信息交换和资源共享或协同工作的计算机系统。

计算机网络由通信子网和资源子网构成：通信子网负责计算机间的数据通信，也就是数据传输；资源子网是通过通信子网连接在一起的计算机,向网络用户提供可共享的硬件、软件和信息资源。

8.1.2 计算机网络形成及发展

计算机网络的发展经历了面向终端的计算机网络、计算机—计算机网络、开放式标准化网络、网络互连时代4个阶段。

8.1.3 计算机网络功能

计算机网络的基本功能有资源共享、数据通信、平衡负荷及分布处理、提高可靠性和综合信息服务等。其中,资源共享、数据通信、分布处理是计算机网络的基本功能。

8.1.4 计算机网络分类

计算机网络可以从不同的角度进行分类:

(1)按覆盖地理范围可分为局域网、城域网、广域网和个人网。

(2)按用途可分为公用网和专用网。

(3)按交换方式可分为电路交换网、报文交换网和分组交换网。

(4)按所采用的传输媒体可分为双绞线网、同轴电缆网、光纤网和无线网等。

(5)按信道的带宽可分为窄带网和宽带网。

(6)按所采用的拓扑结构可分为星状、总线、环状、树状和网状等。

(7)按照服务可分为客户机/服务器网络和对等网络。

8.1.5 计算机网络体系结构

1. 网络体系结构

OSI/RM模型共分为7层,从下到上依次为物理层、数据链路层、网络层、传输层、会话层、表示层和应用层。

物理层正确利用传输介质,数据链路层走通每个结点,网络层选择路由,传输层找到对方主机,会话层指出对方实体是谁,表示层决定用什么语言交谈,应用层指出做什么事。

2. 网络通信协议

(1)网络通信协议指计算机间通信时对传输信息内容的理解、信息表示形式以及各种情况下的应答信号都必须遵守的一个共同的约定。

(2)网络通信协议的三要素:语法、语义、时序。

8.2 局域网基本技术

本节主要介绍网络的拓扑结构、局域网的基本组成及构建方法。

8.2.1 网络拓扑结构

常见的网络拓扑结构有星状、总线、环状、树状。此外,还有网状、全互连等连接形式。在实际构建网络时,可根据具体需求,选择某种或某几种的组合方式来完成网络拓扑结构的设计。

8.2.2 局域网组成

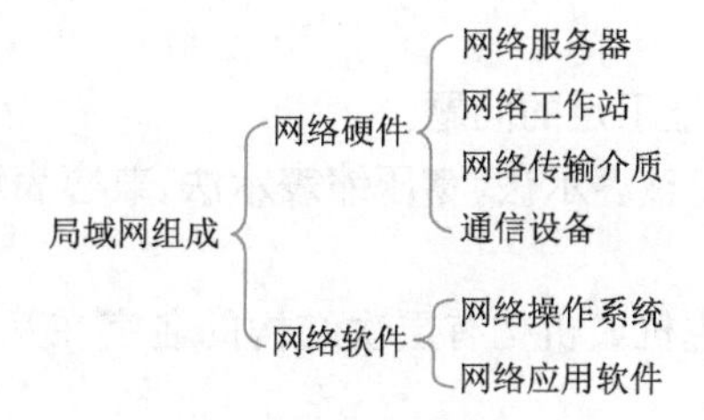

8.2.3 局域网构建

构建一个局域网,通常要从组网方案、网络硬件选择、网络软件安装及网络配置等4个方面考虑。

8.3 互联网应用

本节主要介绍互联网的基础知识，包括互联网产生与发展、特点、体系结构、TCP/IP 协议、地址和域名，阐述互联网的接入技术和常用服务。

8.3.1 互联网基础

互联网，即 Internet，也叫“因特网”，是世界最大的全球性计算机网络。

1. 产生与发展

互联网最早来源于 1969 年的美国国防部高级研究计划局建立的一个名为 ARPANet 的计算机网络，1986 年，NSFNet 已取代原有的 ARPANet 而成为互联网的主干网。

经过半个多世纪的发展，互联网已深入到人类社会的各个领域。截至 2021 年 1 月，全球的互联网用户已达到 46.6 亿，全球手机用户数量为 52.2 亿。

目前我国主要有中国科技网(CSTNET)、中国教育和科研网(CERNET)、中国电信、中国联通、中国移动、中国国际经济贸易网(CIETNET)等六大主干互联网络国际出口。

2. 互联网特点

互联网具有开放性、资源丰富性、共享性、平等性、交互性、合作性、自由性、虚拟性、个性化、全球性和持续性等特点。

3. 互联网体系结构

互联网使用分层的体系结构，有网络接口层、网际层、传输层和应用层 4 个层次。

4. TCP/IP

1)传输控制协议 TCP

TCP 对应于开放式系统互连模型 OSI/RM 中的传输层协议，它是面向“连接”的。

TCP 的主要功能是对网络中的计算机和通信设备进行管理，规定了信息包应该怎样分层、分组，怎样在收到信息包后重组数据，以及以何种方式在传输介质上传输信号。

2)网际协议 IP

IP 对应于开放式系统互连模型 OSI/RM 中的网络层协议，制定了所有在网上流通的数据包标准，提供跨越多个网络的单一数据包传送服务。

IP 的功能是无连接数据报传送、数据报路由选择及差错处理等。

互联网的核心协议是 IP 协议，它的作用是把数据从原结点传送到目的结点。互联网上的每一个网络设备(如主机、路由器)都有一个唯一的标识，即是 IP 地址。

5. 互联网地址和域名

1)IPv4 地址

在 IPv4 系统中，一个 IP 地址由 32 位二进制数字组成，通常被分隔为 4 段，段与段之间以小数点分隔，每段 8 位，通信时要用 IP 地址来指定目的主机地址。IP 地址常以十进制数形式来表示。

IP 地址包括网络部分和主机部分，网络部分指出 IP 地址所属的网络，主机部分指出这台计算机在网络中的位置。IP 地址分为 A、B、C、D、E 五类。

2)IPv6 地址

IPv6 的出现彻底解决了 IPv4 地址不足的问题。

IPv6 使用 128 位的 IP 地址，有完整表示法、零压缩表示法、兼容表示法三种规范形式。

3)域名

互联网采用了域名系统 DNS。主机或机构有层次结构的名字在互联网中称为域名。DNS 提供主机域名和 IP 地址之间的转换服务。

互联网主机的 IP 地址和域名具有同等地位。通信时，通常使用的是域名，计算机经 DNS 自动将域名翻译成 IP 地址。

8.3.2 互联网接入技术

互联网提供了 Modem、ISDN、ADSL、Cable Modem、无线接入、局域网接入等多种接入方式。

用户可从地域、质量、价格、性能和稳定性等方面选择具体的方式接入互联网。

8.3.3 互联网服务与应用

互联网的基本服务包括万维网(WWW)、电子邮件(E-mail)、远程登录(Telnet)和文件传输(FTP)等。

1. WWW 服务

WWW 也称环球信息网,基于 HTTP 协议,采用超文本、超媒体的方式,为用户获取网络上丰富的信息提供了一种简单、统一的用户界面和方法,以及图文并茂的显示方式,使用户可以轻松地在互联网各站点之间漫游,浏览文本、图像、声音、动画和视频等各种不同形式的信息。

2. 浏览器使用方法

目前比较常用的浏览器有 IE(Microsoft Internet Explorer)、Google Chrome、Mozilla Firefox 等,其中 IE 是全球使用最广泛的浏览器之一。

1)IE 8.0 窗口

IE 8.0 窗口主要由标题栏、菜单栏、命令栏、导航栏、搜索栏、地址栏、收藏夹栏、Web 浏览窗口和状态栏等组成。

2)Web 页浏览

(1)查找指定的 Web 页。

①直接将光标定位在地址栏,输入 URL 地址。

②单击地址栏右侧的下拉按钮,列出最近访问过的 URL 地址,从中选择要访问的地址。

③单击收藏夹栏中的【收藏夹】按钮,在"收藏夹"窗格中选择要查找的 Web 页地址。

(2)脱机浏览 Web 页。

单击"文件"菜单中的"脱机工作"命令,实现不连接到互联网而直接脱机浏览 Web 页。用户也可以直接通过临时文件夹打开互联网上的网页。

3)收藏 Web 页

单击"收藏夹"菜单中的"添加到收藏夹"命令,或单击"收藏夹"栏上的【收藏栏】按钮,选择"添加到收藏夹"命令,在打开的"添加收藏"对话框中,输入站点名称,单击【添加】按钮完成收藏 Web 页的操作。

4)查看历史记录

单击"收藏夹"栏上的【收藏栏】按钮,再单击"历史记录"选项卡,选择要访问的网页标题的超链接,就可以快速打开对应的网页。

用户可以采用以下方式清除历史记录:

(1)选择命令栏中的"安全"命令,在下拉菜单中选择"清除浏览的历史记录"命令。

(2)单击"菜单"栏中的"工具"菜单,选择"清除浏览的历史记录"命令。

(3)单击"菜单"栏"工具"菜单中的"Internet 选项"命令,在打开的"Internet 选项"对话框中单击"常规"选项卡,可以设置网页保存在历史记录中的天数或清除历史记录。

5)保存 Web 页信息

(1)保存当前页。单击"菜单"栏中的"文件"菜单,选择"另存为"命令,打开"保存网页"对话框,选择保存网页的文件夹,在"文件名"下拉列表框中输入文件名称,单击【保存】按钮即可。

(2)保存网页中的图片。右击网页上的图片,选择快捷菜单中的"图片另存为"命令,打开"保存图片"对话框,选择保存位置,选择相应的保存类型,在"文件名"下拉列表框内输入文件名,单击【保存】按钮即可。

(3)不打开网页或图片而直接保存。右击所需项目(网页或图片)的链接,选择快捷菜单中的"目标另存为"命令,在打开的"另存为"对话框中完成保存操作。

6)打印 Web 页面

用户可以选择打印 Web 页中的一部分或者全部。

(1)在打印之前,可以选择“文件”菜单中的“页面设置”命令,打开“页面设置”对话框,设置页面的打印属性。

(2)页面设置完成后,选择“文件”菜单中的“打印”命令,打开“打印”对话框,在该对话框中单击【打印】按钮,即可打印当前 Web 页。也可以选择命令栏上的“打印”命令,直接打印 Web 页的全部内容。

3. 资源检索与下载

1)WWW 网上信息资源检索

WWW 网上信息资源检索有“使用 IE 浏览器检索”和“使用搜索引擎检索”两种方法。

2)使用搜索引擎的技巧

(1)给关键词加半角形式的双引号。

(2)组合的关键词用加号“+”连接,表明查询结果应同时具有各个关键词。

(3)组合的关键词用减号“-”连接,表明查询结果中不会存在减号后面的关键词内容。

(4)关键词中加入通配符“ * ”和“?”,主要在英文搜索引擎中使用。“ * ”表示多个字符,“?”表示一个字符。

3)WWW 网上信息资源下载

WWW 网上信息资源下载,可以通过 Web 页的下载中心(或网站)或采用专门的下载工具(如迅雷等)下载。

4. 电子邮件

1)电子邮件的基本概念及协议

E-mail 是指互联网上或常规计算机网络上的各个用户之间,通过电子信件的形式进行通信的一种电子邮政通信方式,以“存储—转发”的形式为用户传递邮件。

E-mail 地址格式为“用户名@主机域名”。

常用的电子邮件协议有 SMTP、POP、IMAP 三种。

2)收发电子邮件

(1)用户向 ISP 服务商申请上网的账号后,会得到相应的邮箱。

(2)网站为用户提供免费或收费的电子邮件服务。

5. 远程登录服务

1)远程登录

将自己的计算机连接到远程计算机的操作方式称为“远程登录”。Telnet 是互联网的远程登录协议。

2)应用举例

远程登录服务的典型应用就是 BBS,大致包括信件讨论区、文件交流区、信息布告区和交互讨论区、多线交谈等几部分。BBS 大多以技术服务或专业讨论为主,一般是文本界面。操作步骤如下:

$\xrightarrow{\text{打开}}$“开始”菜单 $\xrightarrow{\text{选择}}$“运行”命令 $\xrightarrow{\text{弹出}}$“运行”对话框 $\xrightarrow{\text{输入}}$ Telnet 网址或 IP 地址 $\xrightarrow{\text{弹出}}$ Telnet 窗口 $\xrightarrow{\text{输入}}$ 登录账号 $\xrightarrow{\text{输入}}$ 用户名

另外,还有一种 WWW 形式的 BBS,它不需要用远程登录的方式,它同一般的网站(网页)一样,可以通过浏览器直接登录。

6. 文件传输服务

1)文件传输

文件传输协议 FTP 是互联网文件传输的基础。通过该协议,用户可以从一个互联网主机向另一个互联网主机“下载”或“上传”文件。

2)应用举例

在互联网上使用FTP服务一般有三种方式：

(1)使用Windows中自带的FTP应用程序。

(2)使用IE浏览器。

(3)使用专门的FTP下载工具。

8.4 无线传感器网络

本节主要介绍传感器、无线传感器网络及物联网的基础知识。

8.4.1 传感器

1. 概念

传感器是一种能感知外界信息(力、热、声、光、磁、气体和温度等)，并按一定的规律将其转换成易处理的电信号的装置，以满足信息的传输、处理、存储、显示、记录和控制等要求。传感器是一种获得信息的手段。

2. 组成

根据传感器的不同用途，其结构也不尽相同。总的来说，传感器是由敏感元件、转换元件和其他基本电路组成。

3. 分类

从不同的角度，传感器有不同的分类，常用的分类方法有如下几种：

(1)按输入物理量的性质进行分类，可分为速度传感器、温度传感器和位移传感器等。

(2)按工作原理进行分类，可分为电压式传感器、热电式传感器、电阻式传感器、光电式传感器和电感式传感器等。

(3)根据能量的观点分类，可分为有源传感器和无源传感器。

(4)按输出的信号性质分类，可分为模拟式传感器和数字式传感器。

4. 常用传感器

目前，常用的传感器有温度、湿度、压力、磁、加速度、可见光、声音、烟和合成光等传感器。

5. 应用与发展

目前，传感器应用在工农业、国防、航空、航天、医疗卫生和生物工程等各个领域及人们日常生活的各个方面。未来传感器将向高精度、数值化、智能化、集成化和微型化方向发展。

8.4.2 无线传感器网络基础

1. 概念

无线传感器网络综合了传感器技术、嵌入式计算技术、计算机及无线通信技术，以及分布式信息处理等技术，由部署在监测区域内大量传感器结点组成，是通过无线通信方式形成的一个多跳自组织网络的网络系统，以协作方式实时监测、感知和采集网络分布区域内的各种环境或监测对象的信息，通过嵌入式系统对信息进行处理，并通过自组织无线通信网络将所感知的信息传送到需要这些信息的用户终端，是物联网底层网络的重要技术形式。

无线传感器网络具有以数据为中心、资源受限、快速部署、自组网、自配置、自维护及多跳路由等特点。

2. 体系结构

无线传感器网络由传感器结点、汇聚结点、网络接入方式和终端管理结点等构成。

3. 主要特点

无线传感器网络主要具有大规模、动态性、可靠性、以数据为中心、资源受限、快速部署、集成化、具有密集的结点布置、协作方式执行任务、自组织方式等特点。

4. 应用领域

无线传感网络目前在环境监测和保护、医疗护理、军事领域、目标跟踪和农业生产等领域都有广泛的应用。

8.4.3 物联网基础

物联网比较公认的概念是通过射频识别标识 RFID、红外感应器、全球定位系统、激光扫描器和无线传感器等信息传感设备，按照约定的协议标准，把任何物品与互联网连接起来，进行信息的交换与通信，以实现智能化识别、定位、跟踪、监控和管理，以及支持各类信息应用的一种网络。

物联网技术可划分为三个功能层，从下到上分别为感知层、网络层和应用层。

8.5 网页制作

本节通过个人网页制作实例，主要介绍 HTML 语言和常用网站开发工具等内容。

8.5.1 个人网站制作

网页是用户可以直接浏览的信息页面。

网站是指存放在网络服务器上的完整信息的集合体，可以包含一个或多个网页。这些网页按照一定的组织结构，以链接等方式连接在一起，形成一个整体，描述一组完整的信息。

网站开发包括确定主题、搜集素材、规划网站、使用 HTML 或网页制作工具进行页面开发等过程。

8.5.2 HTML 初步

HTML 是超文本标记语言，它通过标记来说明网页中要显示的各个部分。标记是 HTML 语言中最基本的单位，浏览器不会显示出 HTML 标记本身，但会用标记来解释网页的内容。

常用标记包括＜html＞、＜head＞、＜title＞、＜body＞、＜h＞、＜p＞、＜a＞、＜img＞、注释、换行、表格、列表、字体、样式等。

8.5.3 常用网站开发工具

1. 编辑工具

常用所见即所得型编辑工具有 Dreamweaver、Sharepoint Designer 等，代码型工具有 EditPlus 和 UltraEdit 等。

2. 开发技术

常用的开发技术有 HTML、JavaScript、CSS、ASP 与 ASP. NET、PHP、JSP 等。

3. 效果处理工具

常用图像处理软件有 Photoshop、Fireworks 等，动画制作软件有 Flash、3ds max、Maya 等。

实验环节

实验 1 WWW 信息浏览

【实验目的】

(1)熟练掌握用 IE 8.0 浏览 WWW 信息的方法。

(2)熟练掌握用 IE 8.0 查询信息的方法。

(3)掌握 IE 8.0 的各项功能。

WWW信息浏览

【实验内容】

(1)熟悉 IE 8.0 浏览器的基本功能。

(2)浏览器 IE 8.0 访问 WWW 信息的方法。

(3)信息搜索。

【实验步骤】

1. 浏览器 IE 8.0 访问 WWW 信息的方法

(1)Web 浏览。在地址栏中直接输入要访问的 Web 页的确切地址,然后按【Enter】键。

(2)超链接访问。在打开的 Web 页中,指向带下画线的文本或图形,若鼠标指针变成小手的形状,此处即为链接点,单击可以打开目标 Web 页。

(3)页面切换。利用导航栏中的【前进】和【后退】按钮在访问过的页面之间切换。

(4)收藏 Web 页。单击"收藏夹"菜单中的"添加到收藏夹"命令,或单击"收藏夹"栏上的【收藏栏】按钮,选择"添加到收藏夹"命令,在打开的"添加收藏"对话框中,输入站点名称,单击【添加】按钮完成收藏 Web 页的操作。

(5)察看历史记录。单击"收藏夹"栏上的【收藏栏】按钮,单击"历史记录"选项卡,单击要访问网页标题的超链接,就可以快速打开对应的网页。

(6)保存 Web 页信息。

① 保存当前页。

② 保存网页中的图片。

③ 不打开网页或图片而直接保存。

2. 信息搜索

(1)使用 IE 浏览器检索。

(2)使用搜索引擎检索。

【实验思考】

如何使用其他浏览器完成本实验?

实验 2 电子邮件的发送与接收

【实验目的】

(1)掌握利用网站申请免费邮箱的方法。

(2)掌握收发电子邮件的方法。

电子邮件的发送与接收

【实验内容】

(1)以网易邮箱为例,申请电子邮箱账号。

(2)发送、浏览、回复、转发、删除电子邮件。

(3)附件的阅读和发送。

【实验步骤】

1. 申请电子邮箱账号

首先向互联网服务机构申请一个电子邮箱账号。申请到电子邮箱账号之后,接收和发送电子邮件。到网易主页申请一个免费邮箱,方法及步骤参见主教材。

2. 发送和浏览电子邮件

1)登录

进入网易(http://www.163.com/),输入用户名及密码,单击【登录】按钮,进入邮箱。

2)编写邮件

单击【写信】按钮,在"收件人"文本框中输入收件人邮箱地址,在"主题"文本框中输入邮件主题,在邮件编辑区输入编写的内容,并可添加附件。

3)发送邮件

编辑完邮件内容以后单击【发送】按钮。

4)浏览电子邮件

单击【收信】按钮,在屏幕窗口下方可以看到邮件列表,单击“主题”列中要浏览的邮件主题名称即可。

3. 回复和转发邮件

浏览完一封邮件可以单击【回复】按钮,进入新邮件窗口。用户不用填写收件人,收件人的地址已自动填入,只要填写主题和新的内容后即可回复。【回复全部】按钮的功能是回复所有的收件人和抄送人。

“转发”是将收到的邮件内容原封不动地转发给其他人,内容和主题不变,但需输入收件人的地址。

4. 附件的插入和阅读

在“写信”窗口中单击【添加附加】按钮,选择要附加的文件,单击【打开】按钮即可。图片、声音、动画等都可以作为附件发送。

如果收到一封带附件的邮件,双击附件标志或带附件的文件,在保证文件来源安全的情况下,打开或保存到本地磁盘上进行阅览。

5. 删除邮件

勾选要删除的邮件前面的复选框,然后单击【删除】按钮。“删除”的邮件将放在“已删除”目录下,“已删除”目录的作用相当于“回收站”。在“已删除”目录中单击“彻底删除”按钮将彻底删除邮件。

【实验思考】

如何使用上述方法申请126邮箱并发送一封带附件的电子邮件?

实验3 远程登录与文件传输

【实验目的】

(1)熟练掌握远程登录BBS的用法。

(2)熟练掌握文件下载的方法。

【实验内容】

(1)申请远程登录或BBS账号,使用远程登录服务。

(2)登录FTP服务器,进行文件下载。

【实验步骤】

1. BBS的用法

1)网站(页)式的BBS站点

此类站点与访问其他WWW网站没有太大区别。只要在地址栏输入BBS站点的网址就可以了。

访问北京大学的BBS网站“北大未名”,只要在地址栏中输入http://bbs.pku.edu.cn/即可。

2)登录式的BBS站点

访问登录式BBS首先要登录到BBS主机,能够实现这种功能的软件很多。用Windows中的Telnet终端仿真程序来远程登录。

(1)单击【开始】按钮,在弹出的“开始”菜单中选择“运行”命令,并在打开的“运行”对话框中输入远程登录站点(Telnet bbs.pku.edu.cn/或Telnet 124.205.79.153),然后单击【确定】按钮。

(2)在远程登录窗口中根据要求输入登录账号,首次登录可输入“guest”(访客)代号,进入BBS站点含有主功能菜单的浏览窗口。

(3)使用方向键选择浏览内容,然后按【Enter】键即可。

2. 文件下载

(1)在IE浏览器的地址栏内输入FTP服务器的地址ftp://ftp.redhat.com。

(2)进入网站后,可选择相应的文件。

(3)右击该文件,在弹出的快捷菜单中选择“目标另存为”命令,在打开的“另存为”对话框中,选择要保存的文件的磁盘位置,单击【保存】按钮即可。

(4)用同样的操作访问北京大学图书馆的 FTP 站点 ftp://ftp. lib. pku. edu. cn 和 CerNet 网络中心的 FTP 站点 ftp://ftp. net. edu. cn。

【实验思考】

如何使用上述方法访问如表 8-1 所示的 BBS 站点?

表 8-1　BBS 站点及地址

学　　校	站点名称	网　　址	IP 地址
清华大学	水木社区	http://www. newsmth. net/	123.126.93.162
北京大学	北大未名	bbs. pku. edu. cn	124.205.79.153
南开大学	我爱南开	bbs. nankai. edu. cn	202.113.16.32
上海交通大学	饮水思源	bbs. sjtu. edu. cn	202.120.58.161
浙江大学	海纳百川	bbs. zju. edu. cn	210.32.128.8
西安交通大学	兵马俑	bbs. xjtu. edu. cn	202.117.1.8
大连理工大学	碧海青天	bbs. dlut. edu. cn	202.118.66.5
华中科技大学	白云黄鹤	bbs. whnet. edu. cn	202.114.0.248

实验 4　利用 Dreamweaver CC 制作网页

【实验目的】

(1)掌握 Dreamweaver CC 工具的使用。

(2)掌握 HTML 的基础知识。

(3)掌握网页制作的基本方法。

【实验内容】

根据图 8-1 所示的参照样页,基于 Dreamweaver CC 制作网页。

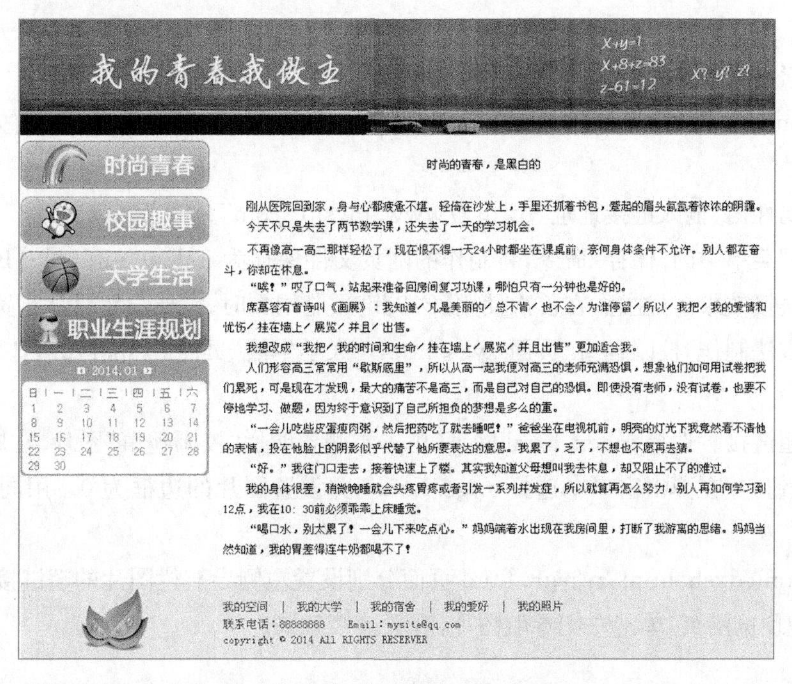

图 8-1　参考样页

【实验步骤】

(1)启动 Dreamweaver CC,新建网页。

①选择“文件”菜单中“新建”命令,在新建文档窗体中选择“空白页”,页面类型为“HTML”,单击【创建】按钮,选择“查看”菜单中的“查看视图”→“设计”选项,然后设置视图模式为设计模式。

②右击新建的网页编辑窗口空白处,在弹出的快捷菜单中选择“页面属性”命令,在“大小”下拉列表框中选择 12,并设置页面边距为 0。

③单击【确定】按钮,完成“页面属性”设置。

(2)选择“插入”菜单中的“HTML”→“Table”命令,弹出“表格”对话框,在“行数”文本框中输入 3,在“列数”文本框中输入 1,在“表格宽度”文本框输入 800,在其后的下拉列表框中选择“像素”选项,并设置其他属性为 0。

(3)右击插入的表格,在弹出的快捷菜单中选择“属性”命令,在“属性”对话框中,设置“水平”对齐方式为“居中对齐”。

(4)为了便于查看插入的表格,选择插入的表格,将鼠标指针移动到表格的下方,当鼠标指针变为 ÷ 形状时按住鼠标左键不放,将其向下拖动调整表格的显示高度。

(5)选择插入表格第二行的单元格,选择“属性”面板中的“拆分单元格为行或列”命令,把单元格拆分 2 列,使用鼠标调整表格中单元格的位置。

(6)将鼠标指针定位到第 1 行单元格中,选择“插入”菜单中的“Image”命令,在打开的对话框中选择本实验提供的素材 top. jpg。

(7)将鼠标指针定位到第 2 行第 1 列单元格中,在属性栏设置“水平”为“居中对齐”,“垂直”为“顶端对齐”。选择“插入”菜单中的“Image”命令,在弹出的对话框中选择本实验提供的素材 left01. jpg,同样方法插入图像 left02jpg、left03. jpg、left04. jpg、left05. jpg。

(8)将鼠标指针定位到第 3 行单元格中,单击选择“插入”菜单中的“Image”命令,在弹出的对话框中选择本实验提供的素材 bottom. jpg。

(9)将表格第 2 行第 2 列单元格拆分为 2 行。并在第 1 行内输入“时尚青春”,设置单元格“水平”属性为居中对齐。

(10)将本实验素材文件夹内“时尚青春”内容复制到第 3 行第 2 列单元格内。

(11)选择 bottom. jpg 图片,选择属性面板上“矩形热点工具”命令,在图片上“我的大学”文字上画出矩形方框。

(12)在“热点”属性内,输入链接地址“http://www. mysite. com”。

(13)选择“文件”菜单中的“保存”命令,将制作的网页文件保存为 index. html。按【F12】键预览网页,点击“我的大学”观看链接效果。(注意,在首次使用【F12】键预览网页时,需要设置默认浏览器。)

(14)用同样的方法制作“校园趣事”页面 xygs. html,“大学生活”页面 dxsh. html,,“职业生涯规划”页面 zysygh. html。

(15)给图片加超链接。选择 index. html 网页,单击左侧导航栏“校园趣事”图片,在属性面板中单击“链接”右侧的文件夹按钮,并在弹出窗口中选择 xygs. html,并设置图片的边框为 0。用同样的方法设置其他图片的超链接。

(16)在 xygs. html、dxsh. html、zysygh. html 页面分别设置左侧导航栏图片的超链接。

(17)按【F12】键预览网页,单击左侧导航图片,观看链接效果。

【实验思考】

结合本例,如何制作企业网站?(包括最新动态、企业简介、联系我们等。)

测试练习

习 题 8

一、单项选择题

1. 若要使计算机连接到网络中，必须在计算机加上(　　)。

A. 网络适配器(网卡)　B. 中继器　C. 路由器　D. 集线器

2. 在互联网中，用来进行数据传输控制的协议是(　　)。

A. IP　B. TCP　C. HTTP　D. FTP

3. 互联网的域名中，顶级域名为 edu 代表(　　)。

A. 教育机构　B. 商业机构　C. 政府部门　D. 军事部门

4. 如果一个电子邮件的地址为××××@126. com，则××××代表(　　)。

A. 用户地址　B. 用户名　C. 用户密码　D. 主机域名

5. 在互联网中，一个 IPv6 地址由(　　)位二进制数组成。

A. 32　B. 16　C. 128　D. 64

6. 在互联网中，一个 IPv4 地址由(　　)位二进制数组成。

A. 32　B. 16　C. 8　D. 64

7. HTML 文档的头部标记是(　　)。

A. <a>标记　B. <body>标记

C. <p>标记　D. <head>标记

8. TCP/IP 是一个完整的协议集，它的全称是(　　)。

A. 远程登录协议　B. 传输控制/网际协议

C. 传输控制协议　D. 应用协议

9. 互联网上许多不同的复杂网络和许多不同类型的计算机赖以通信的基础是(　　)。

A. ATM　B. TCP/IP　C. Novell　D. X. 25

10. 拥有计算机并以拨号方式接入网络的用户需要使用(　　)。

A. CD-ROM　B. 鼠标　C. 电话机　D. Modem

11. 以下统一资源定位器的写法正确的是(　　)。

A. http: \\www. sina. com\que\que. html　B. http: //www. sina. com\que. html

C. http: //www. sina. com/que. html　D. http:// www. sina. com\que/que. htm

12. 互联网中的第一级域名 net 一般表示 (　　)。

A. 非军事政府部门　B. 大学和其他教育机构

C. 商业和工业组织　D. 网络运行和服务中心

13. URL 的基本格式由三部分组成，如 http://www. microsoft. com/index. html，其中第一部分 http 表示 (　　)。

A. 传输协议与资源类型　B. 主机的 IP 地址或域名

C. 资源在主机上的存放路径　D. 用户名

14. 以下选项中(　　)是常用到的互联网浏览器。

A. Internet Mail　B. IE

C. Microsoft Excel　D. Windows 的网上邻居

15. 下面符合标准的 IPv4 地址格式是(　　)。

A. 160.123.256.11　　B. 180.188.81.1

C. 25.36.189.261　　D. 213.80.210

16. 在我国,CERNET 是指(　　)。

A. 中国金桥信息网　　B. 中国公用计算机互联网

C. 中国教育与科研网　　D. 中国科学技术网

17. 在我国,CSTNET 是指(　　)。

A. 中国金桥网　　B. 中国公用计算机互联网

C. 中国教育与科研网　　D. 中国科学技术网

18. 物联网的英文名称是(　　)。

A. Internet of Matters　　B. Internet of Things

C. Internet of Theories　　D. Internet of Clouds

19. 调制解调器(Modem)的作用是(　　)。

A. 将计算机的数字信号转换成模拟信号,以便发送

B. 将模拟信号转换成计算机的数字信号,以便接收

C. 将计算机数字信号与模拟信号互相转换,以便传输

D. 为了上网与接电话两不误

20. HTML 的含义是(　　)。

A. 主页制作语言　　B. 超文本标记语言

C. WWW 编程语言　　D. Internet

二、多项选择题

1. 常用的网络传输介质有(　　)。

A. 光纤　　B. 双绞线　　C. 同轴电缆　　D. 网关

2. 网络常见的拓扑结构有(　　)。

A. 星状结构　　B. 环状结构　　C. 总线结构　　D. 图状结构

3. 互联网提供的服务形式有(　　)。

A. 文件传输　　B. WAIS　　C. USNET　　D. Telnet

4. 用互联网访问某主机可以通过(　　)。

A. 地理位置　　B. IP 地址　　C. 域名　　D. 从属单位名

5. 目前较为流行的 WWW 浏览器有(　　)。

A. Internet Explorer　　B. Netscape

C. FrontPage　　D. Windows 中的网上邻居

6. 计算机网络的功能是(　　)。

A. 共享资源　　B. 信息传输　　C. 远程访问　　D. 快速文字处理

7. 电子邮件的优点有(　　)。

A. 方便　　B. 快速

C. 可以一对多发送　　D. 费用低

8. 物联网主要涉及的关键技术包括(　　)。

A. 射频识别技术　　B. 纳米技术

C. 传感器技术　　D. 网络通信技术

9. 下列说明错误的是(　　)。

A. 计算机网络中的共享资源只能是硬件　　B. 局域网的传输速率一般比广域网高

C. 资源子网负责计算机网络的数据传输　　D. 单独一台计算机不能构成计算机网络

10. 超文本的含义是(　　)。

A. 文本中可含有图像　　B. 文本中可含有声音

C. 文本中有超链接　　D. 文本中有二进制字符

三、填空题

1. 计算机网络是计算机技术和(　　)相结合的产物。

2. 一般来讲,一个典型的计算机网络由(　　)和(　　)组成。

3. 计算机网络按分布地域可分类为(　　)、(　　)、(　　)和(　　);按用途分类可分为(　　)和(　　)。

4. 互联网使用的协议是(　　)。

5. 目前 WWW 环境中使用最多的浏览器是美国微软公司的(　　)。

6. 互联网的组织域名中的商业机构的缩写域名为(　　),教育部门的缩写域名为(　　),政府部门的缩写域名为(　　),美国的缩写域名为(　　),日本的缩写域名为(　　)。

7. IPv6 地址不单是在地址数量上的增多,更重要的是功能上的增强,IPv4 的地址长度是 32 位,IPv6 的地址长度则长达(　　)位。

8. 电子信箱的地址是由(　　)和(　　)两部分组成,中间用一个特殊符号(　　)连接起来。

9. 互联网上 IP 地址是(　　)比特的二进制数,分为 4 组数据,每组数字之间用(　　)符号分开。

10. 调制解调器的英文名字是(　　),具有(　　)和(　　)功能,它的速率单位是(　　)。

11. 大多数 FTP 主机只允许用户(　　)文件,而不允许(　　)文件。

12. TCP/IP 协议参考模型由(　　)、(　　)、(　　)和(　　)几部分组成。

13. DNS 是(　　)的简称,ISP 是(　　)的简称,http 是(　　)的简称,URL 是(　　)的简称。

14. 电子公告板的英文缩写是(　　),它提供一块公共电子黑板,每个用户都可以在上面书写、发布信息或提出看法。

15. 远程登录的英文名为(　　),它的作用是连接并使用远程主机。

16. IPv6 完整地址 2001:0410:0000:0001:0000:0000:0000:45ff 的压缩地址表示格式为(　　)。

四、简答题

1. 简述计算机网络发展的 4 个阶段。

2. 什么是计算机网络?

3. 计算机网络的功能是什么?

4. 计算机网络是如何分类的?

5. OSI 模型分为哪几层? 分别是什么?

6. 什么是协议? 协议的三要素是什么?

7. 计算机网络常见的几种拓扑结构是什么?

8. 什么是互联网? 其特点是什么?

9. 简述互联网的层次模型。

10. 什么是 IP 地址? 什么是域名?

11. 连接互联网常用哪几种方法?

12. 互联网常用服务有哪些?

13. 如何使用 IE 8.0?

14. 什么是搜索引擎? 列举出常见的导航站点。

15. 什么是电子邮件? 电子邮件的格式是什么?

16. 什么是远程登录? 什么是文件传输?

17. 文件下载是什么含义? 如何下载文件?

18. 什么是传感器? 常用传感器有哪些?

19. 什么是无线传感器网络?

20. 什么是物联网? 简述物联网体系结构。

21. 列出常用网站开发工具软件。

第9章 软件技术基础

本章介绍程序设计语言的分类及选择方法,算法的概念、特征、表示、设计及评价方法,数据结构的基本概念,线性表、二叉树的基本操作及查找、排序的常用方法,结构化程序设计和面向对象程序设计方法,讲述软件工程的基本概念,软件的开发、测试和维护方法。通过本章学习,读者要了解程序设计语言的分类及选择方法,掌握算法与数据结构的基本思想以及常用查找、排序的方法,理解结构化程序设计和面向对象程序设计的思想和方法,了解软件工程的基本概念及软件开发与测试方法。

知识体系

本章知识体系结构:

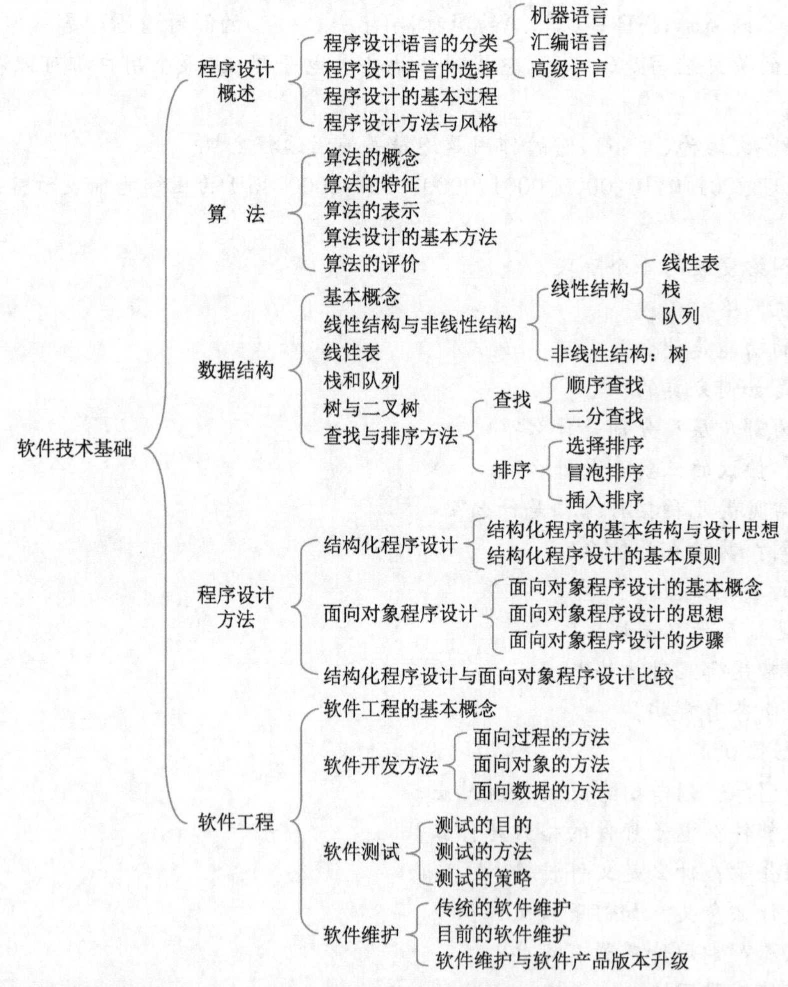

本章重点:结构化程序设计的思想,面向对象程序设计的基本概念,算法与数据结构的基本概念,线性表、栈、队列的概念,二叉树的性质,查找、排序的方法,软件工程的开发、测试与维护方法。

本章难点:二叉树的性质,查找和排序方法,面向对象程序设计方法,软件工程的开发、测试与维护方法。

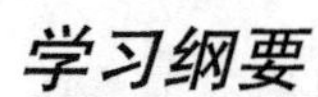

学习纲要

9.1 程序设计概述

本节主要介绍程序设计语言的分类、选择及程序设计的基本过程、方法与风格。

9.1.1 程序设计语言分类

根据程序设计语言发展的历程，计算机语言可大致分为4类。

1. 机器语言

机器语言(低级语言)是用二进制代码表示的计算机能直接识别和执行的机器指令的集合。

2. 汇编语言

汇编语言(低级语言)是一种用助记符表示，但仍然面向机器的计算机语言。汇编语言也称符号语言。

3. 高级语言

计算机技术的发展，促使人们去寻求一些与人类自然语言相接近且能为计算机所接收的语意确定、规则明确、自然直观和通用易学的计算机语言。这种与自然语言(自然英语)相近并为计算机所接收和执行的计算机语言称为高级语言。

高级语言根据语义基础可分为命令式语言和函数式语言。

4. 4GL语言

4GL即第四代语言，将计算机程序设计语言的抽象层次提高到一个新的高度。它提供了功能强大的非过程化问题定义手段，用户只需告知系统做什么，不再需要规定算法的细节。关系数据库的标准语言SQL即属于该类语言。

9.1.2 程序设计语言的选择

选择程序设计语言时，应考虑的因素包括应用领域、数据结构和算法复杂性、软件开发方法及运行环境和软件开发人员的知识水平和心理因素等。其中，应用领域常常作为选择程序设计语言的首要标准。

9.1.3 程序设计的基本过程

程序设计的基本过程一般由分析所求解的问题、抽象数学模型、选择合适算法、编写程序、调试通过直至得到正确结果等几个阶段所组成。

9.1.4 程序设计风格

程序设计风格是指编写程序时所表现出的特点、习惯和逻辑思路。良好的程序设计风格可以使程序结构清晰合理，使程序代码便于测试和维护。因此，程序设计的风格应该强调简单和清晰。要形成良好的程序设计风格，应注重考虑源程序文档化、数据说明、语句的结构、输入和输出、追求效率原则。

9.2 算　　法

本节主要介绍算法的概念、特征、表示、评价及算法设计的基本方法。

9.2.1 算法的概念

算法是对解决某一特定问题的操作步骤的具体描述。在计算机科学中，算法则是描述计算机解决给定问题的有明确意义操作步骤的有限集合。

9.2.2 算法的特征

算法具有可行性、确定性、有穷性、输入和输出5个基本特征。

9.2.3 算法的表示

描述算法的方法有多种，常用的表示方法有自然语言、传统流程图、N-S图、伪代码和计算机语言等。其中，最常用的是传统流程图和N-S图。

9.2.4 算法设计的基本方法

常用的算法设计基本方法有穷举法、归纳法、递推、递归、回溯法等。

9.2.5 算法评价

一般从以下几个方面对一个算法进行评价：

(1)正确性：是指算法的执行结果应该满足预先规定的功能和性能要求。

(2)健壮性：是指一个算法对不合理数据输入的反应和处理能力。

(3)可读性：是指一个算法供人们阅读和理解的难易程度。

(4)时间复杂度：是指将一个算法转换成程序并在计算机上运行所花费的时间。

(5)空间复杂度：是指执行这个算法所需要的内存空间。

9.3 数据结构

本节主要介绍数据结构的基本概念，线性表、栈、队列及树的操作，经典的查找、排序的方法。

9.3.1 数据结构的基本概念

1. 数据

数据是描述客观事物的所有能输入到计算机中并被计算机程序处理的符号的总称。

2. 数据元素

数据元素是数据的基本单位，在计算机中通常作为一个整体进行考虑和处理。每个数据元素可包含一个或若干个数据项。

3. 数据对象

数据对象是性质相同的数据元素的集合，是数据的一个子集。

4. 数据类型

数据类型是一个值的集合和定义在这个值集上的一组操作的总称。

5. 数据结构

数据结构是相互之间存在一种或多种特定关系的数据元素的集合。数据结构包括数据的逻辑结构和数据的物理结构(也称存储结构)。数据的逻辑结构是从具体问题抽象出来的数学模型；数据的存储结构是数据逻辑结构在计算机中的表示(又称映像)。

数据结构通常可以采用一个二元组来表示：$B=(D,R)$，其中B表示数据结构，D是数据元素的有限集，R是D上关系的有限集。还可以直观地用图形表示，在图形表示中，对于数据集合D中的每一个数据元素用中间标有元素值的圆表示，一般称之为数据结点，简称为结点。对于关系R中的每一个二元组，用一条有向线段从前件结点指向后件结点。

9.3.2 线性结构与非线性结构

根据数据结构中各数据元素之间前后件关系，一般将数据结构分为线性结构与非线性结构两类。

如果一个数据结构满足除了第一个和最后一个结点以外的每个结点只有唯一的一个前驱和唯一的一个后继，第一个结点没有前驱，最后一个结点没有后继，则称该数据结构为线性结构。否则称之为非线性结构。

9.3.3 线性表

1. 线性表定义

线性表是由$n(n\geqslant 0)$个数据元素$a_1,a_2,\cdots,a_n$组成的一个有限序列，记为$(a_1,a_2,\cdots,a_i,\cdots,a_n)$。其中，

数据元素个数 n 称为线性表长度，$n=0$ 时称此线性表为空表。

2. 非空线性表的结构特征

(1)均匀性。

(2)有序性。

3. 线性表的顺序存储结构

线性表在顺序存储结构中具有以下两个基本特点：

(1)线性表中所有元素所占的存储空间是连续的。

(2)线性表中各数据元素在存储空间中是按逻辑顺序依次存放的。

9.3.4 栈和队列

1. 栈

1)栈的定义

栈是限定在表的一端进行插入与删除运算的线性表。在栈中，允许插入与删除操作的一端称为栈顶，另一端称为栈底。栈顶元素总是最后被插入的元素，也是最先能被删除的元素；栈底元素总是最先被插入的元素，也是最后才能被删除的元素。栈是按照"先进后出"或"后进先出"的原则组织数据的。

2)栈的运算

栈可以进行入栈、退栈、读栈顶元素等运算。

2. 队列

队列是只允许在一端进行插入元素，而在另一端进行删除元素的线性表。在队列中，允许插入的一端称为队尾，通常用一个称为尾指针(rear)的指针指向队尾元素，即尾指针总是指向最后被插入的元素；允许删除的一端称为队首，通常也用一个队首指针(front)指向队首元素的位置。

向队列的队尾插入一个元素称为入队运算，从队列的队首删除一个元素称为出队运算。

9.3.5 树与二叉树

1. 树

树是一种简单的非线性结构。树中所有数据元素之间的关系具有明显的层次特性，即树是一种层次结构。

有关树的一些基本特征及基本术语：

(1)父结点和根结点。在树结构中，每一个结点只有一个前驱，称为父结点；没有前驱的结点只有一个，称为树的根结点。

(2)子结点和叶子结点。在树结构中，每一个结点可以有多个后继，它们都称为该结点的子结点；没有后继的结点称为叶子结点。

(3)度。在树结构中，一个结点所拥有的后继个数称为该结点的度。

(4)层。在树结构中，根结点在第1层，同一层上所有结点的所有子结点都在下一层。

(5)深度。树的最大层次称为树的深度。

(6)子树。

2. 二叉树

二叉树是一种特殊的树，它的特点是每个结点至多只有两棵子树，即二叉树中不存在度大于2的结点。二叉树的子树有左右之分，其次序不能任意颠倒，其所有子树(左子树或右子树)也均为二叉树。在二叉树中，一个结点可以只有一个子树(左子树或右子树)，也可以没有子树。任意一棵树都可以转换成二叉树进行处理。

1)二叉树的基本性质

性质1：在二叉树的第 k 层上，最多有 2^{k-1}($k\geqslant1$)个结点。

性质2：深度为 m 的二叉树最多有 2^m-1 个结点。

性质3：在任意一棵二叉树中，度为0的结点(即叶子结点)总是比度为2的结点多一个($n_0=n_2+1$)。

性质 4:具有 n 个结点的完全二叉树的深度为 $[\log_2 n]+1$,其中 $[\log_2 n]$ 表示取 $\log_2 n$ 的整数部分。

性质 5:设完全二叉树共有 n 个结点。如果从根结点开始,按层序(第一层从左到右)用自然数 $1,2,\cdots,n$ 给结点进行编号,则对于编号为 $k(k=1,2,\cdots,n)$ 的结点有以下结论:

(1) 若 $k=1$,则该结点为根结点,它没有父结点;若 $k>1$,则该结点的父结点编号为 $[k/2]$。

(2) 若 $2k\leqslant n$,则编号为 k 的结点的左子结点编号为 $2k$;否则该结点无左子结点(显然也没有右子结点)。

(3) 若 $2k+1\leqslant n$,则编号为 k 的结点的右子结点编号为 $2k+1$;否则该结点无右子结点。

二叉树有满二叉树、完全二叉树等特殊形式。

满二叉树:一棵深度为 m 且有 2^m-1 个结点的二叉树称为满二叉树。

完全二叉树:深度为 m 且有 n 个结点的二叉树,当且仅当其每一个结点都与深度为 m 的满二叉树中编号从 1 到 n 的结点一一对应时,称之为完全二叉树。

满二叉树一定是完全二叉树,而完全二叉树一般不是满二叉树。

2)二叉树的遍历

二叉树的遍历是指不重复地访问二叉树中的所有结点。根据访问根结点的次序,二叉树的遍历可以分为前序遍历、中序遍历、后序遍历三种。

(1)前序遍历(DLR):前序遍历的过程是首先访问根结点,然后遍历左子树,最后遍历右子树。

(2)中序遍历(LDR):中序遍历的过程是首先遍历左子树,然后访问根结点,最后遍历右子树。

(3)后序遍历(LRD):后序遍历的过程是首先遍历左子树,然后遍历右子树,最后访问根结点。

9.3.6 查找与排序方法

1. 查找

查找是根据给定的条件,在线性表中,确定一个与给定条件相匹配的数据元素。若找到相应的数据元素,则称查找成功,否则称查找失败。

1)顺序查找

顺序查找一般是指从线性表的第一个元素开始,依次将线性表中的元素与给定条件进行比较,若匹配成功则表示找到(即查找成功);若线性表中所有的元素都与所给定的条件不匹配,则表示线性表中没有满足条件的元素(即查找失败)。顺序查找的时间复杂度为 $O(n)$。

2)二分法查找

二分法查找只适用于顺序存储的有序表。有序表是指线性表中的元素是递增或递减序列。二分法的时间复杂度为 $O(\log_2 n)$。

设有序递增线性表的长度为 n,若中间项的值等于 x,则说明查到,查找结束;若 x 小于中间项的值,则说明 x 应在线性表的前半部分子表中,则以相同的方法在前子表中继续查找;若 x 大于中间项的值,则说明 x 应在线性表的后半部分子表中,则以相同的方法在后子表中继续查找。这个过程一直进行到查找成功或子表的长度为 0(说明线性表中没有这个元素)为止。

2. 排序

排序是指将一个无序序列整理成按值递增或递减顺序排列的有序序列。

1)选择排序法

以从小到大的顺序排列为例,基本过程如下:

扫描整个线性表,从中选出最小的元素,将它交换到表的最前面;然后对剩下的子表再从中选出最小的元素,将它交换到子表的第一个位置,依此类推,直到子表长度为 1 时即可完成排序。

2)冒泡排序法

冒泡排序法是通过相邻数据元素的比较交换逐步将线性表由无序变成有序的方法。以从小到大的顺序排列为例,冒泡排序法的基本过程如下:

从表头开始往后扫描线性表,在扫描过程中逐次比较相邻两个元素的大小。若相邻两个元素中,前面的元素大于后面的元素，则将它们互换。显然，在扫描过程中，不断地将两相邻元素中的大者往后移动，最后就将线性表中的最大者换到了表的最后。这个过程称为第一趟冒泡排序。而第二趟冒泡排序是在除去这个最大元素的子表中从第一个元素起重复上述过程，直到整个序列变成有序为止。

3)插入排序法

插入排序是指将无序序列中的各元素依次插入到已经有序的线性表中。

假设线性表中前 $j-1$ 个元素已经有序，现在要将线性表中第 j 个元素插入到前面的有序子表中，插入过程如下：

首先将第 j 个元素放到一个变量 T 中，然后从有序子表的最后一个元素(即线性表中第 $j-1$ 个元素)开始，往前逐个与 T 进行比较，将大于 T 的元素均依次向后移动一个位置，直到发现一个元素不大于 T 为止，此时就将 T(即原线性表是第 j 个元素)插入到刚移出的空位置上。若 T 的值大于等于子表中的最后一个元素，则将 T 直接插入到子表的第 j 个位置。此时，有序子表的长度就变为 j 了。

以上三种排序方法的时间复杂度为 $O(n^2)$。

9.4 程序设计方法

本节介绍结构化程序设计的思想和方法及结构化程序的三种基本结构，面向对象程序设计的基本概念和面向对象程序设计的基本步骤。

9.4.1 结构化程序设计

1. 结构化程序的设计思想

结构化程序设计的基本思想是使用三种基本结构、采用自顶向下、逐步求精和模块化方法。

2. 结构化程序设计的三种基本结构

结构化程序设计具有顺序、选择和循环三种基本结构。

1)顺序结构

顺序结构就是按照程序语句行的自然顺序依次执行程序。

2)选择结构

选择结构又称分支结构，这种结构可以根据设定的条件，判断应该选择哪一条分支来执行相应的语句序列。

3)循环结构

循环结构是根据给定的条件，判断是否需要重复执行某一程序段。在程序设计语言中，循环结构对应两类循环语句，对先判断后执行循环体的称为当型循环结构，对先执行循环体后判断的称为直到型循环结构。

3. 结构化程序设计的基本原则

1)自顶向下

程序设计时，应先考虑总体，后考虑细节；先考虑全局目标，后考虑局部目标。开始时不过多追求众多的细节，先从最上层总体目标开始设计，逐步使问题具体化，层次分明、结构清晰。

2)逐步求精

对复杂问题，应设计一些子目标做过渡，逐步细化。针对某个功能的宏观描述，进行不断分解，逐步确立过程细节，直到该功能用程序语言的算法实现为止。

3)模块化

将一个复杂问题分解为若干简单的问题。每个模块只有一个入口和一个出口，使程序有良好的结构特征，能降低程序的复杂度，增强程序的可读性和可维护性。

4)限制使用 goto 语句

因为使用 goto 语句会破坏程序的结构化，降低程序的可读性，因而不提倡使用 goto 语句。

9.4.2 面向对象程序设计

1. 面向对象程序设计的基本概念

1)对象

客观世界中任何一个事物都可以看成一个对象。或者说,客观世界是由千千万万对象组成的。对象是构成系统的基本单位。

任何一个对象都应该具有属性和行为两个要素。对象的静态特征称为属性,对象的动态特征称为行为(操作)。一般来说,凡是具备属性和行为这两种要素的,都可以作为对象。

对象的基本特点为标识唯一性、分类性、多态性、封装性。

2)类

类是指具有共同属性、共同方法的对象的集合。类是对象的抽象,对象是对应类的一个实例。

3)消息

消息是一个实例与另一个实例之间传递的信息,它请求对象执行某一处理或回答某一要求的信息。通常一个消息由接收消息的对象的名称、消息标识符(也称消息名)、零个或多个参数三部分组成。

4)继承

继承是使用已有的类(父类)定义作为基础建立新类(子类)的定义。广义地说,继承是指能够直接获得已有的性质和特征,而不必重复定义它们的一种技术。

5)多态性

多态性是指同样的消息被不同的对象接收时可导致完全不同的行动的现象。

2. 面向对象程序设计的思想

面向对象程序设计的基本思想:一是从现实世界中客观存在的事物(即对象)出发,尽可能运用人类自然的思维方式去构造软件系统,也就是直接以客观世界的事务为中心来思考问题、认识问题、分析问题和解决问题;二是将事物的本质特征经抽象后表示为软件系统的对象,以此作为系统构造的基本单位;三是使软件系统能直接映射问题,并保持问题中事物及其相互关系的本来面貌。因此,面向对象方法强调按照人类思维方法中的抽象、分类、继承、组合、封装等原则去解决问题。这样,软件开发人员便能更有效地思考问题,从而更容易与客户沟通。

3. 面向对象程序设计的步骤

面向对象程序设计的基本步骤是面向对象分析、面向对象设计、面向对象编程、面向对象测试、面向对象维护。

9.4.3 结构化程序设计与面向对象程序设计的比较

从概念方面、构成方面、运行控制方面、开发方面及应用方面看,面向对象的程序设计与面向结构化的程序设计各有特点。

9.5 软件工程

本节介绍软件工程的基本知识、软件开发方法、软件测试和维护方法。

9.5.1 软件工程基础

1. 软件特点

软件具有如下特点:

(1)软件是一种逻辑实体,具有抽象性。

(2)软件没有明显的制造过程。

(3)软件在使用过程中,没有磨损、老化的问题。

(4)软件对硬件和环境有着不同程度的依赖性。

(5)软件的开发至今尚未完全摆脱手工作坊式的开发方式,生产效率低。

(6)软件复杂性高,开发和设计成本高。

(7)软件工作牵涉到很多社会因素。

2. 软件危机与软件工程

1968年北大西洋公约组织的计算机科学家在联邦德国召开的国际学术会议上第一次提出了"软件危机"这个名词。软件危机泛指在计算机软件的开发和维护过程中所遇到的诸如成本、质量、生产率等一系列严重问题。软件危机主要包含两方面问题:

(1)如何开发软件,以满足不断增长、日趋复杂的需求。

(2)如何维护数量不断膨胀的软件产品。

为了解决"软件危机",在会议上第一次提出了软件工程的概念,希望用工程化的原则和方法进行软件开发和管理。逐步形成了计算机技术的一门新学科,即软件工程学,简称软件工程。

软件工程就是用工程、科学和数学的原则与方法研制、维护计算机软件的有关技术及管理方法,主要内容包括软件开发技术和软件工程管理学。

从软件开发的角度,软件工程包括方法、工具和过程三个要素。

3. 软件生命周期与开发模型

1)软件生命周期

软件生命周期,通常是指软件产品从提出、实现、使用维护到停止使用(废弃)的全过程,即指从考虑软件产品的概念开始,到该软件产品终止使用的整个时期。一般包括问题定义、可行性分析、需求分析、总体设计、详细设计、编码、测试、运行、维护升级到废弃等活动,这些活动可以重复,执行时也可以有迭代。软件生命周期还可以概括为软件定义、软件开发和运行维护三个阶段。

(1)定义阶段:此阶段是软件开发方与需求方共同讨论,主要确定软件的开发目标及其可行性。

(2)开发阶段:此阶段主要根据需求分析的结果,对整个软件系统进行设计。

(3)运行维护阶段:在软件开发完成并投入使用后,由于多方面的原因,软件不能适应用户的新要求,需要进一步维护和升级,以延续软件的使用寿命。

2)软件开发模型

软件开发模型给出了软件开发活动各个阶段之间的关系,主要有以下几种。

(1)瀑布模型:也称软件生存周期模型,它根据软件生存周期各个阶段的任务,从可行性研究开始,逐步进行阶段性变换,直至通过确认测试并得到用户确认的软件产品为止。此模型适用于面向过程的软件开发方法。

(2)演化模型(Evolutionary Model):是一种全局的软件生命周期模型,属于迭代开发方法。软件开发人员根据用户提出的软件定义,快速地开发一个原型,向用户展示了待开发软件系统的全部或部分功能和性能,在征求用户对原型意见的过程中,进一步修改、完善、确认软件系统的需求,并达到一致意见。用演化模型进行软件开发可以快速适应用户需求和多变的环境要求。

(3)螺旋模型:也称迭代模型,是瀑布模型与演化模型的结合。螺旋模型由需求定义、风险分析、工程实现、评审4部分组成。螺旋模型强调了其他模型所忽视的风险分析,特别适合于大型复杂的系统。

(4)喷泉模型:喷泉模型是一种以用户需求为动力,以对象为驱动的模型,主要用于描述面向对象的软件开发过程。

(5)智能模型:也称基于知识的软件开发模型,它综合了上述若干模型,并结合了专家系统。智能模型需要4GL的支持,主要适合于事务信息系统的中、小型应用程序的开发。

(6)组合模型:在软件工程实践中,经常将几种模型组合在一起,配套使用,形成组合模型。组合的方式有两种:第一种方式是以一种模型为主,嵌入另外一种或几种模型;第二种方式是建立软件开发的组合模型。软件开发者可以根据软件项目和软件开发环境的特点,选择一条或几条软件开发路径。软件开发通常都是使用几种不同的开发方法组成混合模型。

4. 软件工程的目标与原则

1)软件工程的目标

软件工程的目标是在给定成本、进度的前提下，开发出具有有效性、可靠性、可理解性、可维护性、可重用性、可适应性、可移植性、可追踪性和可互操作性且满足用户需求的产品。追求这些目标有助于提高软件产品的质量和开发效益，降低维护难度。

2)软件工程的原则

在软件开发过程中，基本原则包括抽象、信息隐蔽、模块化、局部化、确定性、一致性、完备性和可验证性。

5. 软件开发工具与软件开发环境

现代软件工程方法之所以得以实施，其重要的保证是软件开发工具和环境的保证，使软件在开发效率、工程质量等多方面得到改善。

1)软件开发工具

软件开发工具的完善和发展促进了软件开发方法的进步和完善，提高了软件开发的效率和质量。软件开发工具的发展是从单项工具逐步向集成工具发展的，软件开发工具为软件工程方法提供了自动的或半自动的软件支撑环境。同时，软件开发方法的有效应用也必须得到相应工具的支持，否则方法将难以有效地实施。

2)软件开发环境

软件开发环境，或称软件工程环境，是全面支持软件开发全过程的软件工具集合。这些软件工具按照一定的方法或模式组合起来，支持软件生命周期内的各个阶段和各项任务的完成。

软件开发工具为软件工程方法提供了自动的或半自动的软件支撑环境。软件开发方法的有效应用必须得到相应工具的支持，否则方法将难以有效实施。

9.5.2 软件开发方法

软件开发方法主要有面向过程的方法、面向对象的方法和面向数据的方法。

1. 面向过程的方法

面向过程的方法分为面向过程需求分析、面向过程设计、面向过程编程、面向过程测试、面向过程维护和面向过程管理。这种方法包括面向结构化数据系统的开发方法、面向可维护性和可靠性设计的Parnas方法和面向数据结构设计的Jackson方法等。

该方法的基本特点是分析设计中强调“自顶向下”“逐步求精”，编程实现时强调程序的“单入口和单出口”。

2. 面向对象的方法

面向对象的方法分为面向对象需求分析、面向对象设计、面向对象编程、面向对象测试、面向对象维护和面向对象管理。面向对象方法的基本特点是将对象的属性和方法封装起来，形成信息系统的基本执行单位，再利用对象的继承特征，由基本执行单位派生出其他执行单位，从而产生许多新的对象。众多的离散对象通过事件或消息连接起来，就形成了现实生活中的软件系统。

面向对象方法在程序的执行过程中不由程序员控制，完全由用户交互控制。在分析、设计、实现中用到对象、类、继承、消息这4个基本概念。

面向对象作为软件系统的一种实现思想和编程方法，它功能强大、编程效率高，但仍在不断完善和改进。

3. 面向数据的方法

面向数据的方法也称面向元数据的方法。元数据是关于数据的数据、组织数据的数据。面向数据方法的要点是：

(1)数据位于企业信息系统的中心。

(2)只要企业的业务方向和内容不变，企业的元数据就是稳定的，由元数据构成的数据模型也是稳定的。

(3)对元数据的处理方法是可变的。

(4)企业信息系统的核心是数据模型。

(5)信息系统的实现(编码)方法主要是面向对象,其次才是面向数据和面向过程。

(6)用户自始至终参与信息系统的分析、设计、实现与维护。

面向数据方法的特点是程序的执行过程中,根据数据流动和处理的需要,有时由程序员控制,有时由用户控制。

面向数据方法的优点是通俗易懂,因而特别适合信息系统中数据层(数据库服务器)的设计与实现。

9.5.3 软件测试

1. 测试的目的

IEEE将软件测试定义为使用人工或自动手段来运行或测定某个系统的过程,其目的在于检验它是否满足规定的需求或弄清预期结果与实际结果的差别。

2. 测试的方法

按软件测试的性质,软件测试的方法可分为静态测试和动态测试。静态测试又分为文档测试和代码测试。动态测试又称运行程序测试,可分为白盒测试、黑盒测试和灰盒测试等。

1)静态测试

静态测试不运行被测程序本身,仅通过分析或检查源程序的语法、结构、过程、接口等来检查程序的正确性。静态测试通过程序静态特性的分析,找出欠缺和可疑之处。静态测试结果可用于进一步查错,并为测试用例选取提供指导。

2)动态测试

动态测试是在计算机或网络上运行被测试的系统,按照事先规定的测试计划,运行事先准备的测试用例,取得运行的数据,再将此数据与测试计划中的计划数据相比较。若两者一致,则测试通过;否则测试不通过,并找出错误。

(1)白盒测试。白盒测试也称结构测试或逻辑驱动测试。它是根据软件产品的内部工作过程,检查内部成分,以确认每种内部操作符合设计规格要求。白盒测试是在程序内部进行的,主要用于完成软件内部操作的验证。

白盒测试的基本原则:

①保证所测模块中每一独立路径至少执行一次。

②保证所测模块所有判断的每一分支至少执行一次。

③保证所测模块每一循环都在边界条件和一般条件下至少各执行一次。

④验证所有内部数据结构的有效性。

(2)黑盒测试。黑盒测试也称功能测试或数据驱动测试。黑盒测试是对软件已经实现的功能是否满足需求进行测试和验证。黑盒测试是在软件接口处进行,完成功能验证。黑盒测试只检查程序功能是否按照需求规格说明书的规定正常使用,程序是否能适当地接收输入数据而产生正确的输出信息,并且保持外部信息的完整性。

黑盒测试主要用于诊断功能差异或遗漏、界面错误、数据结构或外部数据库访问错误、性能错误、初始化和终止条件错误等。

(3)灰盒测试。灰盒测试基于对程序内部细节有限认知上的软件调试方法,结合了白盒测试和黑盒测试的要素。测试者可能知道系统组件之间是如何互相作用的,但缺乏对内部程序功能和运作的详细了解。灰盒测试介于白盒测试与黑盒测试之间,关注输出对于输入的正确性,同时也关注内部表现。

实际上,无论是使用白盒测试、黑盒测试还是灰盒测试或其他测试方法,针对一种方法设计的测试用例是有局限性的,仅易于发现某种类型的错误,而很难发现其他类型的错误。因此,没有一种用例设计方法能适应全部的测试方案,而是各有所长。综合使用各种方法来确定合适的测试方案,应该考虑在测试成本和测试效果之间的一个合理折中。

3. 测试的策略

软件测试过程一般按4个步骤进行,即单元测试、集成测试、验收测试(确认测试)和系统测试。通过这些步骤的实施来验证软件是否合格,能否交付使用。

1)单元测试

单元测试是对软件设计的各模块进行正确性检验的测试。

2)集成测试

集成测试是测试和组装软件的过程。

3)确认测试

确认测试验证软件的功能和性能是否满足需求规格说明中的各种需求,以及软件配置是否完全正确。

4)系统测试

系统测试是将通过测试确认的软件,在实际运行环境下对计算机系统进行一系列的集成测试和确认测试。

4. 常用测试工具

目前,常用的测试工具主要有开源测试管理工具、开源功能自动化测试工具、开源性能自动化测试工具、弹道测试管理工具、Quality Center、QuickTest Professional、LoadRunner 等。其他测试工具与框架还有 Rational Functional Tester、Borland Silk 系列工具、WinRunner、Robot 等。国内免费软件测试工具有 AutoRunner 和 TestCenter 等。

目前,国内介绍软件测试工具比较好的网站为 51Testing 软件测试论坛。

9.5.4 软件维护

软件维护是指在软件产品安装、运行并交付使用之后,在新版本产品升级之前这段时间里由软件厂商向用户提供的服务工作。

1. 传统的软件维护

传统软件维护活动根据起因分为纠错性维护、适应性维护、完善性维护、预防性维护4类。

2. 目前的软件维护

目前的软件产品维护活动基本上分为面向缺陷维护、面向功能维护两类。

3. 软件维护与软件产品版本升级

软件维护与软件产品版本升级有一定关系,一般而言,软件的版本信息主要由4个值组成:主版本号、次版本号、内部版本号、内部修订号。

测试练习

习 题 9

一、单项选择题

1. 下列有关二叉树的说法中,正确的是(　　)。

A. 任何一棵二叉树中至少有一个结点的度为2　B. 二叉树的度为2

C. 度为0的树是一棵二叉树　D. 二叉树中任何一个结点的度都为2

2. 二分法查找一个具有n个元素的有序表,其时间复杂度为(　　)。

A. $O(n)$　B. $O(n\log_2 n)$　C. $O(\log_2 n)$　D. $O(n^2)$

3. 一个栈的输入序列是A、B、C、D、E,则不可能出现的输出序列是(　　)。

A. $DECBA$　B. $EDCBA$　C. $CDEAB$　D. $ABCDE$

4. 下列选项中，(　　)不是栈的基本运算。

A. 将栈置为空栈　　B. 判断栈是否为空

C. 删除栈底元素　　D. 删除栈顶元素

5. 设有一个已按各元素的值排好序的线性表，长度大于2，对给定的值 k，分别用顺序查找法和二分法查找法查找一个与 k 值相同的元素，比较的次数分别为 s 和 b。在查找成功的情况下，正确的 s 和 b 的数量关系是(　　)。

A. $s=b$　　B. $s>b$　　C. $s<b$　　D. 与 k 值有关

6. 已知一个有序表(14,21,27,39,48,57,66,78,88,96,105)，用二分法查找值为44的元素时，经过(　　)次比较后查找成功。

A. 1　　B. 2　　C. 3　　D. 4

7. 已知10个数据元素为(55,29,17,35,74,63,96,61,27,44)，对该数列按从小到大排序，经过一次冒泡排序后的序列为(　　)。

A. 17,29,35,55,74,63,61,27,44,96　　B. 29,17,35,55,63,74,61,27,44,96

C. 29,17,35,55,63,61,74,27,44,96　　D. 17,29,35,55,63,61,74,27,44,96

8. 设森林 F 对应的二叉树为 T，它有 m 个结点，T 的根为 p，p 的右子树的结点个数为 n，则二叉树 T 中另一棵子树的结点个数为(　　)。

A. $m-n+1$　　B. $n+1$　　C. $m-n-1$　　D. $m-n$

9. 在一棵具有4层的满二叉树中，结点总数为(　　)。

A. 14　　B. 15　　C. 17　　D. 16

10. 在软件危机中表现出来的软件质量差的问题，原因是(　　)。

A. 软件研发人员素质太差　　B. 软件研发人员不愿遵守软件质量标准

C. 用户经常干预软件系统的研发工作　　D. 没有软件质量标准

11. 软件危机是指(　　)。

A. 软件开发和软件维护中出现的一系列问题　　B. 计算机出现病毒

C. 使用计算机系统进行经济犯罪活动　　D. 以上都不正确

12. 软件开发的最初工作是(　　)。

A. 估算成本　　B. 问题定义　　C. 可行性研究　　D. 需求分析

13. 软件维护是指(　　)。

A. 维护软件正常运行　　B. 软件的配置更新

C. 对软件的改进、适应和完善　　D. 软件开发期的一个阶段

14. 算法的时间复杂度是指(　　)。

A. 执行算法程序所需要的时间　　B. 算法程序的长度

C. 算法执行过程中所需要的基本运算次数　　D. 算法程序中的指令条数

15. 算法的空间复杂度是指(　　)。

A. 算法程序的长度　　B. 算法程序中的指令条数

C. 算法程序所占的存储空间　　D. 算法执行过程中所需要的存储空间

16. 数据的存储结构是指(　　)。

A. 数据所占的存储空间量　　B. 数据的逻辑结构在计算机中的表示

C. 数据在计算机中的顺序存储方式　　D. 存储在外存中的数据

17. 结构化程序设计主要强调的是(　　)。

A. 程序的规模　　B. 程序的易读性

C. 程序的执行效率　　D. 程序的可移植性

18. 设有下列二叉树

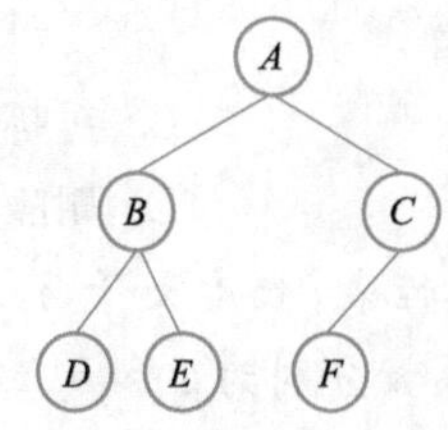

对此二叉树中序遍历的结果为(　　)。

A. *ABCDEF*　　B. *DBEAFC*　　C. *DEBFCA*　　D. *ABDECF*

19. 在面向对象方法中,一个对象请求另一对象为其服务的方式是通过发送(　　)。

A. 调用语句　　B. 命令　　C. 消息　　D. 密码

20. 检查软件产品是否符合需求定义的过程称为(　　)。

A. 集成测试　　B. 确认测试　　C. 系统测试　　D. 单元测试

二、多项选择题

1. 下面描述中,符合结构化程序设计风格的是(　　)。

A. 使用顺序、选择和重复(循环)三种基本控制结构表示程序的控制逻辑

B. 模块只有一个入口,只有一个出口

C. 注重提高程序的执行效率

D. 不使用 goto 语句

2. 属于面向对象方法的概念有(　　)。

A. 对象　　B. 继承　　C. 类　　D. 过程调用

3. 下列叙述中正确的是(　　)。

A. 线性表是线性结构　　B. 栈与队列是线性结构

C. 线性链表是非线性结构　　D. 二叉树是线性结构

4. 软件需求分析阶段的工作,可以分为 4 个方面:需求获取、需求分析、(　　)。

A. 阶段性报告　　B. 编写需求规格说明书

C. 总结　　D. 需求评审

5. 下面叙述不正确的有(　　)。

A. 算法的有穷性是指算法必须能在执行有限个步骤之后终止

B. 算法的空间复杂度是指算法程序中指令(或语句)的条数

C. 算法的执行效率与数据的存储结构无关

D. 以上三种描述都不对

6. 以下数据结构中属于线性数据结构的是(　　)。

A. 队列　　B. 线性表　　C. 二叉树　　D. 栈

E. 图

7. 软件生命周期分为 3 个阶段,它们是(　　)。

A. 定义阶段　　B. 开发阶段　　C. 编码阶段　　D. 测试阶段

E. 维护阶段

8. 若一棵二叉树具有 10 个度为 2 的结点,则该二叉树的度为 0 的结点个数不可能是(　　)。

A. 9　　B. 10　　C. 11　　D. 12

9. 下列关于栈的叙述中正确的是(　　)。

A. 在栈中只能插入数据　　B. 在栈中可以删除数据

C. 栈是先进先出的线性表　　D. 栈是先进后出的线性表

10. 在深度为 4 的满二叉树中,叶子结点的个数不可能为(　　)。

A. 16　　B. 15　　C. 8　　D. 10

11. 下面对对象概念描述正确的是(　　)。

A. 任何对象都必须有继承性　　B. 对象是属性和方法的封装体

C. 对象间的通信靠消息传递　　D. 操作是对象的动态性属性

12. 下面属于软件工程的三个要素的是(　　)。

A. 工具　　B. 过程　　C. 方法　　D. 环境

E. 文档

13. 下列关于队列的叙述中正确的是(　　)。

A. 在队列中可以插入数据　　B. 在队列中只能删除数据

C. 队列是先进先出的线性表　　D. 队列是先进后出的线性表

14. 栈和队列的共同点是(　　)。

A. 都是先进后出　　B. 都是先进先出

C. 只允许在端点处插入和删除元素　　D. 都是线性结构

15. 结构化程序设计方法的主要原则有(　　)。

A. 自顶向下　　B. 逐步求精

C. 减少或取消注解行　　D. 程序越短越好

E. 模块化　　F. 限制使用 goto 语句

三、填空题

1. 在最坏情况下,冒泡排序的时间复杂度为(　　)。

2. 面向对象的程序设计方法中涉及的对象是系统中用来描述客观事物的一个(　　)。

3. 类是一个支持集成的抽象数据类型,而对象是类的(　　)。

4. 软件是程序、数据和(　　)的集合。

5. 软件工程研究的内容主要包括(　　)技术和软件工程管理。

6. 算法的复杂度主要包括(　　)复杂度和空间复杂度。

7. 软件动态测试方法通常分为白盒测试方法和(　　)测试方法。

8. 在先左后右的原则下,根据访问根结点的次序,二叉树的遍历可以分为三种:前序遍历、(　　)遍历和后序遍历。

9. 结构化程序设计方法的主要原则可以概括为自顶向下、逐步求精、(　　)和限制使用 goto 语句。

10. 设一棵完全二叉树共有 600 个结点,则在该二叉树中有(　　)个叶子结点。

11. 软件工程学将软件从开始研制到最终被废弃的整个阶段称为软件的(　　)。

12. 栈的基本运算有三种:入栈、退栈和(　　)。

13. 在面向对象方法中,信息隐蔽是通过对象的(　　)性来实现的。

14. 实现算法所需的存储单元多少和算法的工作量大小分别称为算法的(　　)。

15. 数据结构包括数据的逻辑结构、数据的(　　)以及对数据的操作运算。

16. 一个类可以从直接或间接的祖先中继承所有属性和方法。采用这个方法提高了软件的(　　)。

17. 面向对象的模型中,最基本的概念是对象和(　　)。

18. 软件维护活动包括以下几类:改正性维护、适应性维护、(　　)维护和预防性维护。

19. 算法的基本特征是可行性、确定性、(　　)、输入和输出。

20. 作为计算机科学技术领域中的一门新兴学科,"软件工程"主要是要解决(　　)问题。

四、判断题

(　　)1. 软件测试的目的是发现软件中的全部错误。

(　　)2. 在树形结构中,每一层的数据元素只和上一层中的一个元素相关。

(　　)3. 已知完全二叉树的第 6 层有 8 个结点,则叶子结点数是 19。

(　　)4. 面向对象的程序设计的基本做法是将数据及对数据的操作放在一起,作为一个相互依存、不可分割的整体来处理。

(　　)5. 高级程序设计语言C++是C语言的发展和扩充，它们都是结构化程序设计语言。

(　　)6. 文件管理系统只负责对系统文件和用户文件的组织和管理，它不负责对文件进行保护和故障恢复。

(　　)7. 树形结构是用于描述数据元素之间的层次关系的一种线性数据结构。

(　　)8. 满二叉树是完全二叉树，而完全二叉树一定是满二叉树。

(　　)9. 深度为k的完全二叉树至少有2^{k-1}个结点。

(　　)10. 软件维护是为了提高软件产品的质量，不会产生副作用。

五、简答题

1. 常用的程序设计语言有哪些？
2. 简述程序设计方法与风格。
3. 结构化程序设计的基本思想是什么？
4. 什么是软件工程？
5. 软件的特点是什么？
6. 简述冒泡排序的基本过程。
7. 结构化程序设计有哪几种基本结构？各自是怎样实现的？试画出相应的结构图。
8. 软件测试的目的是什么？
9. 软件生命周期的主要活动阶段有哪些？
10. 软件工程的三种开发方法是什么？

第10章 信息安全

本章主要介绍信息安全的基础理论、信息存储安全技术、信息安全防范技术、计算机病毒与防治技术、网络道德，以及国家有关计算机、网络相关法律、法规和政策等。通过本章学习，读者要能够提高信息安全防范意识，分析信息安全状况，采用相关技术和方法进行安全防范，了解相关法律法规，遵守网络道德。

知识体系

本章知识体系结构：

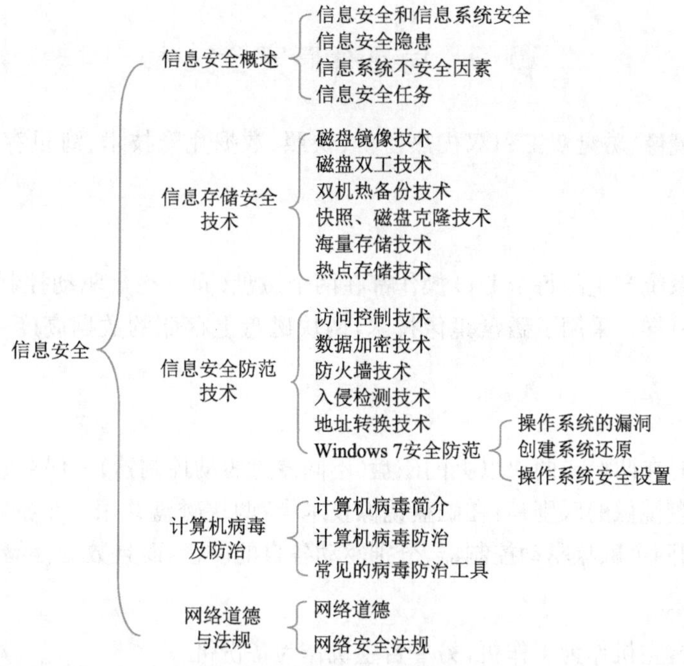

本章重点：防火墙、病毒、信息安全、信息系统安全的基本概念；信息存储安全技术、信息安全防范技术、Windows 7 安全防范、计算机病毒及防治技术；网络道德及相关法规。

本章难点：信息存储安全技术、信息安全防范技术、Windows 7 安全防范。

学习纲要

10.1 信息安全概述

本节主要介绍信息安全和信息系统安全的基本概念、信息安全隐患、信息系统存在的不安全因素以及信息安全的主要任务。

10.1.1 信息安全和信息系统安全

1. 信息安全

信息安全是指信息在存储、处理和传输状态下能够保证其保密性、完整性和可用性。

2. 信息系统安全

信息系统是由计算机硬件、网络和通信设备、计算机软件、信息资源、信息用户和规章制度组成的以处理信息流为目的的人机一体化系统。

信息系统安全指存储信息的计算机硬件、数据库等软件的安全和传输信息网络的安全。

信息安全依赖于信息系统的安全,确保信息系统的安全是保证信息安全的手段。

10.1.2 信息安全隐患

信息安全的威胁来自方方面面,根据其性质可归纳为:信息泄露、破坏信息完整性、拒绝服务、非法使用、窃听、假冒、抵赖、业务流分析、旁路控制、授权侵犯、计算机病毒等。

10.1.3 信息系统不安全因素

一般来说,信息系统的不安全因素存在于计算机硬件设备、软件系统、网络和安全防范机制等方面。

10.1.4 信息安全任务

信息安全的任务是保护信息和信息系统的安全。

10.2 信息存储安全技术

本节主要介绍磁盘镜像、磁盘双工和双机热备份、快照、数据克隆技术、海量存储技术等数据动态冗余存储技术。

10.2.1 磁盘镜像技术

磁盘镜像的原理是系统产生的每个I/O操作都在两个磁盘(同一磁盘驱动控制器)上执行,而这一对磁盘看起来就像一个磁盘一样。采用了磁盘镜像技术,两块磁盘上存储的数据高度一致,因此实现了数据的动态冗余备份。

10.2.2 磁盘双工技术

磁盘双工技术可同时在两块或两块以上的磁盘(不同磁盘驱动控制器)中保存数据。

磁盘双工技术与磁盘镜像的区别是:在磁盘镜像技术中,两块磁盘共用一个磁盘驱动控制器;而在磁盘双工技术中,则需要使用两个磁盘驱动控制器,分别驱动各自的硬盘,而且数据存储的速度快。

10.2.3 双机热备份技术

双机热备份就是一台主机作为工作机,另一台主机作为备份机。

双机热备份技术的优势是当工作机出现异常时,备份机主动接管工作机的工作,从而保障信息系统能够不间断地运行;另外,还可以实现容灾,即将工作机和备份机异地放置。

10.2.4 快照、磁盘克隆技术

快照技术用于创建某个时间点的故障表述,构成某种形式的数据快照。主要是能够进行在线数据恢复,还可以为存储用户提供另外一个数据访问通道,当原数据进行在线应用处理时,用户可以访问快照数据,还可以利用快照进行测试等工作。

磁盘克隆是另一种提高数据可用性的方法。克隆技术与快照技术不同,快照只是抓取数据的表述,而克隆则是对整个卷的复制。因此克隆需要有一个完整的磁盘复制空间。

10.2.5 海量存储技术

海量存储技术是指海量文件的存储方法及存储系统,主要包括磁盘阵列技术与网络存储技术。

1. 磁盘阵列(RAID)

RAID 是一种把多块独立磁盘组合起来形成一个容量巨大的磁盘组,从而提供比单个磁盘更高的存储性能并提供数据备份的技术。

RAID 提供了增强冗余、容量和存储性能的存储方法,有着较强的可管理性、可靠性和可用性。RAID 技术分为几种不同的等级,分别可以提供不同的速度、安全性和性价比。根据实际情况选择适当的 RAID 级别可以满足用户对存储系统可用性、性能和容量的要求。

2. 网络存储

网络存储主要有 DAS、NAS、SAN 等技术。

DAS 是以服务器为中心的传统的直接存储技术。

NAS 是以数据为中心的网络存储技术。

SAN 即存储区域网,是一种将磁盘或磁带与相关服务器连接起来的高速专用网,采用可伸缩的网络拓扑结构,可以使用光纤通道连接,也可以使用 IP 协议将多台服务器和存储设备连接在一起。

10.2.6 热点存储技术

目前热点存储技术主要包括 P2P 存储、智能存储系统、存储服务质量、存储容灾、云存储等。

10.3 信息安全防范技术

本节主要介绍访问控制技术、数据加密技术、防火墙技术、入侵检测技术及地址转换技术和 Windows 7 安全防范。

10.3.1 访问控制技术

访问控制技术,指系统对用户身份及其所属的预先定义的策略组进行控制,是限制其使用数据资源能力的一种手段。

1. 密码认证方式

密码认证的工作机制是用户将自己的用户名和密码提交给系统,系统核对无误后,承认用户身份,允许用户访问所需资源,否则拒绝访问。

2. 加密认证方式

加密认证的工作机制是用户和系统都持有同一密钥 K,系统生成随机数 R,发送给用户,用户接收到 R,用 K 加密,得到 X,然后回传给系统,系统接收 X,用 K 解密得到 K',然后与 R 对比,如果相同,则允许用户访问所需资源;否则拒绝访问。

10.3.2 数据加密技术

1. 加密和解密

数据加密的基本思想就是伪装信息,使非法接入者无法理解信息的真正含义。

在计算机网络中,加密可分为"通信加密"和"文件加密"。

现代数据加密技术中,加密算法(如最为普及的 DES 算法、IDEA 算法和 RSA 算法)是公开的。密文的可靠性在于公开的加密算法使用不同的密钥(控制加密结果的数字或字符串),其结果是不可破解的。不言而喻,解密算法是加密算法的逆过程。

DES(Data Encryption Standard)是一种数据分组的加密算法,也是一种加密标准。它将数据分成长度为 64 位的数据块,其中 8 位用作奇偶校验,剩余的 56 位作为密码的长度。第一步将原文进行置换,得到 64 位的杂乱无章的数据组;第二步将其分成均等两段;第三步用加密函数进行变换,并在给定的密钥参数条件下,进行多次迭代而得到加密密文。

IDEA(International Data Encryption Algorithm)算法类似于 DES,也是一种数据块加密算法,它设计了一系列加密轮次,每轮加密都使用从完整的加密密钥中生成的一个子密钥。与 DES 的不同处在于,IDEA 采用软件实现和采用硬件实现同样快速。

RSA 算法是由 Ron Rivest、Adi Shamir、Leonard Adleman 一起提出的，是一种公钥加密算法。RSA 算法基于一个十分简单的数论事实：将两个大素数相乘十分容易，但那时想要对其乘积进行因式分解却极其困难，因此可以将乘积公开作为加密密钥。RSA 算法是第一个能同时用于加密和数字签名的算法，也易于理解和操作，因此被广泛应用。

2. 数字签名

数字签名技术是一种类似写在纸上的普通的物理签名，使用公钥加密领域的技术实现，是用于鉴别数字信息的方法。

数字签名的特点：不可抵赖、不可伪造、不可重用。

根据接收者验证签名的方式不同，可将数字签名分为真数字签名和公证数字签名两类。

10.3.3 防火墙技术

1. 防火墙

防火墙是一种位于内部网络与外部网络之间的网络安全系统。防火墙主要由服务访问规则、验证工具、包过滤和应用网关 4 个部分组成。

2. 常用的防火墙

常用的防火墙有包过滤防火墙和代理服务器防火墙两种类型。

10.3.4 入侵检测技术

入侵检测系统是一种对网络活动进行实时监测的专用系统，能依照一定的安全策略，通过软硬件，对网络、系统的运行状况进行监视，尽可能发现各种攻击企图、攻击行为或攻击结果，保证网络系统资源的机密性、完整性和可用性。

理想的入侵检测系统的功能主要有用户和系统活动的监视与分析、系统配置及其脆弱性分析与审计、异常行为模式的统计分析、重要系统和数据文件的完整性监测和评估、操作系统的安全审计和管理、入侵模式的识别与响应(包括切断网络连接、记录事件和报警等)。

10.3.5 地址转换技术

NAT 是一个 Internet 标准，置于两网间的边界，由 RFC 1631 定义。其功能是将外网可见的公有 IP 地址与内网所用的私有 IP 地址相映射，这样，每一受保护的内网可重用特定范围的 IP 地址，而这些地址是不用于公网的，从而保护内网主机，防止遭受攻击。

Request For Comments(RFC)是一系列以编号排定的文件。文件收集了互联网的相关信息，以及 UNIX 和互联网社区的软件文件。

PAT 技术可以使有限的公网 IP 地址为更多的内网主机同时提供与外网的通信支持。在极限的情况下，可以用一个公网 IP 地址为数百台内网主机提供支持。

10.3.6 Windows 7 安全防范

1. 操作系统的漏洞

操作系统安全隐患一般分为两部分：一部分是由设计缺陷造成的，包括协议方面、网络服务方面、共享方面等缺陷；另一部分则是由于使用不当导致，主要表现为系统资源或用户账户权限设置不当。

操作系统发布后，开发厂家会严密监视和搜集其软件的缺陷，并发布漏洞补丁程序来进行系统修复。

2. 创建系统还原

Windows 7 可以利用自带的备份功能还原系统。

3. 操作系统安全设置

与 Windows 7 系统安全相关的设置有用户权限设置、共享设置、安全属性设置等。

10.4 计算机病毒及防治

本节主要介绍计算机病毒的概念、特点、分类、防治措施及常见病毒的防治工具等。

10.4.1 计算机病毒简介

1. 计算机病毒

计算机病毒是指编制或者在计算机程序中插入的破坏计算机功能或者毁坏数据，影响计算机使用，并能自我复制的一组计算机指令或者程序代码。

2. 计算机病毒特征

计算机病毒具有传染性、潜伏性、可触发性、破坏性、隐蔽性、衍生性、非授权性、针对性等特点。

随着计算机软件和网络技术的发展，网络时代的病毒又具有很多新的特点，如利用系统漏洞主动传播、主动通过网络和邮件系统传播，传播速度极快、变种多；病毒与黑客技术融合，具有攻击手段，更具有危害性。

3. 计算机病毒类型

从不同的角度对计算机病毒有不同的分类方法。

按照病毒的破坏能力分为无害型、无危险型、危险型、非常危险型。

根据病毒特有的算法分为伴随型病毒、蠕虫型病毒、寄生型病毒、变型病毒。

根据病毒的传染方式分为文件型病毒、系统引导型病毒、混合型病毒、宏病毒。

4. 常见病毒

目前，较为常见的病毒有 QQ 群蠕虫病毒、比特币矿工病毒、秒余额网购木马、游戏外挂捆绑远控木马、文档敲诈者病毒、验证码大盗手机病毒等。

5. 计算机病毒诊断

一般，当出现下列情况时，可以诊断出该计算机已经中毒。

(1)在特定情况下屏幕上出现某些异常字符或特定画面。

(2)文件长度异常增减或莫名产生新文件。

(3)一些文件打开异常或突然丢失。

(4)系统无故进行大量磁盘读写或未经用户允许进行格式化操作。

(5)系统出现异常的重启现象，经常死机，或者蓝屏无法进入系统。

(6)可用的内存或硬盘空间变小。

(7)打印机等外围设备出现工作异常。

(8)在汉字库正常的情况下，无法调用和打印汉字或汉字库无故损坏。

(9)磁盘上无故出现扇区损坏。

(10)程序或数据神秘消失，文件名不能辨认等。

10.4.2 计算机病毒的防治

对于计算机病毒，需要树立以防为主、清除为辅的观念，防患于未然。

1. 防范计算机病毒

为了最大限度地减少计算机病毒的发生和危害，通常采取如下有效的预防措施。

(1)备份数据。

(2)尽量使用本地硬盘启动计算机。

(3)将某些重要文件设置为只读属性。

(4)重要部门的计算机尽量专用。

(5)安装新软件前，先用杀毒程序检查。

(6)安装杀毒软件、防火墙等防病毒工具，定期杀毒。

(7)升级补丁及病毒库。

(8)使用复杂密码。

(9)警惕欺骗性的病毒。

(10)一般不要在互联网上随意下载软件。

(11)合理设置电子邮件工具和系统的 Internet 安全选项。

(12)不要轻易打开广告邮件中的附件或点击其中的链接。

(13)不要随意接收文件，尽量不要从公共新闻组、论坛、BBS中下载文件。

2. 清除计算机病毒

清除病毒一般采用人工清除病毒和自动清除病毒。

(1)人工清除：借助工具软件打开被感染的文件，从中找到并清除病毒代码，使文件复原。

(2)自动清除：利用杀毒软件对病毒进行防堵和清除。

10.4.3 常见病毒防治工具

杀毒软件，也称反病毒软件，是用于消除计算机病毒、特洛伊木马和恶意软件等计算机威胁的一类软件。杀毒软件通常集成监控识别、病毒扫描和清除、自动升级等功能，有的杀毒软件还带有数据恢复等功能，是计算机防御系统的重要组成部分。目前常用的有360杀毒、百度杀毒软件、腾讯电脑管家、金山毒霸、卡巴斯基反病毒软件、瑞星杀毒软件、诺顿防病毒软件等。通常应有针对性地安装一种防病毒软件，尽量不要安装两种或两种以上，以免发生冲突。近年新兴的云安全服务，如360云安全、瑞星云安全也得到了普及，卡巴斯基、MCAFEE、趋势、SYMANTEC、江民科技、PANDA、金山等也都推出了云安全解决方案。

10.5 网络道德与法规

本节主要介绍网络道德的行为规范，以及网络安全相关的法律法规等。

10.5.1 网络道德

1. 网络道德的定义

所谓网络道德，是指以善恶为标准，通过社会舆论、内心信念和传统习惯来评价人们的上网行为，调节网络时空中人与人之间以及个人与社会之间关系的行为规范。

2. 不道德网络行为

(1)从事危害政治稳定、损害安定团结、破坏公共秩序的活动，复制、传播有关上述内容的消息和文章。

(2)任意发布帖子对他人进行人身攻击，不负责任地散布流言蜚语或偏激的语言，对个人、单位甚至政府的形象造成损害。

(3)窃取或泄露他人秘密，侵害他人正当权益。

(4)利用网络赌博或从事有伤风化的活动。

(5)制造病毒、传播病毒。

(6)冒用他人IP，从事网上活动，通过扫描、侦听、破解口令、安置木马、远程接管、利用系统缺陷等手段进入他人计算机。

(7)明知自己的计算机感染了损害网络性能的病毒仍然不采取措施，妨碍网络、网络服务系统和其他用户正常使用网络。

(8)缺乏网络文明礼仪，在网络中使用粗俗语言。

10.5.2 网络安全法规

为了维护网络安全，国家和管理组织制定了一系列网络安全政策、法规。

1. 知识产权保护

知识产权相关的法规有《中华人民共和国著作权法》《中华人民共和国商标法》《中华人民共和国专利法》等。

要注意区分无偿提供的和受知识产权保护的信息。

2. 保密法规

国家保密局2000年1月1日起颁布实施《计算机信息系统国际联网保密管理规定》，明确规定了哪些泄密行为或者哪些信息保护措施不当造成泄密的行为触犯了法律。

3. 防止和制止网络犯罪相关法规

我国利用《中华人民共和国计算机信息系统安全保护条例》《中华人民共和国电信条例》《互联网信息服务管理办法》等法律、法规来防治和制止网络犯罪。《中华人民共和国刑法》也对计算机犯罪做出了明确的规定。

4. 信息传播条例

依据《中华人民共和国相关互联网信息传播条例》,网络参与者如果有危害国家安全、泄露国家秘密、侵犯国家社会集体和公民的合法权益的网络活动,将触犯法律。制作、复制和传播违法信息也要受到法律的追究。

每个人都应该自觉遵守国家有关计算机、计算机网络和互联网的相关法律、法规和政策,大力弘扬中华民族优秀文化传统和社会主义精神文明的道德准则,积极推动网络道德建设,建立健康和谐的网络环境。

实验环节

实验1 用户安全设置

【实验目的】

(1)掌握 Windows 7 用户安全的设置方法。

(2)通过实验中使用的针对性防范措施,了解网络攻击的常用途径。

【实验内容】

(1)修改系统管理员的名称和密码。

(2)禁用 Guest 账户。

(3)创建有限访问权限的标准用户。

【实验步骤】

1. 修改系统管理员名称和密码

(1)在"控制面板"的"类别"视图中单击"用户账户和家庭安全"图标,在打开的窗口中单击"用户账户"图标。

(2) 选择"管理其他账户"命令,进入"选择希望更改的账户"界面,单击"Administrator 账户"图标。

(3)选择"更改账户名称"命令,打开"键入新账户名"对话框,在"新账户名"文本框中输入名称,把"Administrator"改为"root@name123"。

(4)在 root@name123 账户界面中,选择"更改密码"命令,在文本框中输入当前密码和新密码,按照提示更换新的密码:b3k9uA7。

设置完成后,重新启动计算机,输入新账户名和密码,观察设置的效果。

2. 禁用 Guest 用户

(1)在"控制面板"的"类别"视图模式中单击"用户账户和家庭安全"图标,在打开的窗口中单击 "用户账户"图标。

(2)选择"管理其他账户"命令,进入"选择希望更改的账户"界面,单击"Guest"图标。

(3)在"更改来宾选项"界面,选择"关闭来宾账户"命令,即可完成操作。

设置完成后,重新启动计算机,观察 Guest 用户是否被禁用。

3. 创建标准用户

(1)在"控制面板"的"类别"视图模式中,单击"用户账户和家庭安全"图标,在打开的窗口中单击"用户账户"图标。

(2)选择“管理其他账户”命令，进入“选择希望更改的账户”界面，选择“创建一个新账户”命令。

(3)在“创建新账户”界面中输入新账户名 test，默认选择“标准用户”，单击【创建账户】按钮。

(4)单击“test”图标，选择“创建密码”命令，输入新密码，并确认新密码，单击【创建密码】按钮，即可完成操作。

新用户创建完毕后，使用该用户登录系统，检验该用户权限。

【实验思考】

(1)简述修改系统管理员名称和密码的意义和步骤。

(2)总结在实验中遇到的问题和解决方法。

实验 2　系统安全设置

【实验目的】

(1)掌握 Windows 7 常用的系统安全设置方法。

(2)通过实验中使用的针对性防范措施，了解网络攻击的常用途径。

(3)了解 Windows 7 提供的服务。

【实验内容】

(1)调整 Windows 7 匿名访问的限制值。

(2)禁用暂时不用的服务。

【实验步骤】

1. 调整匿名访问的限制值

(1)单击【开始】按钮，选择“运行”命令，打开“运行”对话框。

(2)输入 regedit，单击【确定】按钮，运行注册表编辑器。

(3)在左侧窗格中单击 HKEY_LOCAL_MACHINE\SYSTEM\CurrentControlSet\Control\Lsa，在右侧窗口中双击 restrictanonymous 数据项，显示编辑 DWORD 值对话框，将“数值数据”修改为 1，即可完成对匿名访问的限制。

通过以上操作，可以防止攻击者窃取系统管理员账号和网络共享路径等信息。

2. 禁用暂时不用的服务

(1)在“控制面板”的“类别”视图模式中，单击“系统安全”图标，在弹出的窗口中单击“管理工具”图标，弹出“管理工具”窗口。

(2)在“管理工具”窗口中，双击“服务”图标，打开“服务”窗口。

(3)找到暂时不用的服务项目，右击该项目，在弹出的快捷菜单中选择“停止”命令，并在“启动类型”下拉列表框中选择“已禁用”选项。

下列服务通常是不用的，可以禁止。检查下列服务，如果是处于“已启用”状态，则将其关闭：

①Human Interface Device Access：启用对人机接口设备(HID)的通用输入访问。

②Print Spooler：打印机服务。

③Remote Registry：使网络中的其他计算机用户修改本机注册表。

④Routing and Remote Access：在局域网和广域网提供路由服务。

⑤Server：支持此计算机通过网络的文件、打印和命名管道共享。

⑥TCP/IP NetBIOS Helper：提供 TCP/IP 服务上的 NetBIOS 和网络上客户端的 NetBIOS 名称解析的支持，从而使用户能够共享文件、打印和登录到网络。

⑦Telnet：允许远程用户登录到此计算机，作为本机的远程终端。

⑧Terminal Services：允许用户以交互方式连接到远程计算机。

⑨Windows Image Acquisition (WIA)：照相服务，应用于数码摄像机。

【实验思考】

(1)简述使用"计算机管理"查询本地共享资源的方法。

(2)简述禁用暂时不用的服务的意义。

实验3 Windows 7防火墙配置

【实验目的】

(1)掌握防火墙的配置方法。

(2)通过实验中使用有针对性的设置,了解防止网络攻击的常用方法。

(3)了解防火墙的配置原理。

【实验内容】

(1)开启防火墙功能。

(2)允许运行一个程序。

(3)防火墙高级配置。

【实验步骤】

1. 开启防火墙功能

在"控制面板"的"类别"视图模式中,单击"系统和安全"图标,再单击"Windows 防火墙"图标。在任务栏左侧选择"打开或关闭 Windows 防火墙"命令,选择启用 Windows 防火墙。

2. 允许程序规则配置

在"控制面板"的"类别"视图模式中,单击"系统和安全"图标,再单击"Windows 防火墙"图标。选择"允许程序或功能通过 Windows 防火墙"命令,打开"允许的程序"窗口,如图 10-1所示。

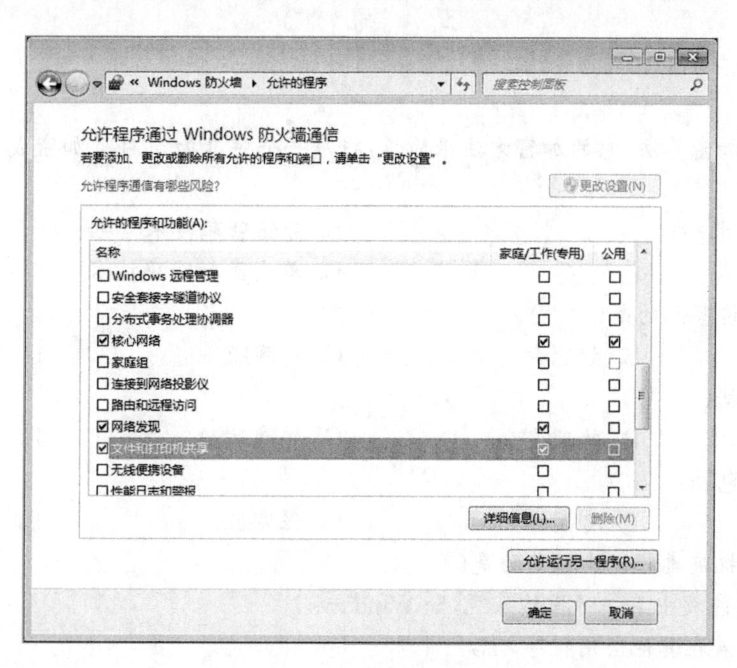

图 10-1 "允许的程序"窗口

勾选"文件和打印机共享"复选框,可以实现共享文件和打印机的功能。

3. 防火墙高级配置

在"Windows 防火墙"界面中,选择"高级设置"命令,选择左侧的"入站规则"命令,打开"高级安全Windows防火墙"窗口中的"入站规则"界面,如图 10-2 所示。

禁止"文件和打印共享"规则,可右击"入站规则"列表中的"文件和打印共享"选项,在弹出的快捷菜单中选择“禁用规则”命令，则关闭该规则。通过这个方法可禁止一些不用或危险的规则。

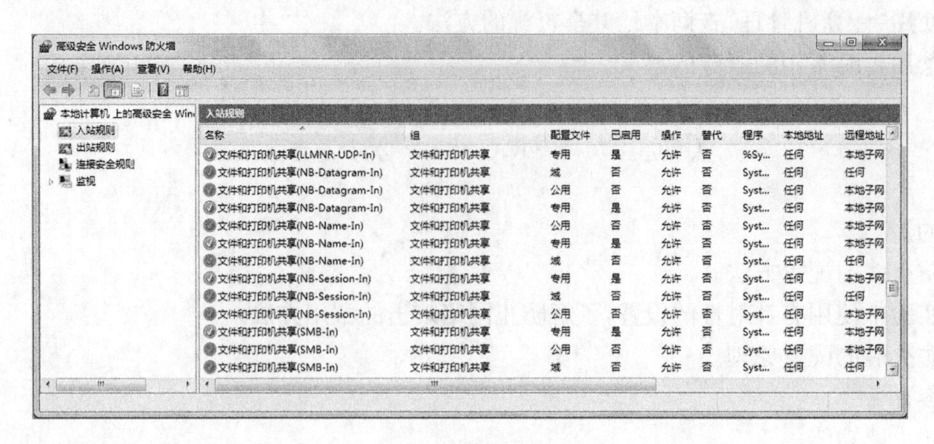

图 10-2 “入站规则”界面

【实验思考】

(1)思考如何关闭 139 端口。

(2)思考配置防火墙的意义。

测试练习

习 题 10

一、选择题

1. 假设使用一种加密算法，它的加密方法很简单：将每一个字母加 5，即 a 加密成 f。这种算法的密钥就是 5，那么它属于(　　)。

A. 对称加密技术　　B. 分组密码技术
C. 公钥加密技术　　D. 单向函数密码技术

2. 以下可实现身份鉴别的是(　　)。

A. 密码　　B. 智能卡　　C. 视网膜　　D. 以上皆是

3. 计算机安全包括(　　)。

A. 操作安全　　B. 物理安全　　C. 病毒防护　　D. 以上皆是

4. 信息安全需求包括(　　)。

A. 完整性　　B. 可用性　　C. 保密性　　D. 以上皆是

5. 下列关于计算机病毒的说法错误的是(　　)。

A. 有些病毒仅能攻击某一种操作系统，如 Windows
B. 病毒一般附着在其他应用程序之后
C. 每种病毒都会给用户造成严重后果
D. 有些病毒能损坏计算机硬件

6. 下列关于网络病毒描述错误的是(　　)。

A. 网络病毒不会对网络传输造成影响　　B. 与单机病毒比较，加快了病毒传播的速度
C. 传播媒介是网络　　D. 可通过电子邮件传播

7. 下列计算机操作不正确的是(　　)。

A. 开机前查看稳压器输出电压是否正常(220 V)

B. 硬盘中的重要数据文件要及时备份

C. 计算机加电后,可以随便搬动机器

D. 关机时应先关主机,再关外围设备

8. 拒绝服务的后果是(　　)。

A. 信息不可用　　B. 应用程序不可用

C. 阻止通信　　D. 以上三项都是

9. 网络安全方案,除增强安全设施投资外,还应该考虑(　　)。

A. 用户的方便性　　B. 管理的复杂性

C. 对现有系统的影响及对不同平台的支持　　D. 以上三项都是

10. 下列关于计算机病毒描述,正确的是(　　)。

A. 计算机病毒只感染.exe或.com文件

B. 计算机病毒是通过电力网传播的

C. 计算机病毒是通过读/写U盘、光盘或互联网传播的

D. 计算机病毒是由于软盘表面不卫生引起的

11. 网络安全最基本的技术是(　　)。

A. 信息加密技术　　B. 防火墙技术　　C. 网络控制技术　　D. 反病毒技术

12. 防止计算机传染病毒的方法是(　　)。

A. 不使用有病毒的盘片　　B. 使用计算机前要洗手

C. 提高计算机电源的稳定性　　D. 联机操作

13. 防火墙用于将互联网和内部网络隔离(　　)。

A. 是防止互联网火灾的硬件设施

B. 是网络安全和信息安全的软件和硬件设施

C. 是保护线路不受破坏的软件和硬件设施

D. 是起抗电磁干扰作用的硬件设施

14. 计算机病毒(　　)。

A. 是生产计算机硬件时不注意产生的　　B. 是人为制造的

C. 都必须清除,计算机才能使用　　D. 都是人们无意中制造的

15. 以下措施不能防止计算机病毒的是(　　)。

A. 软盘未写保护

B. 先用杀毒软件对其他计算机上复制来的文件查杀病毒

C. 不用来历不明的磁盘

D. 经常进行杀毒软件升级

16. 属于计算机犯罪的是(　　)。

A. 非法截获信息　　B. 复制与传播计算机病毒

C. A、B、D都是　　D. 利用计算机技术伪造篡改信息

17. 下列情况中(　　)破坏了数据的完整性。

A. 假冒他人地址发送数据　　B. 不承认做过信息的递交行为

C. 数据在传输中途被窃听　　D. 数据在传输中途被篡改

18. 可以被数据完整性机制防止的攻击方式是(　　)。

A. 假冒源地址或用户的地址欺骗攻击　　B. 抵赖做过信息的递交行为

C. 数据中途被攻击者窃听获取　　D. 数据在途中被攻击者篡改或破坏

19. 知识产权包括(　　)。

A. 著作权　　B. 专利权　　C. 商标权　　D. 以上都是

20. 避免侵犯别人的隐私权，不能在网上随意发布、散布别人的（　　）。

A. 照片　　B. 电子信箱　　C. 电话　　D. 以上都是

二、填空题

1. 信息的安全是指信息在存储、处理和传输状态下能够保证其（　　）、（　　）和（　　）。

2. 用公钥加密，用私钥解密，主是为了保证信息的（　　）。

3. 数字签名的特点有：（　　）、（　　）、（　　）。

4. 防火墙位于（　　）和（　　）之间实施对网络的保护。

5. 常用的防火墙有（　　）防火墙和（　　）防火墙。

6.（　　）防火墙是网络安全最基本的技术。

7. Internet 的 NIC 为了组建企业网、局域网的方便，划定三个专用局域网 IP 地址：A 类地址范围（　　）；B 类地址范围（　　）；C 类地址范围（　　）。

8. 操作系统安全隐患一般分为两部分：（　　）和（　　）。

9.（　　）是笔迹签名的模拟，是一种包括防止源点或终点否认的认证技术。

10. 计算机病毒具有的特性：（　　）、（　　）、（　　）、（　　）、针对性、隐蔽性、衍生性。

11. 计算机病毒可以分为以下几种类型：（　　）、（　　）、（　　）、（　　）、蠕虫病毒、诡秘型病毒、变形病毒。

12. 比较合理的补丁程序、防病毒软件的安装顺序为：（　　）、（　　）、系统安全配置、安装防毒软件、安装应用软件、安装补丁、接入网络、（　　）。

13. 清除病毒一般采用（　　）和（　　）。

14. 杀毒软件是专门用于对病毒的（　　）、（　　）的工具。

15. 网络道德是指以善恶为标准，通过社会舆论、内心信念和传统习惯来评价人们的（　　），调节网络时空中人与人之间以及个人与社会之间关系的（　　）。

三、简答题

1. 信息安全有哪些常见的威胁？信息安全的实现有哪些主要技术措施？

2. 在信息系统的不安全因素中，设备故障会带来什么样的损失？有哪些技术可以用来解决这样的安全隐患？

3. 解释访问控制的基本概念。

4. 防范攻击的主要数据安全机制是什么？

5. 什么是防火墙？为什么需要有防火墙？

6. 试介绍预防灾难性数据破坏的常用技术的优缺点。

7. 现代数据加密技术中的主要加密算法是哪些？哪些是公开密钥加密？哪些是不公开密钥加密？

8. 数字签名必须保证实现对签名无法抵赖、无法伪造和可以核对的能力。试举例说明数字签名是如何实现这个能力的。

9. 包过滤防火墙的核心是称为"访问控制列表"的配置文件。试介绍包过滤防火墙是如何实现对非法数据包进行拦截的。

10. 试说明黑客攻击的一般流程及其技术和方法。

附录　习题参考答案

习　题　1

一、选择题

1. D　2. C　3. B　4. B　5. B
6. A　7. B　8. A　9. A　10. A
11. B　12. A　13. D　14. C　15. A
16. A　17. B　18. B　19. A　20. C
21. B　22. A　23. D　24. B　25. A
26. A　27. C　28. A

二、填空题

1. 1946　宾夕法尼亚　ENIAC
2. 巨型化　微型化　网络化　智能化
3. EDSAC
4. 神威·太湖之光
5. 计算机辅助设计
6. $(D9)_{16}$或 D9H　$(217)_{10}$或 217D
7. $(1001110.1011)_2$　或　1001110.1011B　$(116.54)_8$或 116.54O　$(4E.B)_{16}$或 4E.BH
8. 逻辑加　逻辑乘　逻辑否定
9. 位(bit)
10. 字节
11. ASCII
12. 两个
13. 11111010
14. 应用软件
15. 只读存储器(ROM)
16. 内存储器
17. 外围设备
18. 字长
19. 外存储器
20. USB

三、判断题

1. √　2. ×　3. √　4. √　5. ×
6. ×　7. √　8. √　9. ×　10. ×
11. √　12. √　13. ×　14. ×　15. ×
16. √　17. √　18. ×　19. ×　20. ×

四、简答题(略)

习　题　2

一、选择题

1. C　2. D　3. C　4. D　5. A
6. C　7. B　8. D　9. A　10. A
11. D　12. C　13. D　14. A　15. B
16. A　17. C　18. C　19. B　20. A
21. D　22. C　23. C　24. B　25. A
26. B　27. D　28. C　29. B　30. A
31. B　32. C　33. C　34. A　35. C
36. B　37. A　38. B　39. D　40. B
41. C　42. B　43. D　44. A　45. C
46. B　47. B　48. C　49. A　50. C

二、填空题

1. 处理器管理　存储管理　设备管理　文件管理　用户接口
2. 【开始】【关机】
3. 任务栏　切换　【关闭】　右　关闭窗口
4. 开始　“搜索程序和文件”对话框
5. 255
6. 【Ctrl】【空格】【Ctrl】【Shift】
7. 复制　编辑　粘贴
8. 左
9. 【F1】
10. 回收站　不
11. 桌面　控制面板　图标　显示　桌面个性化
12. 不可　·　√　起用
13. 双击
14. 查看　排序方式
15. 【Ctrl】　左

16. 树形
17. 填充　适应
18. 内存
19. 图形
20. 双击　右击
21. txt
22.【Ctrl+Alt+Delete】
23.【Ctrl】
24.【Print Screen】
25. 标准用户

三、判断题

1. √	2. √	3. ×	4. √	5. √
6. ×	7. ×	8. √	9. ×	10. √
11. ×	12. √	13. ×	14. √	15. ×
16. ×	17. √	18. ×	19. ×	20. √

四、简答题(略)

习　题　3

一、选择题

1. A	2. C	3. C	4. CABD	5. D
6. C	7. B	8. BCD	9. A	10. B
11. C	12. B	13. A	14. C	15. A
16. C	17. C	18. C	19. A	20. C
21. B	22. D	23. B	24. D	

二、填空题

1. 开始
2. 文档 1
3. 剪贴板
4. Delete Backspace Insert
5. 文件,保存
6. 关闭　文件
7. 阅读版式视图,Web 版式视图,草稿视图
8. 键盘　选定区以外任意处
9. 分栏,首字下沉
10. 首行缩进,悬挂缩进
11. 字体
12. 项目符号
13. 分栏
14. 设计,布局
15. 标尺
16. 页眉
17. 单元格
18. 撤销
19. 邮件合并
20. 浮于文字上方
21. 置于顶层

三、简答题(略)

习　题　4

一、选择题

1. C	2. B	3. A	4. D	5. A
6. D	7. A	8. B	9. C	10. A
11. A	12. C	13. A	14. D	15. B
16. D	17. A	18. B	19. C	20. A
21. D	22. A	23. A	24. D	25. C
26. C	27. B	28. A	29. D	30. B

二、填空题

1. 数据呈现
2. Ctrl
3. 单击行标
4. =A2*0.1
5. .xlsx
6. 条件格式
7. 等号
8. 左对齐
9. 右对齐
10. 排序
11. 数据透视表
12. 迷你图
13. 空格
14. B
15. 5

三、简答题(略)

习　题　5

一、选择题

1. B	2. D	3. C	4. D	5. A
6. C	7. A	8. A	9. B	10. A
11. D	12. D			

二、填空题

1. 幻灯片　大纲　备注页
2. 母版　模板
3. 文本框　文本框

4. 图片
5. 设置背景格
6. 动作按钮 超链接
7. 与人共享 电子邮件 联机演示
8. 联机视频
9. 动画刷
10. 淡入

三、简答题(略)

习 题 6

一、选择题

1. C 2. A 3. B 4. D ,C 5. B
6. B 7. A 8. C 9. D 10. D
11. C

二、填空题

1. 媒体
2. 感觉媒体 表示媒体 表现媒体 存储媒体 传输媒体
3. 多媒体制作 多媒体数据库 多媒体通信
4. 用户 计算机
5. 多媒体个人计算机
6. 多媒体硬件系统 多媒体软件系统
7. 数码照相机 音频卡 视频卡 触摸屏
8. MPEG-2 MPEG-4 MPEG-7
9. 帧速度 每幅图像的数据量
10. JPG GIF BMP GIF
11. 视频编解码技术
12. 采集 处理 发射 传输

三、简答题(略)

习 题 7

一、填空题

1. 数据通信
2. 信息
3. 数据
4. 信号
5. 数字 模拟 数字 模拟
6. 发送设备 传输信道 接收设备
7. 比特率
8. 波特率
9. 带宽
10. 信道容量
11. 误码率
12. 吞吐量
13. 串行传输
14. 并行传输
15. 同步
16. 异步
17. 单工通信
18. 半双工通信
19. 全双工通信
20. 电路交换 报文交换 分组交换
21. 电路建立 数据传输 拆除电路
22. 报文交换 存储一转发
23. 分组交换
24. 数据报方式 虚电路方式
25. 多路复用
26. 频分多路复用 时分多路复用 波分多路复用

二、判断题

1. √ 2. × 3. √ 4. × 5. √
6. × 7. × 8. × 9. √ 10. √
11. × 12. × 13. √ 14. √

三、简答题(略)

习 题 8

一、单项选择题

1. A 2. B 3. A 4. B 5. C
6. A 7. D 8. B 9. B 10. D
11. C 12. D 13. A 14. B 15. B
16. C 17. D 18. B 19. C 20. B

二、多项选择题

1. ABC 2. ABC 3. ABD 4. BC 5. AB
6. ABC 7. ABCD 8. ACD 9. AC 10. ABC

三、填空题

1. 通信技术
2. 通信子网 资源子网
3. 局域网 广域网 城域网 个人网 公用网 专用网
4. TCP/IP
5. IE
6. com、edu、gov、us、jp
7. 128

8. 用户名　主机域名　@

9. 32　.

10. Modem　调制　解调　bit/s

11. 下载　上传

12. 网络接口层　网络层　传输层　应用层

13. 域名系统　互联网服务商　超文本传输协议　统一资源定位器

14. BBS

15. Telnet

16. 2001:0410:0000:0001::45FF

四、简答题(略)

习　题　9

一、单项选择题

1. C　2. C　3. C　4. C　5. D
6. D　7. B　8. C　9. B　10. D
11. A　12. B　13. C　14. C　15. D
16. B　17. B　18. B　19. C　20. B

二、多项选择题

1. AB　2. ABC　3. AB　4. BD　5. BCD
6. ABD　7. ABE　8. ABD　9. BD　10. ABD
11. BCD　12. ABC　13. AC　14. CD　15. ABEF

三、填空题

1. $n(n-1)/2$ 或 $O(n^2)$
2. 实体
3. 实例
4. 文档
5. 软件开发
6. 时间
7. 黑盒
8. 中序
9. 模块化
10. 300
11. 生命周期
12. 读栈顶元素
13. 封装
14. 空间复杂度和时间复杂度
15. 存储结构
16. 可重用性
17. 类
18. 完善性
19. 有穷性
20. 软件危机

四、判断题

1. ×　2. √　3. √　4. √　5. ×
6. ×　7. ×　8. ×　9. √　10. ×

五、简答题(略)

习　题　10

一、选择题

1. A　2. D　3. D　4. D　5. C
6. A　7. C　8. D　9. D　10. C
11. B　12. A　13. B　14. B　15. A
16. C　17. D　18. D　19. D　20. D

二、填空题

1. 完整性　保密性　可用性
2. 保密性
3. 不可抵赖　不可伪造　不可重用
4. 被保护网络　外部网络
5. 包过滤　代理服务器
6. 包过滤
7. 10.0.0.0～10.255.255.255　172.16.0.0～172.31.255.255　192.168.0.0～192.168.255.255
8. 设计缺陷　使用不当
9. 数字签名
10. 传染性　潜伏性　可触发性　破坏性
11. 网络病毒　文件病毒　引导型病毒　寄生病毒
12. 断开网络　安装操作系统　病毒软件升级
13. 人工清除　自动清除
14. 防堵　清除
15. 上网行为　行为规范

三、简答题(略)